AF514781

Abdullah Fatih Çetinel

Oberflächendefektausheilung und Festigkeitssteigerung von niederdruckspritzgegossenen Mikrobiegebalken aus Zirkoniumdioxid

Schriftenreihe
des Instituts für Angewandte Materialien

Band 16

Karlsruher Institut für Technologie (KIT)
Institut für Angewandte Materialien (IAM)

Eine Übersicht über alle bisher in dieser Schriftenreihe erschienenen Bände finden Sie am Ende des Buches.

Oberflächendefektausheilung und Festigkeitssteigerung von niederdruckspritzgegossenen Mikrobiegebalken aus Zirkoniumdioxid

von
Abdullah Fatih Çetinel

KIT Scientific Publishing

Überarbeitete Version der Dissertationsschrift
genehmigt von der Technischen Fakultät der
Albert-Ludwigs-Universität Freiburg im Breisgau

Tag der mündlichen Prüfung: 18.12.2012
Referent: Prof. Jürgen Haußelt (Universität Freiburg)
Korreferent: Prof. Michael J. Hoffmann (KIT)

Impressum

Karlsruher Institut für Technologie (KIT)
KIT Scientific Publishing
Straße am Forum 2
D-76131 Karlsruhe
www.ksp.kit.edu

KIT – Universität des Landes Baden-Württemberg und
nationales Forschungszentrum in der Helmholtz-Gemeinschaft

SOME RIGHTS RESERVED

Diese Veröffentlichung ist im Internet unter folgender Creative Commons-Lizenz
publiziert: http://creativecommons.org/licenses/by-nc-nd/3.0/de/

KIT Scientific Publishing 2013
Print on Demand

ISSN 2192-9963
ISBN 978-3-86644-976-3

Sei wie ein Fluss in Großzügigkeit und Hilfsbereitschaft,
Sei wie die Sonne in Güte und Barmherzigkeit,
Sei wie die Nacht im Verdecken von Fehlern anderer,
Sei wie ein Toter bei Wut und Erregung,
Sei wie die Erde in Bescheidenheit und Genügsamkeit,
Sei wie das Meer in Duldsamkeit und Toleranz,
Zeige dich entweder so, wie du bist oder
Sei so, wie du dich zeigst.

Cömertlikte ve yardım etmede akarsu gibi ol,
Şefkat ve merhamette güneş gibi ol,
Başkalarının kusurunu örtmede gece gibi ol,
Hiddet ve asabiyette ölü gibi ol,
Tevazu ve alçak gönüllülükte toprak gibi ol,
Hoşgörürlülükte deniz gibi ol,
Ya olduğun gibi görün,
Ya göründüğün gibi ol.

Mevlânâ Celâleddin-i Muhammed Rumi (1207-1273)

Sevgili Anneme

ve

Değerli Babama

Kurzfassung

Die thermische Entbinderung von keramischen Grünkörpern ist der kritischste Prozessschritt der Fertigungstechnologie des Keramikspritzgießens (engl. Ceramic Injection Moulding, CIM). Durch eine unkontrollierte Prozessführung kann es zu Defekten, wie Rissen und Poren, sowie zur Deformation der spritzgegossenen Bauteile kommen. Für das Niederdruckspritzgießen (engl. Low-pressure Injection Moulding, LPIM) von keramischen Mikrobauteilen bietet die thermische Entbinderung dagegen die Möglichkeit, eine Verbesserung des Oberflächenzustands und dadurch eine Festigkeitssteigerung der Mikroteile zu erreichen. Dieser Effekt, der auch als Oberflächendefektausheilung bezeichnet wird, stellt infolge des hohen Oberflächen-zu-Volumen-Verhältnisses von keramischen Mikrobauteilen eine besondere Eigenschaft der thermischen Entbinderung dar. Die Oberflächendefektausheilung ist üblicherweise mit der Verrundung von scharfen Kanten verbunden, was bei einer unkontrollierten Prozessführung allerdings auch zu einer Deformation der Mikrostrukturen führen kann. Die genauen Zusammenhänge zwischen der Herstellung und den Bauteileigenschaften waren bislang jedoch weitestgehend unbekannt. Daher war es nur bedingt möglich, Probenzustände zu reproduzieren und somit den Oberflächenzustand, die Kantenverrundung und die Festigkeit gezielt einzustellen.

Die zentrale Zielsetzung der vorliegenden Arbeit war es, die herstellungsbedingten Einflussfaktoren auf den Effekt der Oberflächendefektausheilung von niederdruckspritzgegossenen Mikrobiegebalken aus Zirkoniumdioxid (ZrO_2) mit den Abmessungen von etwa (250 x 250 x 1500) μm^3 systematisch zu untersuchen. Ein weiteres Ziel war es außerdem, die mit dem Effekt verbundene Festigkeitssteigerung an gesinterten Fertigteilen zu erfassen. Zum ersten Mal wurden relevante material- und prozessspezifische Parameter identifiziert und deren Einfluss auf die Probeneigenschaften nachgewiesen. Dadurch soll ein wichtiger Beitrag zum Verständnis der Zusammenhänge zwischen der Herstellung und den Eigenschaften niederdruckspritzgegossener keramischer Mikroteile geleistet werden.

Die wesentliche Voraussetzung für das Stattfinden einer Oberflächendefektausheilung ist die Bildung eines niedrigviskosen Oberflächenbinderfilms. Außerdem ist eine hinreichend hohe Beweglichkeit der Pulverpartikel in den aufgeschmolzenen Grünkörpern erforderlich, was durch Verwendung von Formmassen mit niedrigen Fließgrenzen erreicht wird. Als entscheidende Triebkraft verursacht die Oberflächenspannung des Binderfilms die Umlagerung von mobilen und oberflächennahen Pulverpartikeln, wodurch eine Reduzierung der Oberflächenrauhigkeit erzielt wird.

Mit Hilfe von rheologischen Untersuchungen wurde zunächst das Fließverhalten der verwendeten ZrO_2-Paraffinwachs-Formmassen ermittelt. Als wichtige materialspezifische Einflussgröße bewirkt die Erhöhung der Menge des Dispergators eine Verbesserung der Fließfähigkeit. Während der Entbinderung führt dies in der Regel zur Verbesserung des Oberflächenzustands, aber auch zu einer zunehmenden Kantenverrundung. Eine wesentliche Erkenntnis der rheologischen Untersuchungen stellt die Lagerungsinstabilität der Formmassen dar. Die Auslagerung über mehrere Tage im schmelzflüssigen Zustand verursacht eine Erhöhung der Fließfähigkeit. Daraus lässt sich die Empfehlung ableiten, den Formgebungsprozess unmittelbar nach der Formmassenherstellung durchzuführen. Auf diese Weise kann die Reproduzierbarkeit der Probenzustände während der Entbinderung gewährleistet werden. Weiterhin wurden zahlreiche prozessspezifische Faktoren identifiziert, welche die Entwicklung des Oberflächenzustands und der Kantenverrundung während der Entbinderung entscheidend beeinflussen. Neben einer Vorbehandlung der zur Formgebung benutzten Silikonformen mit einem speziellen Modellierwachs, wirken sich auch die Art der Lagerung der Grünkörper, die Formgebungstemperatur, die Formgebungsdauer sowie die Abkühlgeschwindigkeit der Silikonformen nach der Formgebung auf die Eigenschaften der Mikrobiegebalken aus. Eine zentrale Bedeutung besitzt dabei die Luftfeuchtigkeit während der Entbinderung. Eine hohe Luftfeuchtigkeit begünstigt im Allgemeinen den Defektausheilungsprozess sowie die Verrundung von Kanten und verursacht im Extremfall die Deformation der Mikroteile. Bei einer trockenen Entbinderungsatmosphäre wird die Formänderung dagegen vollständig unterbunden.

Je nach Oberflächenzustand und Kantenverrundung wurden an den gesinterten 3Y-TZP-Mikrobiegebalken mit den Abmessungen von etwa (200 x 200 x 1200) μm^3 charakteristische Biegebruchfestigkeiten von ca. 1300 MPa bis etwa 2600 MPa gemessen. Mit geeigneten Herstellungsbedingungen konnten hohe Oberflächenqualitäten (R_Z) von ca. 0,9 µm bei Kantenverrundungen von bis zu 21 µm eingestellt werden, was mit einer Festigkeitssteigerung auf 3235 MPa bei einem Weibull-Modul von 21,4 verbunden war. Die Festigkeitssteigerung der Mikrobiegeproben ist mit einer Verbesserung der mechanischen Eigenschaften von Makrobiegeproben zu vergleichen, die nur durch eine aufwendige Oberflächennachbearbeitung erreicht werden kann. Mit dieser Arbeit wurde die Voraussetzung dafür geschaffen, die Prozessführung ausgehend von der Formmassenherstellung bis hin zur thermischen Behandlung sicher zu beherrschen und den Effekt der Oberflächendefektausheilung gezielt auszunutzen.

Abstract

The thermal debinding of ceramic green parts represents the most critical step of ceramic injection moulding (CIM). Usually, defects such as cracks and pores are caused in the injection moulded parts, when the process can not be controlled properly. For low-pressure injection moulded (LPIM) ceramic micro parts, however, the thermal debinding process opens up the possibility to enhance the surface finish and, as a result of this, to improve the mechanical properties. This effect, which is also called surface defect healing and levelling, respectively, can be realized only under the condition that the surface-to-volume ratio of the components is high enough. Hence, this effect represents a micro specific characteristic of the thermal debinding. The effect of surface defect healing is, however, also associated with rounding of sharp edges. This may be detrimental and may result in deformation of the micro structures, if the process is not managed well. Up to now, it was not possible to reproduce the properties of micro parts efficiently, e.g. surface roughness, edge rounding and strength, as the influence of the manufacturing conditions on the properties of the micro parts were largely unknown.

The main goal of this PhD thesis was to investigate the manufacturing conditioned influencing factors on the surface defect healing of low-pressure injection moulded zirconia (ZrO_2) micro bending bars with dimensions of about (250 x 250 x 1200) μm^3. A further goal was to measure the strengthening of the sintered micro bending bars. By this, it is intended to make an important contribution for a better understanding of the interrelationship between the processing conditions and the properties of ceramic micro parts fabricated via LPIM.

The formation of a low-viscid surface binder film on the micro structures exhibits a basic requirement for the levelling and healing of surface defects during debinding. Moreover, a sufficiently high mobility of the ceramic particles in the molten micro green parts is necessary, which is achieved by using feedstocks with low yield points. As a driving force, the surface tension of the surface binder film enables the rearrangement of near-surface particles and, thus, causes a reduction of the surface roughness of the micro structures. First of all, the rheological properties of zirconia-paraffin wax feedstocks were investigated. It was found that the amount of dispersant largely improves the flowability and lowers the yield point of the feedstocks. The improved flow properties cause an enhanced surface finish but may also result in rounding of edges. The primal finding of the rheological analysis, however, is the storing instability of the feedstocks.

An increase of the flowability as well as a decrease of the yield point takes place by storing the feedstocks in molten state for several days. Therefore, it is recommended to perform the step of injection moulding immediately after the preparation of the feedstocks. In this way, the reproducibility of the properties of the micro parts can be assured.

Furthermore, several process-related influencing factors could be identified, which affect the surface finish and edge rounding of the micro bending bars during thermal debinding. Besides a pre-treatment of the silicone moulds by using a specific modelling wax, factors such as storing conditions of the green parts, moulding temperature and the applied time for moulding as well as for cooling of the silicone moulds after moulding have an effect on the properties of the parts. It was found that the moisture of the debinding atmosphere exhibits the most crucial impact. Generally, humid conditions conduce to the levelling and healing of surface defects as well as to the rounding of edges. But this may also yield to a deformation of the micro structures in the worst case. In contrast, by thermal debinding in dry air any deformation or dimensional change can be avoided.

Depending on the surface finish and edge rounding of the sintered 3Y-TZP micro bending bars with dimensions of about (200 x 200 x 1200) μm^3, 3-point-bending strength values between ca. 1300 MPa and 2600 MPa were obtained. By application of appropriate processing parameters high surface qualities (R_Z) of about 0,9 µm and edge roundings up to 21 µm could be realized, associated with a strengthening up to 3235 MPa and corresponding Weibull's modulus of 21,4. The improvement of the mechanical properties of the micro bending bars is comparable to the strengthening of typical macro 3Y-TZP bending bars, which can only be achieved by exhausting surface post-processing. In conclusion, within the present study a basic framework was established that enables to manage the process control from feedstock preparation to thermal treatment and to take advantage of the effect of surface defect healing, specifically.

Danksagung

Die vorliegende Arbeit entstand während meiner Zeit als Doktorand am Institut für Angewandte Materialien (IAM-WPT) des Karlsruher Instituts für Technologie (KIT). An dieser Stelle möchte ich mich bei allen bedanken, die zum Gelingen dieser Arbeit beigetragen und mich in den letzten Jahren moralisch gestützt und getragen haben.

Mein besonderer Dank gilt Herrn *Prof. Dr.-Ing. Jürgen Haußelt*, ehemaliger Leiter des IAM-WPT sowie des Lehrstuhls für Werkstoffprozesstechnik des Instituts für Mikrosystemtechnik (IMTEK) der Albert-Ludwigs-Universität Freiburg, für die Möglichkeit zur Anfertigung dieser Arbeit, für das entgegengebrachte Vertrauen, die kritische Durchsicht des Manuskripts sowie für die Übernahme des Hauptreferats.

Bei Herrn *Prof. Dr. rer. nat. Michael J. Hoffmann* (IAM-KM) bedanke ich mich für die Übernahme des Korreferats.

Herrn *Dr.-Ing. Werner Bauer* danke ich für die Bereitstellung des Themas, die Betreuung der Arbeit, das entgegengebrachte Vertrauen, das stets offene Ohr bei Fragen und Problemen, die hilfreichen Diskussionen und Anregungen sowie für die kritische Durchsicht des Manuskripts.

Bei Frau *Dr. Regina Knitter* bedanke ich mich für die freundliche Aufnahme in die Abteilung Keramik, die gute Arbeitsatmosphäre und für das entgegengebrachte Vertrauen.

Außerdem danke ich allen Kolleginnen und Kollegen für die gute Zusammenarbeit, das freundschaftliche Arbeitsklima und für ihre Unterstützung, mit der sie zum Gelingen dieser Arbeit beigetragen haben. Bei Herrn *Dr. Marcus Müller* bedanke ich mich für die hilfreichen Diskussionen und die Unterstützung bei der XRD-Analyse. Frau *Dipl.-Min. Dorit Nötzel* danke ich für ihre Hilfestellungen zu Beginn der Promotion. Herrn *Dipl.-Geow. Florian Stemme* und Frau *Bianca Ehlert* danke ich für die hervorragenden REM-Aufnahmen. Den Damen *Christina Odemer* und *Daniela Linder* danke ich für die keramographischen Arbeiten und TG-Analysen. Frau *Margarete Offermann* danke ich für die Porosimetrie-Messungen und BET-Analysen. Bei den Herren *Christian Frey* und *Bernhard Dörzapf* bedanke ich mich für ihre Unterstützung bei technischen Angelegenheiten und bei *Ibrahim Kabakci* für seine Unterstützung als studentische Hilfskraft. Meinem Büronachbarn *Dr.-Ing. Xianghui Zhou* danke ich für die angenehme Arbeitsatmosphäre sowie für seine Unterstützung bei den Profilometrie-Messungen. Frau *Dr. Melanie Schröder* danke ich für ihre Hilfe bei chemischen Fragestellungen und Frau *Dipl.-Ing. Nicole Bohn* für die reibungslose Zusammenarbeit im Labor. Den Damen *Sandra Hoffmann* und *Birgit Zagolla* danke ich für den täglichen Beistand in organisatorischen Angelegenheiten.

Weiterhin bedanke ich mich bei Herrn *Prof. Dr. Thomas Hanemann* für die Möglichkeit zur Nutzung einiger Gerätschaften in der Abteilung Material- und Prozessentwicklung des IAM-WPT. Herrn *Dr. Michael Schulz* danke ich für die Einweisung und Unterstützung bei der Tropfenkonturanalyse und Profilometrie und bei *Dr. Martin Tosoni* für die Durchführung der GPC-Analysen. Herrn *Dr.-Ing. Karl-Heinz Lang* danke ich für die Möglichkeit zur Durchführung der Festigkeitsmessungen am IAM-WK. Bei den Herren *Dr.-Ing. Joachim Rögner* und *Dipl.-Ing. Domnin Gelmedin* vom IAM-WK bedanke ich mich für ihre Unterstützung bei den Messungen. Den Herren *Dipl.-Ing. Frank Kirschhöfer* und *Stefan Heissler* vom Institut für Funktionelle Grenzflächen (IFG) danke ich für die Durchführung der MALDI-MS-Analysen und FT-IR-ATR-Analysen. Bei Herrn *Dipl.-Ing. Abdellah Moulim* von der FRT Fries Research & Technology GmbH bedanke ich mich für die Unterstützung bei der Optimierung der Profilometrie-Messungen.

Ein großer Dank gebührt meiner wundervollen Familie, besonders meiner Mutter *Nermin* und meinem Vater *Sezayi*, die mich in jeder Lebenslage fortwährend unterstützt und mir außerordentlich viel Liebe und Zuwendung gegeben haben. Außerdem danke ich auch meinem Bruder *Aydın*, der meinen Werdegang nachhaltig beeinflusst hat und dem ich sonst sehr viel verdanke, und meiner Schwester *Nevin*, die für mich stets ein Fels in der Brandung war und mich nie alleine gelassen hat. Weiterhin bedanke ich mich auch bei meiner Schwägerin *Sevda* für die vielen Jahre der Unterstützung, bei meinem Schwager *Meksenna* für die stets offene Tür in der fränkischen Heimat, und bei meinen liebevollen Nichten, die mir immer dabei behilflich waren, das Kind in mir nicht zu vergessen. Ganz besonders möchte ich mich bei meiner Frau *Gülnihan* bedanken, die mich in dieser anstrengenden Zeit gehegt und gepflegt, motiviert und getragen hat und immer für mich da war. *„Desteğiniz ve sevginiz için hepinize çok teşekkür borçluyum, iyi ki varsınız"*.

Die höchste Lobpreisung richte ich an den Barmherzigen und Allmächtigen Schöpfer für die Gesundheit, die Lebenskraft und für dieses Leben.

Inhaltsverzeichnis

1 Einleitung

1.1 Ausgangssituation

Im Jahr 2000 wurde der Sonderforschungsbereich (SFB) 499 „Mikrourformen" durch die Deutsche Forschungsgemeinschaft (DFG) eingerichtet. An dem Projekt, das mit der maximalen Förderdauer von zwölf Jahren in insgesamt vier Förderphasen bis Ende 2011 gefördert wurde, waren das Forschungszentrum Karlsruhe (seit Oktober 2009: Karlsruher Institut für Technologie, Campus Nord), die Universität Karlsruhe (seit Oktober 2009: Karlsruher Institut für Technologie, Campus Süd) sowie das Institut für Mikrosystemtechnik (IMTEK) der Albert-Ludwigs-Universität Freiburg beteiligt. Das Ziel des SFB war es, die Entwicklung, Produktion und Qualitätssicherung urgeformter Mikrobauteile aus metallischen und keramischen Werkstoffen zu untersuchen. Dabei wurde die gesamte Prozesskette für die Fertigung von mechanisch hoch beanspruchbaren Mikrobauteilen aus keramischen Werkstoffen und Metalllegierungen entwickelt [**SFB499**]. Ein zentrales Fertigungsverfahren war dabei das auf dem Pulverspritzgießen (Powder Injection Moulding, PIM) basierende Replikationsverfahren Mikropulverspritzgießen (μ-PIM). Unter Anwendung des Hochdruckspritzgießens (engl. High-pressure Injection Moulding, HPIM) wurde dem Aspekt der Großserienfertigung von Mikrobauteilen Rechnung getragen, während mit dem Niederdruckspritzgießen (engl. Low-pressure Injection Moulding, LPIM) die Möglichkeiten der Prototypen- und Kleinserienfertigung untersucht wurden.

Die Prototypenherstellung durch das LPIM konzentrierte sich dabei auf zwei typische Vertreter keramischer Hochleistungswerkstoffe: Zirkoniumdioxid (ZrO_2) und Siliziumnitrid (Si_3N_4). Eine wesentliche Erkenntnis aus den Untersuchungen in den Teilprojekten Prototypenfertigung (A3) und Mikromechanische Kennwerte (D2) war, dass die Festigkeiten von niederdruckspritzgegossenen Mikrobauteilen aus ZrO_2 sehr hohe Werte erreichen können. Diese sind nicht nur größer als die von makroskopischen Bauteilen bekannten, sondern auch größer, als nach dem Größeneffekt entsprechend der Weibull-Theorie zu erwarten wäre [**Mue07**]. Als Grund für die hohen Festigkeiten wurde die Reduzierung von Defekten an der Bauteiloberfläche während der thermischen Entbinderung identifiziert [**Bau07, Mue06**]. Als wesentliche Voraussetzungen für diese mikrospezifische Eigenschaft der thermischen Entbinderung sind zum einen die Bauteilgröße und zum anderen die Verwendung von niedrigschmelzenden Bindern auf Basis von Paraffinwachs zu sehen.

Spritzgegossene Bauteile mit Abmessungen in der Mikrodimension weisen üblicherweise ein hohes Oberflächen-zu-Volumen-Verhältnis auf, wodurch Oberflächendefekte stärker gewichtet werden. Im Vergleich zum HPIM werden für das LPIM zudem sehr dünnflüssige Formmassen eingesetzt, die eine Formgebung bereits bei einem niedrigen Einspritzdruck ermöglichen. Bei der thermischen Entbinderung wird der Binder daher sehr weich. Dadurch kommt es oberhalb des Schmelzpunktes des Binders unter dem Einfluss der Oberflächenspannung zur Deformation von feinen Strukturen [**Bau09**]. Obwohl sich dieser Effekt nachteilig auf die Bauteilgeometrie auswirkt, hat sich herausgestellt, dass er sich unter Umständen auch für eine Verringerung der Oberflächenrauhigkeit und damit auch für eine Festigkeitssteigerung einsetzen lässt [**Bau05a, Bau05b**]. Zur Beschreibung dieses Phänomens wurde daher der Begriff Oberflächendefektausheilung eingeführt.

In mehreren Veröffentlichungen [**Auh05, Mue06, Mue07, Gro04, Kas06, Roe08**] und Dissertationen [**Auh06, Kas08, Roe10**] wurden die mechanischen Eigenschaften von ZrO_2-Mikrobiegebalken mit unterschiedlich ausgeprägten Kantenverrundungen und Oberflächenrauhigkeiten durch Ermittlung der Drei-Punkt-Biegefestigkeiten untersucht. Es wurden wichtige Erkenntnisse gewonnen, die einen wesentlichen Beitrag zur Korrelation von Biegefestigkeit und Oberflächenrauhigkeit bzw. Kantenverrundung der Proben lieferten. Allerdings war es bislang nicht möglich, eindeutige Zusammenhänge zwischen der Probenherstellung und den Probeneigenschaften zu identifizieren. Es gestaltete sich als äußerst schwierig, Probenzustände zu reproduzieren und die Oberflächenrauhigkeit, Kantenverrundung und Festigkeit gezielt einzustellen. Der Effekt der Oberflächendefektausheilung während der thermischen Entbinderung konnte daher nicht gezielt zur Festigkeitssteigerung der niederdruckspritzgegossenen Mikrobiegebalken eingesetzt werden.

1.2 Zielsetzung

Die zentrale Zielsetzung der vorliegenden Arbeit war es, die herstellungsbedingten Einflussfaktoren auf den Effekt der Oberflächendefektausheilung systematisch zu erfassen und die damit verbundene Festigkeitssteigerung an den gesinterten Fertigteilen nachzuweisen. Es wurden zahlreiche material- und prozessbedingte Herstellungsparameter identifiziert, die sich auf die Oberflächenqualität, Formveränderung und Kantenverrundung der Mikrobiegeproben auswirken. Dadurch soll ein wichtiger Beitrag zum Verständnis und zur Beherrschung des Effekts der Oberflächendefektausheilung geleistet werden. Die hierzu durchgeführten Arbeiten gliedern sich in folgende Abschnitte:

- In **Kapitel 2** erfolgt die Darstellung des Stands der Forschung und Technik zum Pulverspritzgießen keramischer Werkstoffe für die Mikrosystemtechnik. Es werden die Grundlagen und Besonderheiten des Fließverhaltens keramischer Spritzgießformmassen und des Prozessschritts des thermischen Entbinderns vorgestellt, die für die Bewertung der Ergebnisse wichtig sind.
- **Kapitel 3** befasst sich mit den experimentellen Methoden zur Herstellung und Charakterisierung der Mikroproben und zeigt zudem die wesentlichen Eigenschaften der eingesetzten Ausgangsmaterialien und relevante Probenzustände auf.
- In **Kapitel 4** werden die Ergebnisse dieser Arbeit vorgestellt und diskutiert. Die rheologischen Eigenschaften der verwendeten ZrO_2-Paraffinwachs-Formmassen (**Kapitel 4.1**) stellen eine wesentliche Voraussetzung für die Untersuchungen in **Kapitel 4.2** dar, worin die Einflussfaktoren auf die Oberflächendefektausheilung und Kantenverrundung während der thermischen Entbinderung vorgestellt werden. Die Reproduzierbarkeit der Probeneigenschaften während der Entbinderung stellt eine wesentliche Voraussetzung für das anschließende **Kapitel 4.3** dar, in dem die Korrelation zwischen Oberflächenzustand bzw. Kantenverrundung und den mechanischen Eigenschaften der Mikrobiegebalken vorgestellt wird.
- In **Kapitel 5** erfolgt eine Zusammenfassung der Arbeit. Es werden Schlussfolgerungen getroffen und ein Ausblick gegeben.

2 Kenntnisstand

Nach einer Einführung in die zunehmende Bedeutung keramischer Werkstoffe in der Mikrosystemtechnik werden in diesem Kapitel die Varianten des Mikropulverspritzgießens sowie alternative Herstellungsverfahren und Werkstoffe für Mikrobauteile vorgestellt. Des Weiteren werden die rheologischen Eigenschaften von keramischen Formmassen und die Grundlagen der thermischen Entbinderung behandelt. Das Kapitel endet mit den Grundlagen zum Festigkeitsverhalten keramischer Werkstoffe mit dem Fokus auf ZrO_2 und der statistischen Bewertung der Festigkeit unter Anwendung der Weibull-Theorie.

2.1 Einführung in die keramischen Werkstoffe

Keramik ist ein Kulturgut der Menschheit [**Sal07**]. Die Verwendung keramischer Werkstoffe begann bereits in der Frühgeschichte der Menschheit. Archäologischen Befunden nach wurden vor mehr als 28.000 Jahren die ersten figürlichen Keramiken aus bildsamen keramischen Massen mit der Hand geformt und durch den Brand verfestigt. Die ersten Nutzgefäße wurden vermutlich vor etwa 20.000 Jahren in China hergestellt. Das Erscheinen der ersten Ziegelsteine wird etwa 16.000 Jahre vor unserer Zeit in Mesopotamien und Indien datiert. In der zweiten Hälfte des 19. Jahrhunderts erzeugten die zunehmende großtechnische Herstellung von Stahl sowie die Nutzbarmachung der elektrischen Energie eine hohe Nachfrage nach feuerfesten und elektrisch isolierenden Werkstoffen. Die so genannte „Technische Keramik“ wurde geboren. Bis zum Ende des 19. Jahrhunderts hatte die Entwicklung der technischen Keramik vorwiegend empirischen Charakter. Die Anerkennung der technischen Keramik in werkstoff- und materialwissenschaftlichen Disziplinen fand erst in der zweiten Hälfte des 20. Jahrhunderts statt, da der Eingang wissenschaftlicher Methoden erst im Laufe des 20. Jahrhunderts erfolgte [**Ver03, Cam11**].

Nach Salmang [**Sal07**] sind keramische Werkstoffe „anorganisch, nichtmetallisch, in Wasser schwer löslich und zu wenigstens 30% kristallin“ und werden in der Regel „bei Raumtemperatur aus einer Rohmasse geformt und erhalten ihre typischen Werkstoffeigenschaften durch eine Temperaturbehandlung meist über 800°C“. Im Vergleich dazu umfasst der Begriff „ceramics“ im angelsächsischen Sprachraum zusätzlich Glas, Email, Glaskeramiken und auch anorganische Bindemittel, wie Zement, Kalk und Gips [**Ver03**]. In der Literatur auftretende Begriffe, wie Hochleistungskeramik, Strukturkeramik oder

Industriekeramik, Ingenieurkeramik, Funktionskeramik, Elektrokeramik und Biokeramik beschreiben spezielle Aspekte der technischen Keramik. Der Begriff Hochleistungskeramik, der für einen hoch entwickelten und leistungsfähigen keramischen Werkstoff steht und genormt ist, wird vor allem in Abgrenzung zu traditionellen Keramik auf Tonbasis einschließlich Geschirrporzellan, Sanitärkeramik und Baukeramik verwendet. Hingegen ist der Begriff Strukturkeramik kein genormter Begriff und steht für Werkstoffe, die in irgendeiner Form mechanischen Belastungen, wie Biege- und Druckspannungen, standhalten müssen. Die Begriffe Industrie- und Ingenieurkeramik haben daher oftmals identische Bedeutungen wie Strukturkeramik [**Ver03**]. Typische Vertreter hochleistungskeramischer Werkstoffe sind Zirkoniumdioxid (ZrO_2), Aluminiumoxid (Al_2O_3), Siliziumnitrid (Si_3N_4) und Siliziumcarbid (SiC). In **Tabelle 2.1** sind charakteristische Werkstoffeigenschaften technischer Keramiken im Vergleich zu metallischen und polymeren Werkstoffen dargestellt. Für weitere Beispiele technischer Keramiken sowie typische Anwendungsbeispiele wird auf die entsprechende Literatur verwiesen [**Sal07, Ver03**].

Tabelle 2.1: Charakteristische Werkstoffeigenschaften technischer Keramiken im Vergleich zu metallischen und polymeren Werkstoffen nach [**Ver03**].

	Keramiken	Metalle	Polymere
Härte	↑↑	↓	↓↓
Dichte	↓	↑	↓↓
E-Modul	↑↑	↑	↓
Temperaturbeständigkeit	↑	↓	↓↓
Thermische Ausdehnung	↓	↑	↑
Duktilität	↓	↑	↑
Korrosionswiderstand	↑	↓	↓
Verschleißbeständigkeit	↑	↓	↓
Elektrische Leitfähigkeit	•	↑	↓
Thermische Leitfähigkeit	•	↑	↓
Tendenzen: (↑↑) sehr hoch, (↑) hoch, (•) durchschnittlich, (↓) niedrig / gering, (↓↓) sehr niedrig / gering			

2.2 Keramische Werkstoffe in der Mikrosystemtechnik

Die Mikrosystemtechnik (MST) beschäftigt sich mit Systemen, die nicht mehr in den gewohnten Dimensionen des für den Menschen „Begreifbaren" liegen und somit nicht mehr den natürlichen Sinnesempfindungen entsprechen [**Men05**]. Historisch betrachtet, kann die MST als eine konsequente Weiterentwicklung der Mikroelektronik auf nichtelektronischem Gebiete verstanden werden. Mit Hilfe der Mikrostrukturtechnik, die als Werkzeug zur Erzeugung von Körpern mit geometrischen Strukturen im Mikrometerbereich gesehen werden kann, ist es möglich, Mikrobauteile bzw. Mikrokomponenten zu erzeugen. Deren Verknüpfung führt zu einem „Mikrosystem" und wird in ihrer Gesamtheit als MST bezeichnet [**Men05**]. Die MST verfolgt das Ziel, Komponenten, wie beispielsweise aus der Mikromechanik, Mikroelektronik, Mikrofluidik oder Mikrooptik, zu einem miniaturisierten Gesamtsystem zusammenzufügen. Dementsprechend führt die Integration mikromechanischer Komponenten, wie zum Beispiel eines Rotors, Zahnrads sowie einer Düsen- und Lochplatte zu einer Mikroturbine [**Bau08**] oder die Verknüpfung von mikroelektronischen Komponenten, wie beispielsweise Transistoren, zu einem Mikroprozessor. Bei beiden Beispielen handelt es sich um repräsentative Systeme der MST. Allerdings existiert für den Begriff „Mikrosystemtechnik" bisher noch keine allgemein verbindliche Normung, so dass er oftmals unklar erscheint und Missverständnisse nicht ausbleiben. Bei sehr enggefassten Definitionen spricht man häufig nur von einem Mikrosystem, wenn die gleichzeitige Integration von sensorischen, aktorischen und elektronischen Funktionen gegeben ist. Andere weitgefasste Definitionen verwenden den Begriff Mikrosystem, wenn bereits ein für die Funktion wesentlicher Teil durch eine oder mehrere Mikrostrukturen realisierbar ist [**Mes04**].

2.2.1 Bedeutung keramischer Werkstoffe in der Mikrosystemtechnik

Wie in der Mikroelektronik dominiert der Werkstoff Silizium auch in der MST (**Abbildung 2.1**). Der Grund für diese weite Verbreitung liegt in der Verfügbarkeit von photolithographischen Fertigungsmethoden, die aus der Mikroelektronik übernommen wurden. Um das Potential der MST bei der Entwicklung neuer Produkte oder bei der Erschließung neuer Einsatzbereiche, die den siliziumbasierten Mikrosystemen prinzipiell verschlossen sind, besser ausschöpfen zu können, muss die Materialpalette auch auf andere Werkstoffe, wie beispielsweise die Keramiken, erweitert werden [**Bau04**]. Mit einem weltweiten Marktvolumen von ca. 60 Mrd. $ (Stand 2005) besitzt die MST eine hohe wirtschaftliche Bedeutung [**Mes04**]. Nach German [**Ger09**] sind dem µ-PIM von keramischen und metallischen Werkstoffen aufgrund der niedrigen Herstellungskosten für komplexe Bauteile davon in etwa 10% zugänglich. In den letzten Jahren herrschte in der Branche eine überaus optimistische Erwartungshaltung, die an den jährlichen Umsatzprognosen einzelner Hersteller in der Größenordnung von 10 Mrd. $ (2009) besonders deutlich wird [**Ger09**]. Die Kombination von verschiedenen Materialeigenschaften wie Festigkeit, Härte, Temperatur-, Verschleiß- und Temperaturbeständigkeit, elektrische Isolation sowie Biokompatibilität machen keramische Werkstoffe für Anwendungen in der Mikrotechnik besonders interessant [**Rit09**]. Aufgrund ihrer einzigartigen Eigenschaften sind keramische Werkstoffe bei vielen Produkten für die MST, wie beispielsweise in der In-vitro-Diagnostik, Arzneimittel-Dosiersystemen oder Mikromotoren, nicht mehr wegzudenken. Die wichtigsten Branchen, in denen das größte Wachstum für keramische Mikrokomponenten vorhergesagt wird, sind neben dem Maschinenbau die Informations- und Medizintechnik [**Roe09**].

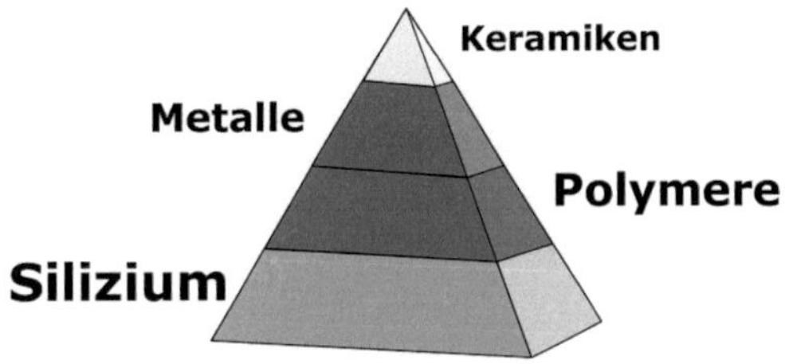

Abbildung 2.1: Schematische Darstellung der Materialauswahl in der MST nach [**Bau07b**].

2.2.2 Einsatzbereiche und Beispiele keramischer Mikrokomponenten

Mikrokomponenten können in zwei Kategorien eingeteilt werden [**Ger09**]:

- *Miniaturisierte Bauteile* (Mikrobauteile) mit Bauteilgrößen < 10 mm und Strukturen im Mikrometerbereich
- *Mikrostrukturierte Bauteile* mit Bauteilgrößen > 10 mm bis wenige Zentimeter und Strukturen im Mikrometerbereich

Es gibt zahlreiche Beispiele für den erfolgreichen Einsatz keramischer Mikrokomponenten in der MST. In **Tabelle 2.2** sind typische Bereiche und Beispiele aus der Forschung und Praxis aufgeführt. Während in der Medizintechnik speziell auf die Kombination von Bioverträglichkeit, Korrosionsbeständigkeit und Oberflächengüte Wert gelegt wird, zählen im Maschinenbau und in der Verfahrenstechnik insbesondere Eigenschaften wie hohe Festigkeiten, Härte sowie Verschleißbeständigkeit. In der Elektrotechnik werden hingegen hohe Ansprüche an die elektrische und thermische Isolation gestellt [**Sut09**]. Das größte Produktionsvolumen für keramische Werkstoffe in der MST besitzen Kondensatorkeramiken wie Bariumtitanat ($BaTiO_3$). Des Weiteren weisen auch Brackets (engl. Bezeichnung für Klammern), die in der Dentaltechnik als Befestigungselemente für festsitzende Zahnspangen Verwendung finden, ein äußerst größes Produktionsvolumen mit Stückzahlen von Millionen pro Tag auf [**Ger09**]. Neuere Entwicklungen, wie beispielsweise reaktionsgebundene Keramiken, die schwindungsfrei hergestellt werden können und sich insbesondere hervorragend für den festsitzenden Zahnersatz eignen [**Bin05**], lassen das weitere Potential keramischer Werkstoffe in der MST erahnen.

Tabelle 2.2: Einsatzbereiche und Beispiele keramischer Mikrokomponenten in der MST.

Medizintechnik	Maschinenbau / Verfahrenstechnik	Elektrotechnik	Informationstechnik
Mikropumpen [**Ami09**]	Zahnräder [**Sut09**]	Bondingkapillaren [**Sut09**]	Mikropumpen [**Ami09**]
Zahnimplantate [**Sut09**]	Mikroreaktoren [**Wan08**]	Greifer [**Sut09**]	Mikrobrennstoffzellen [**Roe09**]
Abutments [**Sut09**]	Mikromotoren [**Kle11**]	Glasfaserführungen [**Pio08, Ger09**]	
Brackets [**Ger09**]	Mikroturbine [**Bau08**]		
Werkzeuge für minimalinvasive Endoskopie [**Ger09**]	Mikrowärmeübertrager [**Alm04**]		

2.3 Mikropulverspritzgießen keramischer Werkstoffe

Zur Herstellung von keramischen Körpern und Bauteilen existieren unterschiedliche Formgebungsverfahren, die überwiegend aus der klassischen Keramiktechnologie, aber auch aus der Pulvermetallurgie und der Kunststofftechnik stammen und den Erfordernissen des keramischen Prozesses angepasst sind. Prinzipiell können diese Verfahren in drei Gruppen eingeteilt werden [**Sal07**]:

- Pressverfahren (Trockenformgebung)
- Gießverfahren (Nassformgebung)
- Plastische Verfahren

Neuentwicklungen, wie beispielsweise Gelcasting und Koagulationsgießen [**Lew00**] oder so genannte Solid Freeform Fabrication Verfahren [**Tay03**], zu denen unter anderem das Laser Assisted Sintering oder Inkjet-Printing zählen, können in einer vierten Gruppe zusammengefasst werden oder mit Hilfe entsprechender Prozessmerkmale in eine der drei Hauptgruppen zugeordnet werden, wie durch Li [**Li01**] vorgeschlagen. Ein konventionelles und weit verbreitetes Formgebungsverfahren stellt das Pressen von aufbereiteten keramischen Pulvern dar [**Sal07**]. Die Trockenformgebung durch Pressen stellt allerdings keine geeignete Methode zur Herstellung keramischer Mikrobauteile dar. Eine fehlerfreie Herstellung komplexer mikrostrukturierter und miniaturisierter Bauteile durch Trockenpressen ist nur schwer realisierbar. Das Pressen von harten Keramikpulverpartikeln führt in der Regel zu unzureichenden Pressdichten und hohen Porositäten von Mikropresslingen, was wiederum äußerst niedrige Sinterdichten verursacht [**Rot01, Tho11**]. Das Pressen von komplexen mikrostrukturierten Bauteilen kann daher nur mit weichen Metallpulvern erfolgen.

Zu den bekanntesten Nassformgebungsverfahren zählen das Schlicker- und Foliengießen. Ein wesentliches Merkmal dieser Verfahren stellt die Stabilisierung der keramischen Pulver in einem wässrigen oder organischen Lösungsmittel dar, um Sedimentations- und Reagglomerationseffekte der Ausgangspulver zu verhindern. Die Grünkörper werden mit Hilfe der Konsolidierung einer homogen dispergierten Pulver-Lösungsmittel Mischung (Suspension) hergestellt. Zur Formgebung kann die Konsolidierung durch das Entfernen des Lösungsmittels mit Hilfe poröser Formen (Schlickergießen), die Vernetzung des organischen Lösungsmittels (Gelcasting), der chemischen Umwandlung des Lösungsmittels (Koagulationsgießen) oder durch einfaches Trocknen an Luft (Foliengießen) erreicht werden. Für die Herstellung mikrostrukturierter und miniaturisierter Bauteile aus keramischen Werkstoffen finden sich hierzu in der Literatur aktuelle Untersuchungen, die unterschiedliche Konsolidierungsarten, wie das Gelcasting [**Ant09a**] oder die einfache Trocknung an Umgebungsluft [**Bys11, Has10a, Yan08**] ausnutzen. Zunehmend finden auch neu entwickelte Verfahren Eingang in der Herstellung keramischer Mikrobauteile, wie beispielsweise das Inkjet-Printing [**Heu03, Oez10**]. Jedoch beschränken sich diese Verfahren bisher auf die Herstellung von Prototypen und Bauteilen im Labormaßstab und stehen noch weit vor einer wirtschaftlichen Nutzung im industriellen Umfang. Eine Zusammenfassung alternativer Herstellungsverfahren und Werkstoffe für Mikrobauteile findet sich in Kapitel **2.3.2**.

Als bekanntester Vertreter der plastischen Formgebung stellt das Pulverspritzgießen keramischer Werkstoffe (engl. Powder Injection Moulding, PIM) ein anerkanntes Verfahren zur Herstellung von Bauteilen mit komplexer Geometrie und geringen Wandstärken in großen Stückzahlen dar [**Len09**]. Dabei werden die Ausgangspulver mit einem organischen Plastifiziermedium, wie zum Beispiel thermoplastische Polymere oder Wachse, und zusätzlichen Additiven vermischt. Die Formgebung findet dann in der Regel mit den aus der Kunststoffindustrie bekannten und an das PIM angepassten Spritzgießmaschinen statt. **Abbildung 2.2** zeigt den prinzipiellen Ablauf des pulvertechnologischen Spritzgießverfahrens für keramische Werkstoffe. Die Möglichkeit geometrisch komplexe Produkte mit guten Bauteileigenschaften und Replikationsqualitäten sowie in hohen Stückzahlen kostengünstig herzustellen, sind die wesentlichen Merkmale des PIM, welche seit etwa drei Jahrzehnten die Gründe für dessen weltweiten wirtschaftlichen Erfolg darstellen [**Ger90**]. Im Gegensatz zu den übrigen Formgebungsverfahren besitzt das PIM für die Herstellung mikrostrukturierter und miniaturisierter Bauteile eine enorme wirtschaftliche Bedeutung, da erst durch das Mikropulverspritzgießen (μ-PIM) der steigenden Bedarf nach komplexen, präzisen und kostengünstigen keramischen Mikrobauteilen in der MST gedeckt werden kann [**Sut09**].

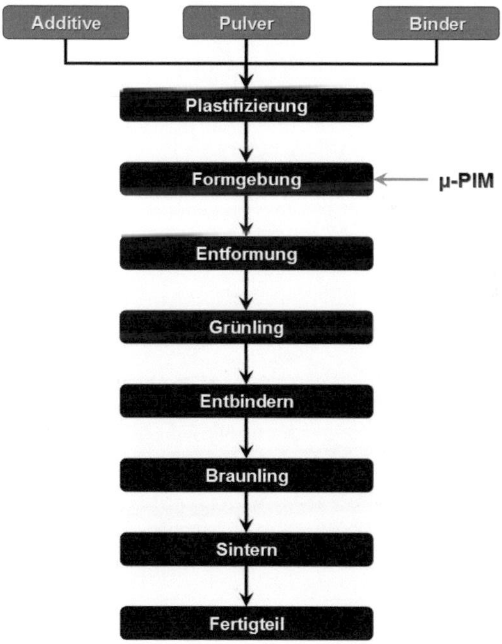

Abbildung 2.2: Verfahrensablauf beim μ-PIM nach [**Len02**].

2.3.1 Varianten des Mikropulverspritzgießens

Das μ-PIM existiert in zwei Varianten [**Bau04**]:

- *Hochdruckspritzgießen (HPIM)* für die industrielle Fertigung im Großserienmaßstab
- *Niederdruckspritzgießen (LPIM)* für Prototypen sowie Klein- bis Mittelserien

Der Verfahrensablauf bei beiden Varianten ist identisch und in **Abbildung 2.2** dargestellt. Während beim HPIM die Prozessschritte sowie die verwendeten Maschinen und Werkzeuge sehr stark an die Techniken des Kunststoffspritzgießens angelehnt sind, werden für das LPIM kleinere und deutlich kostengünstigere Maschinen, oftmals in Form von Tischgeräten, eingesetzt. In **Abbildung 2.3** ist der Formfüllungsprozess beim HPIM und LPIM schematisch dargestellt.

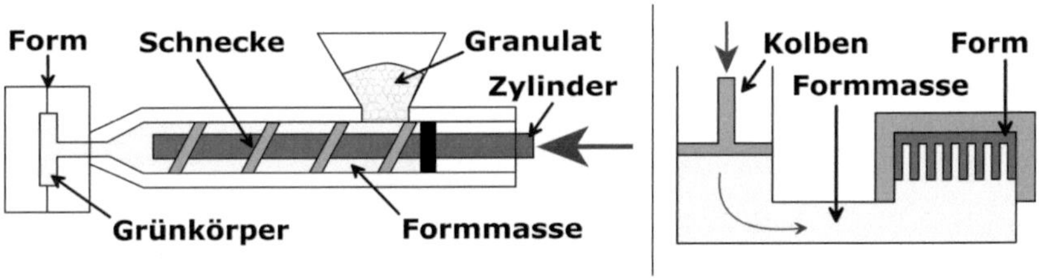

Abbildung 2.3: Vereinfachte schematische Darstellung des Formfüllungsprozesses beim HPIM (links) nach [**Dub97**] und beim LPIM (rechts).

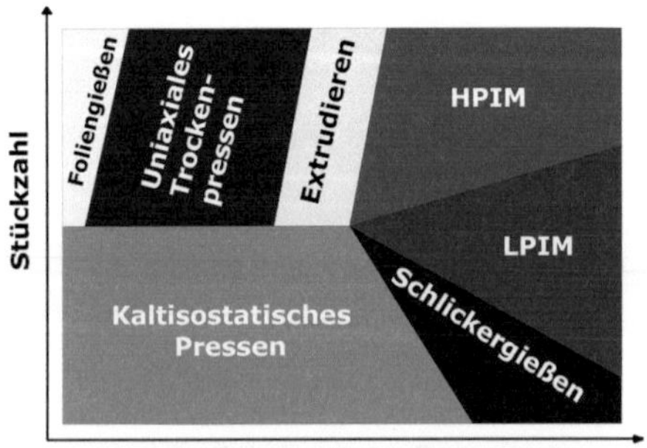

Abbildung 2.4: Anwendungsbereiche verschiedener keramischer Formgebungsverfahren in Abhängigkeit von der Komplexität der Bauteilgeometrie und Stückzahl nach [**Len09**].

Beim HPIM liegt die Schwelle zur Wirtschaftlichkeit aufgrund der hohen Werkzeug- und Maschinenkosten erst bei sehr hohen Stückzahlen. Im Gegensatz dazu stellt die modifizierte Variante, das LPIM, eine aufgrund niedrigerer Maschinen- und Werkzeugkosten deutlich kostengünstigere Alternative zur Herstellung von Prototypen und Klein- bis Mittelserien dar [**Bau05b**]. Das LPIM eignet sich daher besonders für Machbarkeitsstudien von Prototypen mit neuen Werkstoffen und vielen Werkstoffvariationen. **Abbildung 2.4** zeigt den Unterschied zwischen HPIM und LPIM im Vergleich zu einigen klassischen keramischen Formgebungsverfahren in Abhängigkeit von typischen Stückzahlen und der Komplexität der Bauteilgeometrie.

Vergleich von HPIM und LPIM

Die beiden Spritzgießvarianten unterscheiden sich im Wesentlichen in der verwendeten Binderart. Während für das HPIM in der Regel thermoplastische Binder eingesetzt werden, kommen beim LPIM niedrigschmelzende Paraffine und Wachse zum Einsatz. Daher weisen Formmassen für das LPIM vergleichsweise sehr niedrige Viskositäten auf, wodurch sich die Formgebung bereits bei sehr niedrigen Spritzdrücken und Temperaturen realisieren lässt. Deshalb sind die Kosten und der Verschleiß für die Werkzeuge besonders niedrig bzw. gering. Die vergleichsweise geringen mechanischen, thermischen und abrasiven Belastungen bei der Formgebung durch das LPIM ermöglichen es daher, Spritzgießformen auch aus weichen Werkstoffen, wie zum Beispiel Silikone (Polysiloxane), zu benutzen [**Bau05b**]. Ein wesentlicher materialtechnischer Vorteil beim HPIM liegt dagegen in den hohen Grünkörperfestigkeiten. Aufgrund der Verwendung von hochmolekularen thermoplastischen Bindern (auch „backbone" Polymere genannt), können die Grünkörperfestigkeiten im Vergleich zu niederdruckspritzgegossenen Grünkörpern doppelt so hoch sein [**Kim99**]. Dies ist insbesondere bei der Handhabung fragiler Mikrobauteile von Vorteil. Zusätzlich weisen die anhand des HPIM hergestellten Mikrobauteile bei der thermischen Entbinderung einen größeren Widerstand gegen Deformation auf, da die Binder deutlich viskoser sind und erst bei deutlich höheren Temperaturen aufschmelzen. Ein wesentlicher Nachteil des HPIM ist in möglichen Gefügeinhomogenitäten der spritzgegossenen Bauteile zu sehen. Aufgrund der hohen Spritzdrücke kann es bei der Formgebung zu extrem hohen Scherraten kommen, die zu einer Entmischung von Pulver und Binder führen können. Die Inhomogenitäten äußern sich dann oftmals in Form von Rissen, Verwölbungen und Sinterverzug der Fertigteile [**Web11**]. Nachteile dieser Art sind aufgrund der deutlich niedrigeren Spritzdrücke beim LPIM weniger ausgeprägt. Die wesentlichen Unterschiede zwischen HPIM und LPIM sind in **Tabelle 2.3** aufgeführt. Neuentwicklungen beim HPIM betreffen unter anderem das Zwei-Komponenten-(2K)-Spritzgießen [**Man09, Pio11, Ruh11a, Ruh11b**]. Als Neuentwicklung im Bereich des LPIM keramischer Makrobauteilen ist das Fügen von Grünkörpern zu komplexen Bauteilgeometrien zu nennen [**Wae07**].

Tabelle 2.3: Vergleich zwischen Hochdruck- und Niederdruckspritzgießen nach [**Bau05a**].

	LPIM	HPIM
Binder	Paraffine und Wachse	Thermoplastische Polymere
Viskosität der Formmassen (bei 100 s^{-1})	1 - 20 Pa·s	100 - 1000 Pa·s
Verarbeitungstemperatur	70 - 90°C	120 - 200°C
Spritzdruck	0,1 – 5 MPa	> 50 MPa
Grünkörperfestigkeit	niedrig	mittel
Werkzeugkosten	niedrig	hoch
Werkzeugverschleiß	gering	hoch
Produktionsumfang	Prototypen-, Klein- und Mittelserienfertigung	Großserienfertigung

Eignung des LPIM für das Rapid Prototyping

Historisch bedingt wird für das LPIM oftmals auch der Begriff Heißgießen (engl. Hot Moulding, HM) verwendet [**Len95**]. Die Erfindung des Heißgießens geht auf Gribovski zurück, der das Verfahren in den 1950ern in der ehemaligen Sowjetunion entwickelte. Das HM gewann dort ähnlich und zeitgleich zunehmende Bedeutung, wie das HPIM in Nordamerika, Japan und in Westeuropa [**Bau05a**]. Mit der rasanten Entwicklung der MST in den letzten Jahrzehnten ist neben der Großserienfertigung von keramischen Mikroteilen auch der Bedarf an maßgeschneiderten Mikroteilen entstanden [**Bau09**]. Frühzeitig wurde erkannt, dass dieser Bedarf durch das LPIM gedeckt werden kann. Mit Hilfe der Prototypenherstellung durch das LPIM ergaben sich neue Wege, die Entwicklungszeiten und -kosten für keramische Mikroteile erheblich zu reduzieren. Die Forschungsaktivitäten am Institut für Angewandte Materialien (IAM-WPT) des KIT (ehemals Institut für Materialforschung III des Forschungszentrums Karlsruhe) auf diesem Gebiet mündeten vor etwa zehn Jahren in der Entwicklung einer beschleunigten Prozesskette für die Herstellung von Prototypen für keramische Mikrobauteile (Rapid Prototyping Process Chain, RPPC) [**Bau02a, Bau02b, Kni01, Kni06**]. Der Verfahrensablauf des RPPC ist in **Abbildung 2.5** dargestellt. Dabei wird zunächst anhand der CAD-Daten des 3D-Modells, beispielsweise durch Mikrofräsen oder Stereolithographie, das Urmodell hergestellt. Durch das Einbetten des Modells in Silikon wird ein Negativmodell generiert, welches wiederum zur Herstellung der Grünkörper benutzt wird.

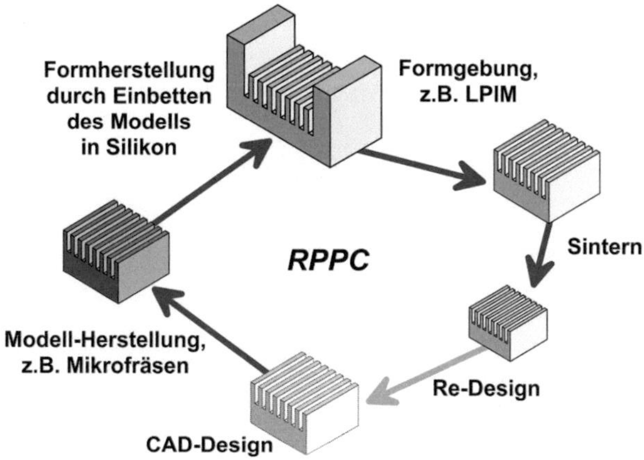

Abbildung 2.5: Verfahrensablauf des Rapid Prototyping Process Chain (RPPC) für die Herstellung von Prototypen keramischer Mikrokomponenten nach [**Bau02a**].

Manuelles / druckloses Heißgießen als spezielle Variante des LPIM

Die Formgebung von keramischen Formmassen beim RPPC kann neben der Anwendung von üblichen automatisierten Spritzgießmaschinen für das LPIM auch drucklos erfolgen, indem die Masse manuell in die weiche Silikonform gegossen wird, wie in **Abbildung 2.6** schematisch dargestellt. In diesem Fall spricht man nicht mehr vom Niederdruckspritzgießen bzw. Heißgießen, sondern vom manuellen bzw. drucklosen Heißgießen. Oftmals werden Formgebungsverfahren, bei denen wieder verwendbare Silikonformen zum Einsatz kommen, auch als Soft Moulding Techniken bezeichnet. Eine wesentliche Voraussetzung hierfür sind die beim LPIM üblichen Viskositäten der Formmassen von unterhalb 20 Pa·s (bei einer Scherrate von 100 s^{-1}). Aufgrund der geringen Mengen an Ausgangsmaterialien bietet sich das manuelle bzw. drucklose Heißgießen besonders für Untersuchungen im Labormaßstab an. Übliche Mindestmengen für den Ansatz von ZrO_2-Paraffinwachs-Formmassen, wie sie zum Beispiel in dieser Arbeit verwendet wurden, liegen bei etwa 150 g Pulver und 20 g Paraffinwachs (entsprechend einem Feststoffgehalt von 50 Vol.-%). Das Verfahren als drucklos zu bezeichnen, ist allerdings nicht ganz richtig. In **Kapitel 4.1.1** wurde unter Anwendung eines Modells laminarer Rohrströmung für nicht-newton'sche Fluide das Fließverhalten für die in dieser Arbeit verwendeten Formmassen ermittelt, woraus sich beim manuellen Heißgießen ein tatsächlicher Druck < 0,1 MPa ergibt. Für einen detaillierten Verfahrensablauf zum manuellen Heißgießen wird auf **Kapitel 3.1.3** verwiesen.

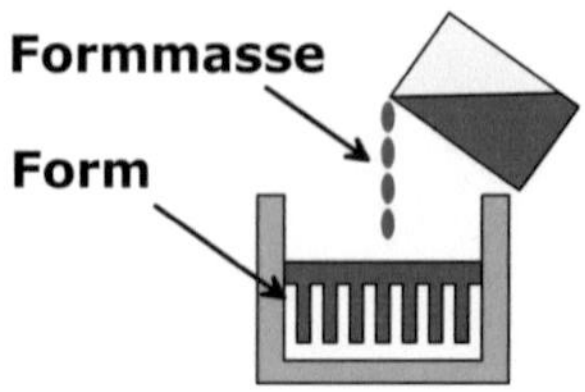

Abbildung 2.6: Schematische Darstellung des Formfüllungsprozesses beim manuellen Heißgießen.

2.3.2 Alternative Herstellungsverfahren und Werkstoffe für Mikrobauteile

Neben dem Mikropulverspritzgießen findet man in der Literatur eine Reihe unterschiedlicher Herstellungsverfahren für mikrostrukturierte und mikrodimensionierte Bauteile, die sich für die Fertigung von Prototypen und Komponenten im Labormaßstab unterschiedlich gut bewährt haben. Eine Auswahl an aktuellen Untersuchungen zu alternativen Herstellungsverfahren und Werkstoffen für mikrostrukturierte und miniaturisierte Bauteile ist in **Tabelle 2.4** aufgeführt. In der Regel werden Mikrobauteile durch Urformen oder generative Fertigungsverfahren, den so genannten Rapid Prototyping Verfahren, hergestellt. Subtraktive Fertigungsverfahren, wie zum Beispiel das Fräsen in Mikrodimensionen, sind bei Keramiken aufwendig und sehr kostenintensiv. Generative Verfahren, zu denen das Drucken von keramischen Suspensionen (Inkjet Printing) oder das selektive Sintern von Pulvern (Selective Laser Sintering) zählen, stoßen in der MST seit Jahren auf zunehmendes Interesse [**Oez10, Tay03**]. In der Literatur findet man Urformtechniken für Mikrokomponenten aus pulverhaltigen Suspensionen, wie das Microtransfer Moulding oder das Modified Micromoulding [**Hol11**], sehr häufig in Zusammenhang mit photolithographischen Prozessen, da für das Urformen Formen bereitgestellt werden müssen, welche die erwünschten Mikrostrukturen als Negativ abbilden. Während die Formen aus Polymeren bestehen können, die bei der thermischen Prozessierung der Grünkörper einfach mit entfernt werden (verlorene Formen), kommen, wie bei dem in **Kapitel 2.3.1** vorgestellten RPPC Verfahren, auch wieder verwendbare Silikonformen zum Einsatz, weshalb diese Verfahren oftmals auch als Soft Mould Techniken bezeichnet werden. In [**Heu03**] ist eine Übersicht über verschiedene generative und urformende Mikrofertigungsverfahren zu finden.

Tabelle 2.4: Auswahl an aktuellen Untersuchungen zu alternativen Herstellungsverfahren und Werkstoffen für Mikrobauteile und Mikrostrukturen.

Formherstellung	Formgebung	Werkstoff	Mikrobauteil	Quelle
Photolithographie / verlorene Formen aus Polymeren	Gelcasting	ZrO_2	Biegebalken (340 x 20 x 30) μm^3	**[Ant09a]**
	Heißprägen (druck- und vakuumgestützt)	Al_2O_3	Zahnräder 350 µm x 400 µm	**[Wan08]**
Photolithographie / wieder verwendbare Silikonformen	Modified Micromoulding	Al_2O_3	Nadeln 300 µm x 50 µm	**[Bys11]**
		Al_2O_3 / ZrO_2 Komposit	Zahnräder 2,5 mm x 1 mm	**[Has10a]**, **[Has10b]**
		Edelstahl 316-L	Zahnräder 2,5 mm x 1 mm	**[Imb08]**
		Edelstahl 316-L / Al_2O_3 Komposit	Verbindungsstab (2,5 x 0,5 x 0,25) mm^3	**[Imb09a]**, **[Imb09b]**
		Wolfram	Strukturen mit kleinsten Strukturdetails ~ 150 µm	**[Yan08]**
	Gelcasting	Al_2O_3	Strukturen mit kleinsten Strukturdetails ~ 50 µm	**[Ken07]**
Photolithographie	Heißprägen	Metallische Gläser	Zahnräder 250 µm x 50 µm	**[Kum09]**
	Inkjet Printing	ZrO_2	Scheiben (2 x 2 x 0,3) mm^3	**[Oez10]**

2.3.3 Fließverhalten keramischer Spritzgießformmassen

Die grundlegenden rheologischen Parameter lassen sich mit Hilfe des so genannten Zwei-Platten-Modells definieren (**Abbildung 2.7**). Der Quotient aus der Kraft F und einer bewegten Fläche A wird Schubspannung τ genannt und durch die Gleichung **(2.1)** beschrieben. Dabei stellt sich ein Geschwindigkeitsgradient γ' ein **(2.2)**, der als Scherrate oder Schergeschwindigkeit bezeichnet wird. Die Größe der Scherrate ist abhängig von der Schubspannung und einem materialabhängigen Faktor η, der Viskosität genannt wird **(2.3)**. Die Viskosität stellt ein Maß für die innere Reibung der Moleküle eines Fluids dar, die dem Fließen entgegenwirkt [**Sal07**]. Für idealviskose Fluide besteht ein proportionaler Zusammenhang zwischen der Schubspannung und der Scherrate **(2.4)**, der nach seinem Entdecker Isaac Newton als das Gesetz von Newton bezeichnet wird. Als idealviskos gelten nur wenige niedermolekulare Fluide, wie zum

Beispiel Wasser. Fluide, die sich nicht idealviskos verhalten, weisen entweder scherverdünnendes oder scherverdickendes Verhalten auf, weshalb sie auch als nicht-newton'sche Fluide bezeichnet werden. Sie weisen eine scheinbare Viskosität auf, da diese von der Scherrate nicht mehr unabhängig ist **(2.5)**. Bei der Angabe von Viskositätswerten nicht-newton'scher Fluide ist deshalb auch immer die entsprechende Scherrate mit anzugeben, bei der diese ermittelt wurde [**Mez06**]. Scherverdünnende Substanzen, wie beispielsweise Polymerlösungen, werden auch häufig strukturviskos oder pseudoplastisch genannt. Scherverdickende Substanzen, wie Dispersionen aus Speisestärke oder Polymerlösungen mit sehr hohen Feststoffanteilen, werden auch als dilatant bezeichnet.

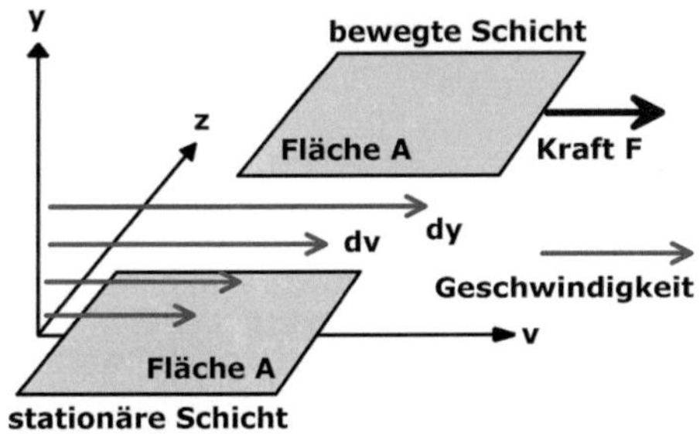

Abbildung 2.7: Fließgeschwindigkeit eines Fluids im Spalt des Zwei-Platten-Modells nach [**Sal07**].

$$\tau = \frac{F}{A} \quad \textbf{(2.1)} \qquad \gamma' = \frac{dv}{dy} \quad \textbf{(2.2)} \qquad \gamma' = \frac{\tau}{\eta} \quad \textbf{(2.3)}$$

$$\tau = \eta\gamma' \quad \textbf{(2.4)} \qquad \tau = \eta(\gamma')\gamma' \quad \textbf{(2.5)}$$

Modelle zur Beschreibung des Fließverhaltens von Fluiden

Es existieren in der Literatur unterschiedliche Modelle, die das Fließverhalten nicht-newton'scher Fluide beschreiben. Für scherverdünnende Fluide, die keine Fließgrenze aufweisen, wird häufig das nach Ostwald und de Waele [**Ost29**] benannte Potenzgesetz **(2.6)** verwendet, das Messkurvenverläufe im mittleren Scherratenbereich von 10 s^{-1} bis 1000 s^{-1} sehr gut beschreibt [**Mez06**]. Dabei wird n als Fließindex bezeichnet. Der Fließkoeffizient k ist nicht mit der Viskosität η zu verwechseln. Die Viskosität lässt sich in diesem Fall umschreiben zu **(2.7)**. Keramische Formmassen für das LPIM weisen in der Regel ein strukturviskoses Verhalten mit einer Fließgrenze τ_0 auf [**Liu98**].

Deren Fließverhalten kann mit dem Herschel-Bulkley Modell **(2.8)** relativ gut beschrieben werden [**Loe09**]. In [**Lap09**] finden sich weitere Modelle, die sich zur Beschreibung des Fließverhaltens nicht-newton'scher Fluide eignen. Die Viskosität η stellt einen materialabhängigen Faktor dar, der im Allgemeinen von der Zusammensetzung und Struktur des Fluids abhängt. Die Temperatur stellt dabei eine fundamentale Einflussgröße dar. Der Zusammenhang zwischen der Viskosität und der Temperatur wird durch die Arrhenius-Gleichung **(2.9)** beschrieben. Darin steht C für eine materialspezifische Konstante, E_a für die Fließaktivierungsenergie, R für die allgemeine Gaskonstante und T für die Temperatur [**Lap09**]. Die Viskosität wird außerdem noch von weiteren Faktoren beeinflusst. Bei feststoffhaltigen Fluiden, wie zum Beispiel keramische Formmassen für das LPIM, wird die Viskosität unter anderem von der Morphologie und der Größe der Pulverpartikel sowie der Art und Wirkungsweise von zugesetzten Additiven, wie beispielsweise Dispergatoren, beeinflusst [**Man11, Rah07**]. Einen besonders wichtigen Parameter stellt in diesem Zusammenhang der Feststoffgehalt der Masse dar. Der Feststoffgehalt Φ gibt an, wie hoch der Anteil des Pulvers bezogen auf die gesamte Formmasse ist. Üblicherweise erfolgt die Angabe des Feststoffgehalts in Volumenprozent (Vol.-%), manchmal auch in Gewichtsprozent (Gew.-%). Zur Beschreibung des Zusammenhangs zwischen der Viskosität und des Feststoffgehalts existieren zahlreiche Modelle. Am weitesten verbreitet sind die Modelle nach Krieger-Dougherty, Maron-Pierce sowie Janardhana-Reddy [**Lap09, Loe09**], mit denen der kritische Feststoffgehalt Φ_c einer keramischen Suspension ermittelt werden kann. Der kritische Feststoffgehalt Φ_c beschreibt den Zustand, an dem alle Pulverpartikel in einem dicht gepackten Zustand vorliegen und das noch freie Volumen zwischen den Partikeln durch den Binder bzw. dem Lösungsmittel gefüllt ist [**Ger94**]. Höhere Werte als Φ_c sind daher theoretisch nicht mehr möglich. Der Φ_c-Wert ist von enormer prozesstechnischer Bedeutung. Eine Spritzgießmasse mit einem zu niedrigen Feststoffgehalt weit unterhalb von Φ_c kann zu einer hohen Sinterschwindung, einer geringen Sinterdichten und zu Defekten wie Verwölbungen und Verzug am Fertigteil führen [**Han09a**]. Bei der Entwicklung von neuen keramischen Formmassen ist daher ein experimentelles „langsames Herantasten" an den Φ_c-Wert üblich. Neuentwicklungen auf diesem Gebiet betreffen Untersuchungen, die beispielsweise das Fließverhalten von LPIM-Formmassen unter Anwendung numerischer Verfahren mit deutlich reduziertem experimentellem Aufwand vorhersagen können [**Tor08**].

$$\tau = k\gamma'^{n} \qquad \textbf{(2.6)} \qquad\qquad \eta = k\gamma'^{(n-1)} \qquad \textbf{(2.7)}$$

$$\tau = \tau_0 + k\gamma'^{n} \qquad \textbf{(2.8)} \qquad\qquad \eta = C_m e^{-E_a/RT} \qquad \textbf{(2.9)}$$

Die Bedeutung der Fließgrenze

In der Rheologie beschreibt der Begriff Fließgrenze eine Schwelle bzw. Mindestkraft, die überschritten werden muss, um ein Fluid in den fließfähigen Zustand zu bringen. Unterhalb dieser Schwelle verhält sich das Fluid elastisch, da die von außen wirkenden Kräfte kleiner sind als die internen Strukturkräfte [**Mez06**]. Ungefüllte Fluide wie Wasser oder niedermolekulare Polymerlösungen besitzen keine oder nur sehr geringe Fließgrenzen. Anders verhält es sich bei feststoffgefüllten Fluiden, wie beispielsweise keramischen Formmassen. Hier existiert im Trägermedium ein Partikelnetzwerk, das aufgrund von starken Wechselwirkungen zwischen den Partikeln zu Strukturkräften führt, die überwunden werden müssen, um die Formmasse zum Fließen zu bringen. Diese Strukturkräfte sind auf die Wechselwirkung zwischen den Pulverpartikeln zurückzuführen, die entweder anziehend oder abstoßend sein können **(2.10)**. Die Abkürzung V_{ges} steht für die Summe der gesamten interpartikulären potentiellen Energie im System. V_A steht für das Potential der anziehenden Kräfte, wie zum Beispiel Van-der-Waals Kräfte, und V_R für die Summe des Potentials aller abstoßenden Kräfte [**Rah07**]. Die abstoßenden Kräfte führen zu einem gewissen Abstand zwischen den Partikeln und somit zu einer Stabilisierung des Partikelnetzwerks, die auf unterschiedliche Ursachen zurückgeführt werden kann. Eine Abstoßung wird in der Regel durch elektrostatische (V_{el}), sterische (V_{ster}) oder strukturelle (V_{stru}) Kräfte verursacht, wie zum Beispiel durch die Verwendung von grenzflächenaktiven Substanzen wie Dispergatoren [**Hor90, Nel88**]. Somit kann die Summe des Potentials aller abstoßenden Kräfte V_R umgeschrieben zu Gleichung **(2.11)**, womit die gesamte interpartikuläre potentielle Energie V_{ges} umformuliert werden kann zu Gleichung **(2.12)**. Die Wechselwirkung zwischen zwei sphärischen Partikeln infolge anziehender Van-der-Waals Kräfte und elektrostatischer Abstoßungskräfte wird durch die bekannte DLVO-Theorie beschrieben, die nach deren Begründern Derjaguin, Landau, Verwey und Overbeek benannt ist [**Rah07**].

$$V_{ges} = -V_A + V_R \quad \textbf{(2.10)}$$

$$V_R = V_{el} + V_{ster} + V_{stru} \quad \textbf{(2.11)}$$

$$V_{ges} = -V_A + V_{el} + V_{ster} + V_{stru} \quad \textbf{(2.12)}$$

$$\tau_0 = -\tau_A + \tau_R + (\tau_{med}) \quad \textbf{(2.13)}$$

Keramische Formmassen für das PIM werden üblicherweise durch geeignete grenzflächenaktive Substanzen, wie beispielsweise Carboxylsäuren [**Han10**], stabilisiert. Dabei erfolgt die Stabilisierung in der Regel durch die sterische Wirkung der Dispergatormoleküle. So besitzen ZrO_2-Paraffinwachs-Formmassen, die mit typischen Fettsäuren stabilisiert werden, umso geringere Fließgrenzenwerte, je länger die unpolaren Ketten der Fettsäuremoleküle sind [**Liu99b**]. Burghardt [**Bur09**] untersuchte den Einfluss eines Dispergators auf die Änderung der Van-der-Waals Wechselwirkung zwischen Pulverpartikeln in einer ZrO_2-Polyvinylbutyral Suspension und fand, dass sich die anziehenden Kräfte durch die Zugabe des Dispergators sogar erhöhen können. Die Stabilisierung von keramischen Formmassen mit Hilfe von gängigen Dispergatoren kann daher überwiegend auf die abstoßenden interpartikulären Kräfte infolge der sterischen Stabilisierung zurückgeführt werden. Nach [**Liu98**] ist es möglich, die Fließgrenze einer keramischen Formmasse analog zur Beschreibung der potentiellen Energie in Form von Gleichung **(2.13)** darzustellen. Die Fließgrenze τ_{med} der Binderphase bzw. des Trägermediums kann dabei aufgrund der niedrigen Werte in der Regel vernachlässigt werden. Zum Einfluss der elektrostatischen Stabilisierung von keramischen Partikeln in organischen Medien wird auf [**Fow87**] verwiesen.

Einflussfaktoren auf die Fließgrenze keramischer Formmassen

Die Fließgrenze wird durch verschiedene Größen beeinflusst. Hierzu gibt es in der Literatur zahlreiche Untersuchungen, die den Einfluss des Feststoffgehalts [**Bus87, Dak09, Dak10, Liu98, Zho99**], der Temperatur [**Liu98**], der Partikelgröße und -morphologie [**Liu99a**] sowie der Art und Menge des Dispergators [**Len00, Liu99b, Son96a, Tse99a, Tse01**] beschreiben. Der Zusammenhang zwischen der Fließgrenze und den anziehenden Van-der-Waals Kräften wird durch Gleichung **(2.14)** dargestellt [**Tse01**]. Darin steht N_Z für die Koordinationszahl der Partikel, H für die Hamakerkonstante, d_p für den Partikeldurchmesser und Φ_c für den kritischen Feststoffgehalt.

$$\tau_A = -\frac{N_Z H}{8\pi d_p^3}(1-\frac{\Phi}{\Phi_c})^{-4} \qquad \textbf{(2.14)}$$

$$V_{ster} = \Gamma k_B T\left[\ln\left(\frac{3x_p^2}{8\pi b_{char} l_{disp}}\right) + \frac{\pi^2 l_{char} l_{disp}}{6x_p^2}\right] \qquad \textbf{(2.15)}$$

Aus der Gleichung **(2.14)** ist zu erkennen, dass insbesondere durch eine Erhöhung des Feststoffgehaltes und eine Verringerung der Partikelgröße die anziehenden Kräfte und somit die Fließgrenze erhöht werden können. Die Hamakerkonstante, die eine stoffabhängige Systemgröße darstellt und sowohl die Höhe als auch das Vorzeichen der anziehenden Van-der-Waal'schen Wechselwirkung angibt, kann durch die Art des Dispergators beeinflusst werden. Allerdings ist zu erwarten, dass sich eine mögliche Erniedrigung der Hamakerkonstante infolge einer Variation des Dispergators nur marginal auf eine Abschwächung der anziehenden Van-der-Waals'schen Kräfte auswirkt, als beispielsweise eine Verringerung des Feststoffgehaltes bzw. eine Erhöhung der

Partikelgröße. Es ist wahrscheinlicher, dass eine Variation der grenzflächenaktiven Substanz, wie beispielsweise durch die Verwendung eines Dispergators mit einer größeren Kettenlänge, zu einer Erhöhung der potentiellen Energie infolge der sterischen Stabilisierung führt, wie durch die Gleichung **(2.15)** beschrieben [**Bur09**]. Dabei stehen l_{disp} für die Länge des Dispergatormoleküls, l_{char} für die charakteristische Bindungslänge, x_p für den Partikelabstand, k_B für die Boltzmannkonstante, T für die Temperatur und Γ für die Oberflächenbelegung der Pulverpartikel durch den Dispergator. Es ist erkennbar, dass sowohl die Erhöhung der Kettenlänge als auch die Erhöhung der Menge des Dispergator einen wesentlichen Beitrag zur sterischen Stabilisierung leistet.

Absorptionsverhalten und Wirkung von Dispergatoren

Aus den Gleichungen **(2.14)** und **(2.15)** geht hervor, dass die Wirkungsweise des Dispergators eine enorme Bedeutung für die Stabilisierung einer keramischen Suspension bzw. Formmassen besitzt. Bei der Entwicklung von Spritzgießmassen für das µ-PIM werden sehr häufig kurzkettige Carboxylsäuren, wie zum Beispiel Stearinsäure, verwendet [**Han10, Ruh11a, Jar08**]. Vereinfacht gesehen, setzen sich Carboxylsäuren aus einer unpolaren (CH_2)-Kette und einer polaren, funktionellen (COOH)-Carboxylgruppe zusammen. In **Abbildung 2.8** ist zum Beispiel die Strukturformel der Stearinsäure mit der Summenformel $C_{18}H_{36}O_2$ dargestellt.

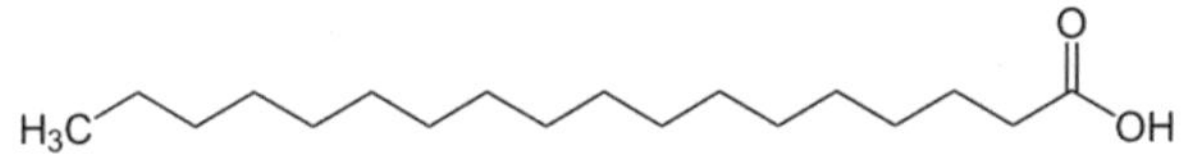

Abbildung 2.8: Strukturformel der Stearinsäure (Octadecansäure).

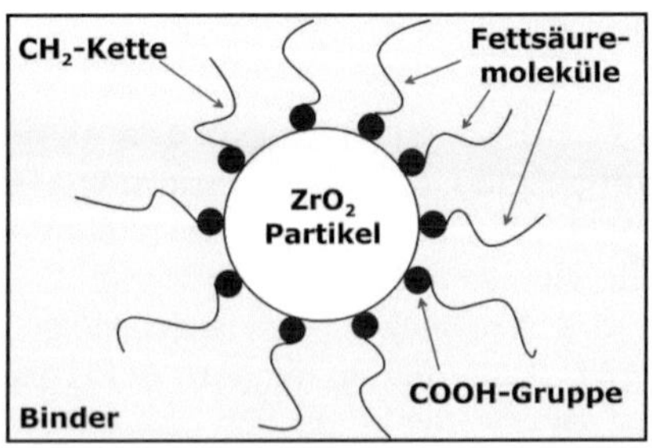

Abbildung 2.9: Modellvorstellung zur Adsorption von Dispergatormolekülen, wie zum Beispiel Carboxylsäuren, auf ideal-sphärischen ZrO_2-Pulverpartikeln in unpolarem Binder.

Der Mechanismus der sterischen Stabilisierung von keramischen Suspensionen mit Hilfe von Carboxylsäuren beruht auf der Annahme, dass die Dispergatormoleküle mit ihren funktionellen (COOH)-Gruppen an der Partikeloberfläche adsorbieren. Mit dem in den Binder bzw. in das Lösungsmittel hineinragenden (CH_2)-Ketten erzeugen sie dann einen interpartikulären Abstand, der zur Stabilisierung der Suspension führt (**Abbildung 2.9**). Von einer sterischen Stabilisierung wird erst dann gesprochen, wenn ein Partikelabstand von mindestens 10 nm eingestellt werden kann [**Jon87**]. Für die meisten typischen Fettsäuren, wie Stearinsäure, werden resultierende Partikelabstände von etwa 2-5 nm angenommen, so dass in diesen Fällen oftmals von einer semi-sterischen Stabilisierung gesprochen wird. Beispielsweise erzeugen die Oligomere von einfachen Carboxylsäuren im Vergleich zu ihren Monomeren keine semi-sterische, sondern eine vollständig sterische Stabilisierung [**Son96a**]. Die Adsorption der Moleküle auf den Pulverpartikeln kann entweder durch eine Physiosorption oder eine Chemisorption erfolgen. Für eine Physiosorption sind in der Regel Wasserstoffbrückenverbindungen verantwortlich [**Cha95, Far09, Hid97, Mol95, Zue05**]. Von einer Chemisorption wird dann gesprochen, wenn die Anlagerung der Dispergatormoleküle durch kovalente Bindungen zustande kommt [**Li07, Wol89**]. In der Literatur gibt es zahlreiche Untersuchungen zu den Adsorptionsmechanismen von Polymermolekülen auf Feststoffpartikeln in organischen und anorganischen Medien [**Far09, Jon87, Kip64, Tad09**]. So ist die Anlagerung von typischen Fettsäuremolekülen, wie Stearinsäure, an Oxidpartikeln in organischen Medien, wie beispielsweise ZrO_2 in Wachs oder Cyclohexan, auf eine Physiosorption zurückzuführen. Eine Chemisorption kann erreicht werden, indem die Pulverpartikel mit den Dispergatormolekülen beschichtet und anschließend einer thermischen Behandlung unterzogen werden. Dabei reagieren die (COOH)-Gruppen der Säure mit den (OH)-Gruppen unter Abspaltung von Wassermolekülen, wodurch eine kovalente Bindung erzeugt wird. Dieses Verfahren kann beispielsweise dazu genutzt werden, um einer Destabilisierung von keramischen Paraffinwachs-Formmassen durch Wasser entgegenzuwirken [**Nov97, Nov00**].

Abschätzung des Fließverhaltens keramischer Formmassen

Mit Hilfe des Gesetzes von Hagen-Poiseuille **(2.16)** kann der Volumenstrom Q eines homogenen newton'schen Fluids bei Vorliegen einer laminaren Strömung durch ein Rohr mit dem Radius r_R und der Länge l_R beschrieben werden. Bei der stationären Strömung eines Fluids mit der Viskosität η entsteht dabei zwischen dem Anfang und dem Ende des Rohres die Druckdifferenz Δp. In einem achsensymmetrischen Probenvolumen mit dem Radius r stellt sich dabei ein Kräftegleichgewicht ein. Die Kompensation der an der Zylindermantelfläche ausgeübten viskosen Kräfte durch die Kräfte, welche durch den Druck auf die Seitenflächen des Probenvolumens mit dem Radius r entstehen, wird durch Gleichung **(2.17)** beschrieben. Durch Einsetzen der Gleichung **(2.16)** in **(2.17)** erhält man mit der Beziehung aus Gleichung **(2.4)** das zugehörige Scherratenprofil **(2.18)** in Abhängigkeit vom Radius r. Somit kann mit Kenntnis des Volumenstroms und des Rohrradius das Scherratenprofil errechnet werden. Das zugehörige Geschwindigkeitsprofil lässt sich aus Gleichung **(2.19)** ermitteln [**Chh08**]. Diese Formeln gelten jedoch nur für laminare Strömung newton'scher Fluide. Im Fall keramischer Formmassen für das LPIM muss daher deren nicht-newton'sches Verhalten berücksichtigt werden.

$$Q = \frac{\Delta p}{l_R} \frac{\pi r_R^4}{8\eta} \quad \textbf{(2.16)}$$

$$\tau(r) = \frac{\Delta p}{2 l_R} r \quad \textbf{(2.17)}$$

$$\gamma'(r) = \frac{4Q}{\pi r_R^4} r \quad \textbf{(2.18)}$$

$$v(r) = \frac{1}{4} \frac{(r_R^2 - r^2)}{\eta} \frac{\Delta p}{l_R} \quad \textbf{(2.19)}$$

Unter Anwendung des Gesetzes nach Ostwald und de Waele **(2.6)** kann man aus entsprechenden Betrachtungen wie bei newton'schen Fluiden den Geschwindigkeitsverlauf bei laminarer Rohrströmung nicht-newton'scher Fluide herleiten **(2.20)**. Der Durchsatz bzw. Volumenstrom errechnet sich aus dem Produkt der Querschnittsfläche des Rohres und der mittleren Geschwindigkeit v_m im Rohr, die anhand Gleichung **(2.21)** berechnet werden kann. Somit erhält man für den Durchsatz Q die Beziehung aus Gleichung **(2.22)** [**Chh08**]. Das Scherratenprofil nicht-newton'scher Fluide lässt sich jedoch nicht wie bei newton'schen Fluiden mit einfachen analytischen Mitteln berechnen. Stattdessen kann zur Vereinfachung eine repräsentative Scherrate γ'_{rep} mit einer Konstante e_0 angegeben werden **(2.23)**. Für das Fließen von Polymeren in Rohren gilt annähernd $e_0 = \pi/4$ [**Men02**]. Der Einfluss der Fließgrenze auf das Fließverhalten sowie mögliche Entmischungseffekte bei keramischen Formmassen für das HPIM wurde in einer aktuellen Arbeit von Greiner et al. [**Gre11**] unter Anwendung verschiedener Fließmodelle untersucht.

$$v(r) = r_R \left(\frac{n}{n+1}\right) \left(\frac{\Delta p}{k l_R} \frac{r_R}{2}\right)^{1/n} \left[1 - \left(\frac{r}{r_R}\right)^{(n+1)/n}\right] \quad \textbf{(2.20)}$$

$$v_m = r_R \left(\frac{n}{3n+1}\right) \left(\frac{\Delta p}{2 k l_R} r_R\right)^{1/n} \quad \textbf{(2.21)}$$

$$Q = \pi \left(\frac{n}{3n+1}\right) \left(\frac{\Delta p}{2 k l_R}\right)^{1/n} r_R^{(3n+1)/n} \quad \textbf{(2.22)}$$

$$\gamma'_{rep} = \frac{4Q}{\pi r_R^3} e_0 \quad \textbf{(2.23)}$$

2.3.4 Thermische Entbinderung keramischer Mikrobauteile

Die Entbinderung von keramischen Grünkörpern stellt den kritischsten und zeitintensivsten Prozessschritt beim Spritzgießen dar. Dabei wird der Binder, der als Hilfs- bzw. Trägermedium für die Plastifizierbarkeit der keramischen Formmassen verantwortlich ist, aus den Grünkörpern entfernt, um den anschließenden Brenn- bzw. Sintervorgang zum Fertigteil zu ermöglichen. Das Entfernen des Binders kann auf unterschiedlichen Wegen erfolgen und stellt in der Regel einen langwierigen sowie recht heiklen Prozessschritt dar. Während der Entbinderung können in den Formkörpern Fehler wie Risse oder Poren entstehen. Es kann aber auch zur Deformationen und im Extremfall bis hin zur völligen Zerstörung der Bauteile kommen. Das Ziel aller Entbinderungsverfahren ist es daher, die Reduzierung von Prozesszeiten bei gleichzeitiger Vermeidung jeglicher Defekte, die während der Entbinderung entstehen können. Grundsätzlich lässt sich die Entbinderung in zwei Kategorien unterteilen. Eine Übersicht zu den unterschiedlichen Entbinderungsverfahren ist in **Abbildung 2.10** dargestellt. Bei der thermischen Entbinderung wird der organische Binder bei Temperaturen von bis zu 600°C entfernt. Dieses Verfahren kann weiterhin in zwei Varianten unterteilt werden: Eine Variante, die die Kapillarwirkung und Permeabilität eines Pulverbetts oder einer saugfähigen Unterlage ausnutzt, und eine Variante, bei der ohne Pulverbett oder eine saugfähige Unterlage verfahren wird. Die thermische Entbinderung stellt aufgrund des relativ einfach zu realisierenden Prozesses die gängigste Entbinderungsstrategie dar. Jedoch hat sie den wesentlichen Nachteil von teils sehr langen Prozesszeiten von bis zu mehreren Tagen. Beim Aufheizen kann es zu einem erheblichen Druckanstieg im Formkörper kommen, weshalb oftmals nur langsame Heizraten von kleiner als 1°C/min verwendet werden können [**Ger87**]. Daher sind die Wanddicken von spritzgegossenen keramischen Formteilen üblicherweise auf maximal 10-50 mm begrenzt. Zu den Lösungsmittel- bzw. Extraktionsverfahren zählt man die Verfahren, bei denen der Binder entweder mit Hilfe organischer Lösemittel, wie beispielsweise Hexan, entfernt wird oder bei denen ein überkritisches Fluid, wie zum Beispiel Kohlenstoffdioxid (CO_2), als Extraktionsmittel verwendet wird [**Zak09**]. Eine spezielle Form der Lösungsmittel- bzw. Extraktionsentbinderung stellt die katalytische Entbinderung dar, bei der die Depolymerisation von speziellen Bindersystemen in sauren oder basischen Ofenatmosphären ausgenutzt wird [**Kra99**]. Bei den Lösungsmittel- bzw. Extraktionsverfahren können die Prozesszeiten bis auf wenige Stunden verkürzt werden [**Zak09**]. Jedoch sind dabei Aspekte wie Kosten, Toxizität, Sicherheit und Entsorgung der organischen Substanzen zu beachten [**Ger87**], was den Einsatz lösungsmittelbasierter Verfahren in der Regel erst bei hohen Stückzahlen in der Großserienfertigung wirtschaftlich rechtfertigt.

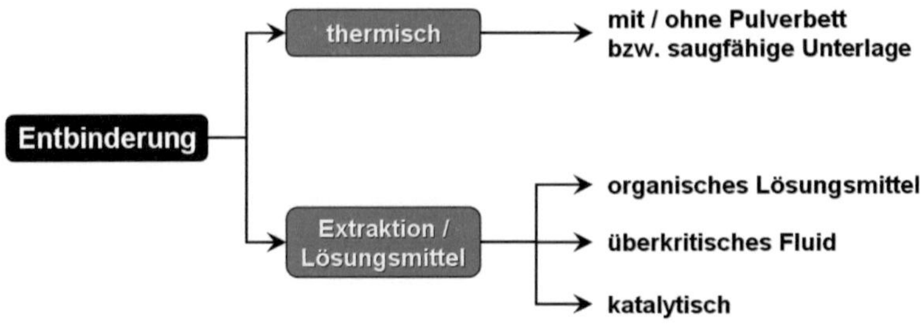

Abbildung 2.10: Entbinderungsverfahren für spritzgegossene Grünkörper nach [**Ger87**] und [**Kra99**].

Mikrospezifische Besonderheiten der thermischen Entbinderung

Infolge der üblicherweise geringen Stückzahlen und Wanddicken eignet sich die thermische Entbinderung daher besonders für die Herstellung von heißgegossenen keramischen Mikrobauteilen. Das Fehlen von hochviskosen „backbone“ Polymeren und die daraus resultierenden niedrigen Viskositäten keramischer Heißgießmassen machen die thermische Entbinderung für heißgegossene Mikroteile aber besonders interessant, was zunächst als Widerspruch aufgefasst werden kann. Aufgrund der gewöhnlich hohen Molekulargewichte stellen die so genannten „backbone“ Polymere das „Rückgrat“ von keramischen Formmassen für das HPIM von Mikroteilen dar. Dadurch ist ein Mindestmaß an mechanischer Stabilität der filigranen Mikroteile im Grünzustand gewährleistet [**Kim99**]. Zudem weisen die Grünkörper aufgrund der höheren Viskositäten und Fließgrenzen der Formmassen einen gewissen Widerstand gegen Deformation und Formänderung während der thermischen Behandlung auf. Dies wird als ein besonderer Vorteil von hochdruckspritzgegossenen Mikrobauteilen gesehen [**Loh07**]. Das Vorliegen von niedrigen Viskositäten und Fließgrenzen wird beim LPIM generell als Herausforderung wahrgenommen, um während der thermischen Entbinderung eine vollständige Formstabilität der fragilen Grünkörper zu gewährleisten [**Gor10, Pio11**]. Für die Entbinderung von Mikrobauteilen kann dies aber auch als eine Chance wahrgenommen werden, um infolge einer gezielten Prozessführung den Oberflächenzustand und folglich die mechanischen Eigenschaften der Mikrokörper zu verbessern. Durch das Zusammenwirken von verschiedenen Effekten, wie die Oberflächenspannung des Binders und die Viskosität sowie die Fließgrenze der verwendeten Heißgießmassen, ist es möglich, die Anzahl und Größe der Oberflächendefekte auf den Mikroteilen während der thermischen Entbinderung zu reduzieren (siehe **Kapitel 4.2**). Die anhand dieser so genannten Oberflächendefektausheilung erzielbare Verbesserung der Zuverlässigkeit der Mikroteile kann mit der

Ausheilung von Oberflächendefekten bei Formkörpern aus Glas verglichen werden, der so genannten Feuerpolitur. Auch in diesem Fall kann eine erhebliche Festig-keitssteigerung infolge der Reduzierung von Oberflächendefekten erzielt werden [**Men92**].

Vorgänge und Mechanismen bei der thermischen Entbinderung

Es ist ein grundlegendes Verständnis der komplexen Vorgänge und Mechanismen, die während der thermischen Entbinderung stattfinden, erforderlich, um Untersuchungen zu diesem Prozess bewerten zu können. In der Literatur gibt es zahlreiche Veröffentlichungen, die sich dem Thema sowohl von der theoretischen als auch von der experimentellen Seite widmen [**Ban93, Bao91a, Bao91b, Bar88, Bar90, Cal90, Ger87, Kho07, Kho09, Lew94, Lew96, Lin05, Liu99c, She01, She04, Shi01, Som08, Sta90, Tru96, Wes98, Wri91, Yun09**]. Das Ziel der meisten Untersuchungen ist die Reduzierung von Prozesszeiten bei gleichzeitiger Vermeidung von jeglichen Defekten, die während der Entbinderung entstehen können. Unter der Voraussetzung, dass ein Pulverbett bzw. eine saugfähige Unterlage verwendet wird, der Grünkörper aus einem Pulver-Binder-Gemisch mit einem einkomponentigen Binder mit niedrigem Molekulargewicht besteht und Heizraten kleiner als 1,0 K/min eingehalten werden, kann die thermische Entbinderung vereinfacht in drei Phasen gegliedert werden [**Ban93, Bao91b, Bar88, Bar90, Liu99c, Wri89**], wie in **Abbildung 2.11** schematisch dargestellt:

- *Phase I:* Aufschmelzen des Binders und thermische Volumenausdehnung
- *Phase II:* Abtransport des flüssigen Binders über die Flüssigphase durch Benetzung und Kapillarwirkung des Pulverbetts bzw. der saugfähigen Unterlage (Migration)
- *Phase III:* Abtransport des restlichen Binders über die Gasphase durch Verdampfung und Diffusion

Das Aufschmelzen des Binders in der Phase I der Entbinderung ist mit einer Volumenzunahme infolge der thermischen Ausdehnung des Binders verbunden. Der thermische Ausdehnungskoeffizient üblicher Paraffinwachse liegt unterhalb bzw. oberhalb des Schmelzpunkts bei etwa 10^{-3} K^{-1} [**Sch07**], während er beim Phasenübergang vom festen in den flüssigen Zustand bis zu 10^{-2} K^{-1} aufweisen kann [**Bar90**]. Der Ausdehnungskoeffizient von keramischen Pulverpartikeln, wie zum Beispiel ZrO_2, liegt mit etwa 10^{-6} K^{-1} (bis 500°C) um drei bis vier Größenordnungen niedriger [**Mun99**], so dass er im Vergleich zum Paraffinwachs vernachlässigt werden kann. Der Effekt der thermischen Volumenausdehnung während der Entbinderung wird gelegentlich auch als „Ausschwitzen“

(engl. exudation) bezeichnet [**Gor10**]. Der Hintergrund dieser Bezeichnung liegt in einer Modellvorstellung, bei der davon ausgegangen wird, dass sich das Pulvergerüst des Grünkörpers während dieser Phase des Ausschwitzens nicht deformiert und starr ist. Mit steigender Temperatur nimmt die Volumenausdehnung des noch festen, aber immer weicher werdenden Binders zu. Am Schmelzpunkt vollzieht sich schließlich infolge der abrupten Volumenzunahme das Herausdrängen des Binders. Nach Somasundram et al. [**Som08**] kann die beim Phasenübergang ausgeschwitzte Menge an Binder entsprechend der Gleichung **(2.24)** berechnet werden. Dabei stehen w_{ex} für den ausgeschwitzten, massenbezogenen Binderanteil, κ_{br} für die Porosität des Braunlings (Grünkörper nach dem Entbindern), w_b für den ursprünglichen Massenanteil des Binders im Grünkörper, ρ_b für die Dichte des Binders am Phasenübergang und ρ_{br} für die Dichte des Braunlings. In Abhängigkeit von der Aufnahmefähigkeit der Umgebung für den ausgeschwitzten Binder (Pulverbett oder Entbinderungsunterlage) entsteht dabei ein Oberflächenbinderfilm auf dem Grünkörper [**Gor10, Son94**]. Bei heißgegossenen keramischen Mikrobauteilen kann dieser Oberflächenbinderfilm unter Einwirkung der Oberflächenspannung des Binders dazu führen, dass es zu Verrundungen von Kanten bzw. zur Deformation der Mikrostrukturen kommt [**Bau05a, Mue06, Mue07**]. Zur Deformation kann es dabei auch kommen, wenn infolge eines hohen Dispergatorgehalts der Formmasse die Fließgrenze τ_0 sehr niedrig ausfällt [**Son94**].

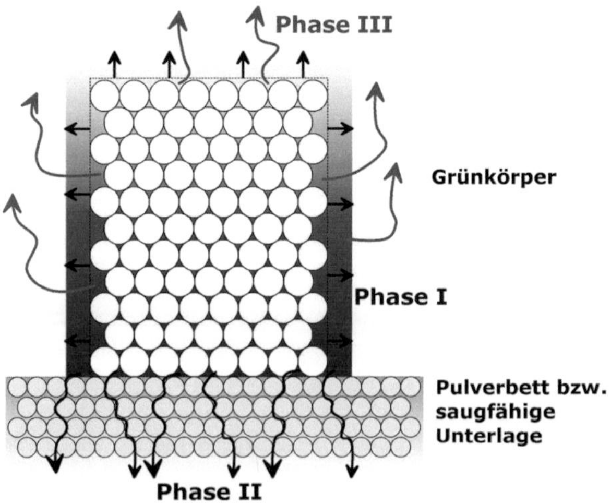

Abbildung 2.11: Schematische Darstellung der drei Phasen der thermischen Entbinderung.

$$w_{ex} = 1 - \kappa_{br} \left(\frac{1}{w_b} - 1 \right) \frac{\rho_b}{\rho_{br}} \qquad \textbf{(2.24)}$$

In der Phase II findet der Abtransport des Binders über die Flüssigphase durch die Wechselwirkung des Binders mit der Umgebung statt [**Liu99c**]. Die Triebkraft für diesen Abtransport über die Flüssigphase, die auch Migration genannt wird, ist die Kapillardruckdifferenz Δp_k zwischen der flüssigen Binderphase in der porösen Struktur des Grünkörpers mit dem Porendurchmesser $d_{pore,1}$ und den Zwischenräumen des umgebenden Pulverbetts bzw. der porösen Entbinderungsunterlage mit dem Porendurchmesser $d_{pore,2}$. Der Kapillardruck ist weiterhin abhängig von der Oberflächenspannung der flüssigen Phase χ sowie den Benetzungswinkeln θ_1 und θ_2 des Binders mit dem Pulver bzw. der Entbinderungsunterlage (oder dem Pulverbett). Die Kapillardruckdifferenz Δp_k wird durch Gleichung **(2.25)** beschrieben [**Ger87**]. Bei einer annähernd vollständigen Benetzung können die Terme $\cos(\theta_1)$ bzw. $\cos(\theta_1)$ gleich 1 gesetzt werden. Das laminare Fließen eines Fluids durch ein isotropes, poröses Medium wird durch das Gesetz von Darcy beschrieben **(2.26)**. Dabei stehen Q für den laminaren Volumenstrom, A für die durchflossene Fläche, η für die Viskosität des Fluids, K für die Permeabilitätskonstante und x für die Distanz, innerhalb der sich der Kapillardruck p_k aufbaut [**Bao91a**].

$$\Delta p_k = p_{k,1} - p_{k,2} = 20\chi \left(\frac{\cos\theta_1}{d_{pore,1}} - \frac{\cos\theta_2}{d_{pore,2}} \right) \qquad \textbf{(2.25)}$$

$$Q = -A \frac{Kp}{\eta x} \qquad \textbf{(2.26)}$$

$$K = \frac{\kappa^4 d_p^2}{90\,(1-\kappa)^2} \qquad \textbf{(2.27)}$$

Aus der Gleichung **(2.26)** ist ersichtlich, dass der Volumenstrom Q des flüssigen Binders in der Phase II durch mehrere Parameter beeinflusst wird. So wirken sich hohe Binderviskositäten und niedrige Oberflächenspannungen nachteilig auf die Migration des Binders in die poröse Umgebung aus, indem sie den Volumenstrom verringern [**Cim89, Ger87**]. Veränderungen in den Viskositäten und Oberflächenspannungen lassen sich beispielsweise durch die Verwendung mehrkomponentiger Bindersysteme erreichen. Für die Permeabilität K gibt es in der Literatur zahlreiche empirische Gleichungen [**Bao91a, Ger87, Som08**], welche den Zusammenhang zwischen der Permeabilität und der Porosität sowie dem mittleren Porendurchmesser einer porösen Struktur beschreiben. Nach German [**Ger87**] nimmt die Permeabilität mit zunehmender

Porosität κ und zunehmendem Partikeldurchmesser d_p auch zu **(2.27)**. In der Phase II kann die Migration des Binders aus dem Grünkörper (entspricht dem Volumenstrom Q) demnach erhöht werden, indem die Permeabilitätskonstante K oder der Kapillardruck p_k des umgebenden Pulverbetts bzw. der Entbinderungsunterlage erhöht wird. In diesem Fall spricht man von einer Migration, die entweder von der Permeabilität oder dem Kapillardruck gesteuert wird.

Demnach würde beispielsweise ein zehnfach kleinerer, mittlerer Porendurchmesser $d_{pore,2}$ der Unterlage im Vergleich zum Grünkörper ($d_{pore,1}$) zu einem zehnfach höheren Kapillardruck $p_{k,2}$ in der Unterlage führen, als im Grünkörper ($p_{k,1}$). Bei gleich bleibender Porosität würde dies jedoch eine deutliche Verringerung der Permeabilität der Entbinderungsunterlage K_2 um den Faktor 0,01 im Vergleich zur Permeabilität K_1 der porösen Grünkörperstruktur bedeuten. Aus dem Produkt der Permeabilität und des Kapillardrucks **(2.26)** würde dann folgen, dass die Volumenströme in zwei identischen porösen Strukturen (Q_1 im Grünkörper und Q_2 in der Entbinderungsunterlage), die lediglich unterschiedliche Porendurchmesser $d_{1,2}$ aufweisen, sich um den Faktor 10 unterscheiden. Eine Verringerung des Porendurchmessers der Unterlage ist somit mit einer Erhöhung des Kapillardrucks, aber auch mit einer Erniedrigung der Permeabilität verbunden. Entsprechend der Gleichung **(2.26)** bewirkt dies im Produkt eine Verringerung des Volumenstroms. Dies würde bedeuten, dass die Permeabilität einer Unterlage oder eines Pulverbetts mit einem zehntel des Porendurchmessers des Grünkörpers um das hundertfache geringer ist. Der zehnfach höhere Kapillardruck im Pulverbett würde aber nichts daran ändern, dass der Volumenstrom im Pulverbett um ein zehntel geringer ist als im Grünkörper. Diese theoretische Betrachtungsweise steht aber im Widerspruch zu den Erkenntnissen aus experimentellen Untersuchungen [**Ban93, Bao91a, Ger87, Tru01, Wri91**]. In der Regel bewirkt ein Pulverbett bzw. eine poröse Entbinderungsunterlage mit einem sehr kleinen mittleren Porendurchmesser und einer entsprechend hohen spezifischen Oberfläche eine wesentlich schnellere Migration des Binders aus dem Grünkörper. Die Wechselwirkung von Packungsdichte, Partikelmorphologie sowie Porenstruktur poröser Medien bzw. Pulverschüttungen macht es äußerst schwierig, eine allgemeine Formel für die Berechnung der Permeabilität anzugeben [**Bao91a**]. Der Widerspruch zwischen der theoretischen Betrachtungsweise und den experimentellen Befunden lässt sich dadurch erklären, dass das Zusammenwirken von Packungsdichte, Partikelmorphologie, Porenstruktur, der Verteilung der Porendurchmesser sowie der Benetzung des Binders mit den Partikeln einen äußerst komplizierten Einfluss auf die Permeabilität hat. Daher liegt eine allgemeingültige Gleichung zur Beschreibung der Permeabilität einer porösen Struktur bislang nicht vor. In der Literatur finden sich allerdings zahlreiche empirische Gleichungen. Es kann daher pauschal nicht vorausgesagt werden, ob ein Pulverbett bzw. eine Entbinderungsunterlage mit einem sehr kleinen Partikel- bzw. Porendurchmesser sich günstig auf die Migration des Binders aus einem keramischen Grünkörper auswirken wird oder nicht. Es können lediglich Tendenzen angegeben werden. Trunec und Cihlar [**Tru01**] haben zum Beispiel beobachtet, dass ein Pulverbett aus Aktivkohlepartikeln mit vergleichsweise kleinen Partikeldurchmessern zu einer wesentlich schnelleren und effektiveren Entbinderung führt. Als Grund wird die intergranulare Porenstruktur der Kohlepartikel aufgeführt, die aufgrund der extrem hohen spezifischen Oberfläche zu einer erheblichen Erhöhung des Volumenstroms führt.

In der Phase II kann der zeitliche Verlauf der Migration des Binders aus dem Grünkörper mit Hilfe einer Fließkurve beschrieben werden. Dabei wird die Entbinderungsrate (zeitabhängiger Massenverlust des Grünkörpers bezogen auf die gesamte Bindermasse) über den prozentualen Massenverlust des Binders aufgetragen. Grundsätzlich weist eine Fließkurve drei Teilbereiche auf [**Kim96, Bao91b**], wie in **Abbildung 2.12** dargestellt:

- *Teilbereich A:* Übergangsphase (aus Phase I) mit schneller Migration des Binders aus dem Grünkörper in das Pulverbett bzw. Unterlage infolge der thermischen Volumenausdehnung („Ausschwitzvorgang“)
- *Teilbereich B:* Stationärer Bereich mit konstanter Entbinderungsrate
- *Teilbereich C:* Übergangsphase (in Phase III) mit niedrigerer Entbinderungsrate

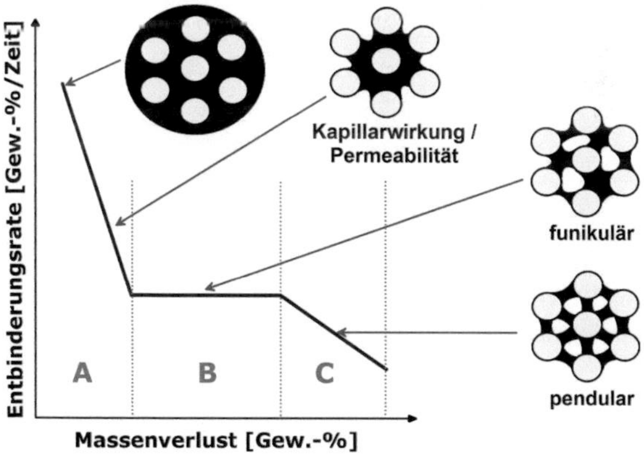

Abbildung 2.12: Entbinderungsrate in Abhängigkeit vom Massenverlust des Grünkörpers in der Phase II nach [Kim96] und schematischer Zustand der Mmikrostruktur nach [**Wes97**].

Der Teilbereich A ist vom hydraulischen Druck im Grünkörper infolge der thermischen Volumenausdehnung des Binders gekennzeichnet. Die Migrationsgeschwindigkeit des Binders aus dem Grünkörper in die Umgebung ist daher relativ hoch und wird vom Kapillardruck und der Permeabilität des Grünkörpers und des Pulverbetts bzw. der Entbinderungsunterlage bestimmt. Dabei bildet sich vermutlich eine Binderfront aus, welche die binderreichen und binderarmen Regionen voneinander trennt (**Abbildung 2.13**). Im stationären Teilbereich B befindet sich der Binder in der Porenstruktur des Grünkörpers im so genannten funikulären Zustand (engl. funicular). In diesem Fall ist die Entbinderungsrate nahezu konstant. Es erfolgt eine Binderumverteilung, bei der größere Poren auf Kosten von kleineren Poren wachsen und dadurch ein durchgehend funikuläres Porennetzwerks gebildet wird. Auch in diesem Teilbereich stellen die Kapillarwirkung und die Permeabilität die zwei wichtigsten Einflussgrößen auf den Transport des flüssigen Binders dar [**Kho07**]. Zum Ende des Teilbereichs B geht der restliche Binder in der Porenstruktur des Grünkörpers in den so genannten pendularen Zustand über (engl. pendular), in dem kein durchgängiges Bindernetzwerk mehr vorhanden ist. Es kommt zur Bildung eines offenen Porennetzwerks, in dem Binderbrücken nur noch an den kürzesten Abständen zwischen den Partikeln vorhanden sind (**Abbildung 2.12**). Ist der pendulare Zustand vollständig erreicht, so erfolgt der Abtransport des restlichen Binders anschließend durch Verdampfung der gasförmigen Binderprodukte (Phase III). Der am Ende des Teilbereichs C im pendularen Zustand vorliegende Binderanteil wird manchmal auch immobil bezeichnet [**Gor10**].

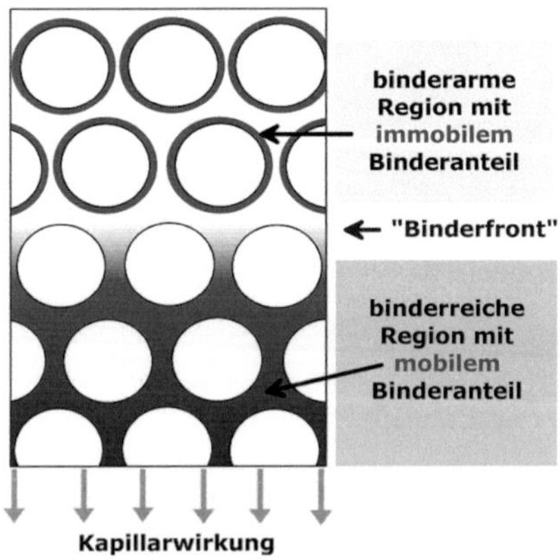

Abbildung 2.13: Schematische Darstellung einer möglichen Binderverteilung im Grünkörper sowie die Binderfront in den Teilbereichen A und B der Phase II der thermischen Entbinderung nach [**Gor10**].

Ob sich während der Phase II der Entbinderung eine ausgeprägte Binderfront bildet, welche die binderreichen (mobilen) und binderarmen (immobilen) Bereiche voneinander trennt, wird in der Literatur bislang kontrovers diskutiert. In der sehr oft zitierten Arbeit von German [**Ger87**] wird zu jedem Zeitpunkt der Entbinderung eine ausgeprägte Binderfront angenommen. In weiterführenden Arbeiten wurde die von German vorgeschlagene Modellvorstellung anhand von numerischen Simulationen erfolgreich evaluiert [**Lin05, Shi01**]. In einer aktuellen Veröffentlichung behaupten Gorjan et al. [**Gor10**], dass die Annahme einer ausgeprägten Binderfront, die binderarme und binderreiche Regionen voneinander trennt, experimentell nachgewiesen werden konnte. Demgegenüber stehen allerdings Untersuchungen, in denen keine Binderfront beobachten werden konnte [**Bao91b, Kim99, Som08, Wri91**]. Stattdessen wird in diesen Arbeiten angegeben, dass die Bindermenge im Laufe der Entbinderung über das gesamte Volumen des Grünkörpers gleichmäßig abnimmt, ohne die Bildung einer ausgeprägten Binderfront. Es gibt aber auch Untersuchungen, bei denen weder eine Binderfront noch eine homogene Binderverteilung zu allen Zeitpunkten der Entbinderung beobachtet und berechnet werden konnte [**Cim89, Kho07, Sha92, She01**]. Dabei geht man von einer ortsabhängigen Binderverteilung im Grünkörper als Funktion des Abstandes zum Pulverbett bzw. zur Entbinderungs-unterlage aus. Der Grund für derart gegensätzliche Beobachtungen wird in den zumeist unterschiedlichen Randbedingungen der experimentellen Unter-suchungen vermutet [**Vet94**]. Wie bereits erwähnt, liegt die Binderverteilung im Grünkörper in der Phase III der Entbinderung vollständig im pendularen Zustand vor. In diesem Stadium ist die Entbinderungsrate äußerst langsam, da der Abtransport des noch restlichen, in den Poren immobil vorliegenden Binders zunächst durch Verdampfung und Diffusion des Binders über die Gasphase erfolgt. Erst mit fortschreitender Temperatur ist die Gasphasendiffusion von thermisch zersetzten Binderprodukten zu erwarten [**Wri89**]. Trotz der wesentlich höheren Diffusionsrate des Binders bzw. der Zersetzungsprodukte von drei bis vier Größenordnungen in der Gasphase (im Vergleich zur flüssigen Phase), ist die Entbinderungsrate reduziert [**Liu99c**]. Die Hauptursache hierzu bilden die infolge der dreidimensionalen Porenstruktur verzweigten und langen Diffusionswege für die gasförmigen Produkte aus dem Inneren hin zur Oberfläche des Grünkörpers. In dieser Phase wird die Entbinderungsrate hauptsächlich von der Länge der Diffusionswege bestimmt, die unter anderem vom Oberflächen-zu-Volumen-Verhältnis des Grünkörpers abhängt. Bei einem niedrigen Oberflächen-zu-Volumen-Verhältnis (entspricht beispielsweise großen Wanddicken) und entsprechend langen Diffusionswegen nimmt die Entbinderungsrate ab. Infolge der thermischen Zersetzung des Binders kann es in dieser letzten Phase der Entbinderung auch dazu kommen, dass die zersetzten Binderprodukte zur Bildung einer harten Schicht auf der Oberfläche des

Grünkörpers führen [**Zor02**]. In diesem Fall geht man davon aus, dass bei der Entbinderung an Luft in einem bestimmten Temperaturintervall die oxidative Zersetzung von höhermolekularen Binderbestandteilen erfolgt [**Gor12b**]. Infolge von katalytischen Reaktionen der Zersetzungsprodukte mit der Grünkörperoberfläche erfolgt schließlich die Bildung einer harten Schicht, die mit fortscheitender Temperatur jedoch wieder verschwindet. Es ist denkbar, dass ein mögliches Abplatzen dieser Schicht während der Entbinderung zu Oberflächenfehlern wie Risse und Poren führen kann. Auch im Fall des Abtransports des Binders über die Gasphase gibt es in der Literatur kontroverse Diskussionen darüber, ob im Inneren des Grünkörpers eine Gasphasenfront existiert [**Cal90, Ger87**] oder sich ein Konzentrationsgradient des Binders in der Gasphase bildet [**Bar88, Cim89, Sha92**]. West und Lombardo [**Wes98**] konnten mit Hilfe eines Modells aufzeigen, dass die Bildung einer charakteristischen Binderfront in der Gasphase bzw. ein Konzentrationsgradient davon abhängig ist, wie hoch der Temperaturgradient innerhalb des Grünkörpervolumens ist. Demzufolge führt ein niedriger Temperaturgradient (entsprechend eine niedrige Heizrate) zu einem Konzentrationsgradienten. Als Grund hierfür werden die geringen Widerstandswerte der Wärmeleitung und des konvektiven Massenstroms in der Gasphase aufgeführt. Die Erhöhung dieser Werte infolge einer Erhöhung des Temperaturgradienten (entsprechend eine hohe Heizrate) führt wiederum zur Bildung einer charak-teristischen Binderfront, die eine binderreiche und binderarme Gasphase voneinander trennt.

Die Einteilung der thermischen Entbinderung in drei Phasen (**Abbildung 2.11**) ist nicht mit der Annahme verknüpft, dass die in den jeweiligen Phasen stattfindenden Transportmechanismen nicht parallel ablaufen. Insbesondere bei den Transportvorgängen in den Phase II und III wird davon ausgegangen, dass sie häufig parallel ablaufen. Dies ist insbesondere dann der Fall, wenn die Heizrate sehr hoch gewählt wird und die Verdampfung sowie Zersetzung des Binders bereits in einem Stadium beginnt, in dem die Migration noch nicht vollständig abgeschlossen ist. Es ist aber auch denkbar, dass das Pulver eine katalytische Wirkung auf die Zersetzung des Binders ausübt und dadurch eine relativ frühzeitige Verdampfung und Diffusion des Binders erfolgt [**Liu99c**]. Die thermische Entbinderung ist ein komplexer Prozessschritt, dessen Beherrschung neben den theoretischen Grundlagen auch ausreichend Erfahrung erfordert. Der zu diesem Prozessschritt bisher vorgestellte Kenntnisstand beschränkt sich im Wesentlichen auf einkomponentige Binder für das LPIM, wie zum Beispiel Paraffinwachs. Beim Einsatz mehrkomponentiger Binder müssen Aspekte wie Viskosität, Benetzung, chemische Kompatibilität und eine möglicherweise selektive katalytische Wirkung des Pulvers beachtet werden, weshalb eine Verschiebung und/oder Überlagerung der zeitlichen Abfolge der vorgestellten Transportmechanismen möglich ist. Daher ist die Beherrschung der gesamten Prozessroute des µ-PIM von der Formmassenherstellung, dem rheologischen Verhalten der Formmassen, der Formgebung und der thermischen Behandlung bis hin zum Fertigteil ausschlaggebend, um die Auswirkung einzelner Einflussfaktoren auf die Eigenschaften der Mikrobauteile, wie zum Beispiel das Festigkeitsverhalten, entsprechen bewerten zu können.

2.4 Festigkeit keramischer Werkstoffe

Wirken mechanische Kräfte auf einen Festkörper, so findet eine Verformung statt, die zunächst reversibel ist und als Elastizität bezeichnet wird. Die Höhe der aufzubringenden Spannung σ ist proportional zur resultierenden reversiblen Verformung, der Dehnung ε, und wird durch das Hooke'sche Gesetz **(2.28)** beschrieben [**Bar05**]. Dabei steht E für eine Proportionalitätskonstante und wird als Elastizitätsmodul, kurz E-Modul, bezeichnet.

$$\sigma = E\varepsilon \tag{2.28}$$

Die Höhe des E-Moduls ist abhängig von den Bindungsverhältnissen der Atome, aus denen der Festkörper aufgebaut ist. Keramische Werkstoffe weisen vorwiegend ionische, aber auch kovalente Bindungen auf, während die metallische Bindungsart charakteristisch für metallische Werkstoffe ist. Aufgrund der stärkeren ionischen und kovalenten Bindungsart weisen keramische Werkstoffe in der Regel deutlich höhere E-Moduln auf, als Metalle [**Mun99**]. Wirken höhere Spannungen auf den Festkörper, so kann eine irreversible Verformung, bedingt durch eine plastische Verformung oder Kriechen, eintreten, was jedoch bei monolithischen Keramiken bei Raumtemperatur keine Rolle spielt [**Sal07**]. Während die plastische Verformbarkeit und der damit verbundene Spannungsabbau bei metallischen Werkstoffen auf den Platzwechsel einzelner Atomrümpfe, beispielsweise in Form von linienförmigen Gitterbaufehlern (Versetzungen) beruht, blockieren die überaus starken ionischen und kovalenten Bindungen bei keramischen Werkstoffen die Bewegung von Versetzungen. Die Folge ist die fehlende Plastizität und das somit charakteristische spröde Bruchverhalten keramischer Werkstoffe. Erst bei sehr hohen Einsatztemperaturen spielen Kriechvorgänge bei Keramiken eine Rolle, die auf Korngrenzengleiten zurückzuführen sind [**Ask96**]. Die theoretisch erreichbaren Festigkeiten von Festkörpern können mit Hilfe des Orowan-Modells **(2.29)** abgeschätzt werden [**Men92**]. Dabei geht man davon aus, dass die theoretisch erreichbare Festigkeit eines absolut fehlerfreien Festkörpers, z.B. Glas oder Keramik, durch die zum Trennen der ionischen und kovalenten Atombindungen erforderliche Kräfte bestimmt wird. Demnach ist die theoretische Festigkeit eines einkristallinen Festkörpers umso höher, je höher das E-Modul und die auf eine Flächeneinheit bezogene Oberflächenenergie δ sind und je kleiner der atomare Abstand d_A ist. Mit E-Moduln von 160-240 GPa [**Mun99**], einer Oberflächenenergie von etwa 1 N/m [**Eic04**] und einem Ionenabstand von 226 pm [**Sal07**] lässt sich für ZrO_2 eine theoretische Festigkeit von 27-33 GPa berechnen, die mit (0,05-0,5) x E in einem charakteristischen Bereich für die theoretische Festigkeit von typischen Festkörpern liegt [**Men92**]. Die tatsächlichen Festigkeiten von Festkörpern liegen in der Regel um einige Größenordnungen niedriger, als die theoretischen Werte. Den Grund dafür bilden Fehlstellen im Bauteil, wie beispielsweise Versetzungen, Korngrenzen, Fremdatome, Poren und Risse. Infolge des Fehlens einer plastischen Verformbarkeit können bei Keramiken bereits sehr kleine Fehler im Bauteil zu einem Bruchversagen führen. Dieser Zusammenhang wurde von Griffith zu Beginn des 20. Jahrhunderts erkannt. In der nach ihm benannten Griffith-Gleichung **(2.30)** verknüpfte er die energetische Betrachtung der Festigkeit eines Bauteils mit einem ellipsenförmigen Riss der Länge a [**Sal07**].

$$\sigma_{theo} = \sqrt{\frac{E\delta}{d_A}} \qquad \textbf{(2.29)}$$

$$\sigma = \sqrt{\frac{2E\delta}{\pi a}} \qquad \textbf{(2.30)}$$

2.4.1 Bruchmechanische Grundlagen

Einen wesentlichen Beitrag zum Fortschritt der linear-elastischen Bruchmechanik, die sich mit den Gesetzmäßigkeiten der Ausbreitung von Rissen beschäftigt, lieferte Irwin in der Mitte des 20. Jahrhunderts. Er untersuchte den Spannungsverlauf, der bei einer Belastung in der Nähe eines Risses auftritt und fand heraus, dass der Spannungsverlauf in der Nähe eines Risses bei der Belastungsart I (Zugbeanspruchung senkrecht zur Rissebene) mit Hilfe der Gleichung **(2.31)** beschrieben werden kann. Darin stehen r für den Abstand eines Punktes von der Rissspitze im x-y-Koordinatensystem, K_I für das Intensitätsmaß des Spannungsfeldes in der Nähe der Rissspitze und $f_{x,y}$ für eine dimensionslose Funktion, die abhängig vom Winkel θ zur Rissebene ist. Die Konstante K_I wird auch Spannungsintensitätsfaktor genannt, der von der Höhe der Belastung σ, der Größe des Risses a sowie der Geometrie des Bauteils abhängt und entsprechend der Gleichung **(2.32)** dargestellt wird [**Mun89**].

$$\sigma_{x,y} = \frac{K_I}{\sqrt{2\pi r}} f_{x,y}(\theta) \qquad \textbf{(2.31)}$$

$$K_I = \sigma\sqrt{\pi a}\; Y \text{ mit } Y = f(a/h) \qquad \textbf{(2.32)}$$

$$\sqrt{G_I E} = \sigma\sqrt{\pi a} \qquad \textbf{(2.33)}$$

$$K_I = \sigma\sqrt{\pi a}\; Y \geq \sqrt{G_{Ic} E} = K_{Ic} \qquad \textbf{(2.34)}$$

Diese Gleichung gilt für die Annahmen der linear-elastischen Bruchmechanik, dass die plastische Zone vor der Rissspritze klein gegenüber der Bauteilgröße ist und vor der Rissspitze ein ebener Dehnungszustand vorliegt. Y stellt einen Geometriefaktor dar, der vom Verhältnis der Risslänge a zur Größe h des Bauteils in Richtung der Rissausbreitung, der Risslage sowie der Art und Stelle der Lasteinleitung abhängt [**Ric09**]. In [**Fet97**] finden sich verschiedene Geometriefaktoren für unterschiedliche Arten der Lasteinleitung. Die wesentliche Weiterentwicklung der Modellvorstellungen von Griffith durch Irwin betrifft das Bruchkriterium der linear-elastischen Bruchmechanik, das nach den beiden Wissenschaftlern als Griffith-Irwin-Bruchkriterium benannt ist. Dabei beschreibt der K_I-Wert den Belastungszustand, der im Bauteil mit der Risslänge a und der Spannung σ vorherrscht. Für den Ausdruck 2δ aus Gleichung **(2.30)** wird oftmals auch die Bezeichnung Energiefreisetzungsrate mit dem Symbol G_I verwendet, die eine Materialeigenschaft darstellt und den Energieaufwand beschreibt, welche nötig ist, um an der Rissspitze eine neue Flächeeinheit an gebrochener Fläche im Belastungszustand I zu erzeugen. Mit Hilfe dieser Modifikation lässt sich Gleichung **(2.30)** umschreiben in **(2.33)**. Entsprechend der Gleichung **(2.34)** stellt das Bruchkriterium nach Griffith und Irwin den Zusammenhang zwischen dem Belastungszustand K_I aus **(2.32)** und der Materialeigenschaft G_I und E aus **(2.33)** dar. Das Bruchkriterium sagt aus, dass zum Beispiel ein sprödes Material dann versagt, wenn der Spannungsintensitätsfaktor K_I einen kritischen werkstoffspezifischen Wert K_{Ic} übersteigt [**Men92**], der auch Risszähigkeit genannt wird.

R-Kurven-Verhalten

Unter einer zunehmenden mechanischen Last nimmt der Spannungsintensitätsfaktor K_I vor der Rissspitze solange zu, bis die Risszähigkeit K_{Ic} erreicht ist und Rissverlängerung eintritt. Während der weiteren Rissverlängerung um Δa bleibt der Spannungsintensitätsfaktor entsprechend der Höhe der Risszähigkeit konstant. Jedoch gibt es auch keramische Werkstoffe, die sich anders verhalten. Beispielsweise nimmt der Spannungsintensitätsfaktor bei ZrO_2 und Si_3N_4 mit zunehmender Rissverlängerung um Δa kontinuierlich zu. Dies bedeutet, dass die notwendige Energie zur Rissverlängerung mit Δa zunimmt. Das Rissausbreitungsverhalten kann in diesem Fall nicht mehr durch einen einzelnen K_{Ic}-Wert beschrieben werden, sondern durch den Verlauf des zur Rissverlängerung nötigen Spannungsintensitätsfaktors $K_I = \mathrm{f}\,(\Delta a)$ [**Mun89**]. Die Abhängigkeit des Spannungsintensitätsfaktors K_I von der Rissverlängerung Δa wird mit Risswiderstandskurven (R-Kurven) dargestellt, weshalb dieser Effekt in der Literatur auch als R-Kurven-Verhalten bezeichnet wird [**Mun99**]. Bei Vorliegen einer flachen R-Kurve (kein R-Kurven-Verhalten) fängt ein Riss erst dann an zu wachsen, wenn der Spannungsintensitätsfaktor vor der Rissspitze den Risszähigkeitswert K_{Ic} erreicht hat. In diesem Fall wächst der Riss unkontrolliert weiter und es kommt zum Bruchversagen des Bauteils. Die Last, bei der das Versagen eintritt, ist unter anderem auch von der Größe des Anfangsrisses abhängig. Bei einem kleinen Anfangsriss ist ein deutlich höherer Belastungszustand notwendig, um Versagen herbeizuführen. Daher fällt die Bruchlast bei einem Bauteil mit einem sehr kleinen Anfangsriss deutlich höher aus, als mit einem größeren Anfangsriss. Ein ähnliches Verhalten weisen auch R-Kurven-Werkstoffe wie ZrO_2 auf. Allerdings mit dem wesentlichen Unterschied, dass ein Anfangsriss vom stationären Zustand a_0 bis zu einer kritischen Risslänge a_c stabil wächst. Dabei kann der Rissfortschritt nur unter Anstieg der angelegten Spannung aufrechterhalten werden. Der Spannungsintensitätsfaktor K_I vor der Rissspitze a_0 wird daher als $K_{I,0}$ bezeichnet. Erst nach Erreichen der kritischen Risslänge a_c ist das Risswachstum als instabil zu bezeichnen und der Spannungsintensitätsfaktor nähert sich dem Maximalwert $K_{I,max}$ an, der in der Literatur manchmal auch als K_{Ic}-Wert bezeichnet wird. Streng genommen ist der Zähigkeitswert eines keramischen R-Kurven-Werkstoffs nicht konstant, sondern abhängig von der Ausgangsfehlergröße und liegt zwischen den Werten $K_{I,0}$ und $K_{I,max}$. So ist statt der Angabe eines K_{Ic}-Wertes die explizite Angabe eines Plateauwertes $K_{I,max}$ sinnvoller, wie beispielsweise in [**Eic07**] für bruchmechanische Untersuchungen an 3 Mol-% Yttriumoxid-dotiertem ZrO_2 demonstriert. Der Bruchzähigkeitswert stellt daher keine Materialkonstante dar, sondern hängt im Wesentlichen von der Ausgangsfehlergröße und der Beanspruchung ab. Die Ursache für das R-Kurven-Verhalten bei keramischen Werkstoffen, wie ZrO_2 und Si_3N_4, sind Mechanismen, die zu einer Verminderung der Rissspitzenbelastung und somit zu einer Entlastung an der Rissspitze führen. Diese Verstärkungsmechanismen werden in zwei Gruppen unterteilt: Jene, die zu einer Entlastung vor der Rissspitze führen (intrinsisch) und jene, die hinter der Rissspitze zu einer Verminderung der Rissspitzenbelastung führen (extrinsisch) [**Lau09**]. Rissverzweigungen und Mikrorissbildung vor der Rissspitze zählen zu den intrinsischen Mechanismen, die zu einer Vergrößerung der energieverzehrenden Zone, auch Prozesszone genannt, führen. Rissüberbrückungen durch Fasern oder Körnern zählen zu den extrinsischen Mechanismen, die hinter dem Riss wirksam sind [**Mun89**]. Eine spezielle Form der intrinsischen Verstärkung stellt die spannungsinduzierte Phasenumwandlung von ZrO_2 dar, das beispielsweise durch Dotierung mit Yttrium in der tetragonalen Phase stabilisiert werden kann. Aufgrund der mechanischen Spannungen an der Rissspitze findet eine Phasenumwandlung des Kristallgitters von tetragonal zu monoklin statt, was mit einer Volumenzunahme verbunden ist. Das dabei entstehende Druckspannungsfeld führt zu Rissschließspannungen, die eine weitere Rissausbreitung erschweren (siehe **Kapitel 2.4.3**).

Versagensauslösende bzw. kritische Defektgröße

Im Fall typischer ingenieurkeramischer Bauteile liegen die versagensauslösenden bzw. kritischen Defektgrößen a_c im Bereich von 5 µm bis 200 µm [**Qui91**]. Mit Hilfe von experimentell ermittelten Werten für die Bruchfestigkeit σ_b und der Bruchzähigkeit K_{Ic} kann unter Anwendung der Gleichung **(2.35)** die Größe eines versagensauslösenden Fehlers abgeschätzt werden [**Ask96**].

$$a_c \approx \frac{1}{\pi}\left(\frac{K_{Ic}}{\sigma_b Y}\right)^2 \qquad \textbf{(2.35)}$$

Keramiken mit einem ausgeprägten R-Kurven-Verhalten zeigen eine vergleichsweise geringere Streuung der Festigkeitswerte. Grund hierfür ist die Vorstellung, dass bei Vorliegen einer ansteigenden R-Kurve auch im Fall von größeren Ausgangsfehlern noch stabiles Risswachstum stattfinden kann und somit die angelegte Spannung noch weiter erhöht werden muss, um den Rissfortschritt aufrechtzuerhalten. Somit führt ein ansteigendes R-Kurven-Verhalten auch zu einer Erhöhung der Festigkeiten im Vergleich zu einer Keramik mit einer flachen R-Kurve [**Mun07**]. Ein ausgeprägtes R-Kurven-Verhalten kann trotz einer vergleichsweise gering Streuung allerdings auch zu einer nichtlinearen Verteilung der Festigkeitswerte führen [**Dan07a**].

2.4.2 Statistische Bewertung der Festigkeit

Die Ursache für das Versagen von spröden Werkstoffen ist hauptsächlich auf Fehlstellen zurückzuführen, die im Volumen und an der Oberfläche der Bauteile verteilt sind. Die Festigkeit eines Bauteils hängt daher von der Art, Größe, Form und der Lage der versagensauslösenden Defekte ab, die einer Streuung unterliegen und ihren Ursprung in der Herstellung und Bearbeitung des Werkstoffs haben [**Dan06**]. Aufgrund dessen unterliegt auch das Festigkeitsverhalten keramischer Bauteile einer Streuung [**Mun89**]. Die Festigkeitsverteilung keramischer Bauteile kann mit einer Verteilungsfunktion, wie beispielsweise der Weibull-Verteilung, recht gut beschrieben werden.

Grundlagen der Weibull-Statistik

Die Theorie der Weibull-Statistik [**Wei39, Wei54**] beruht auf dem Prinzip des schwächsten Gliedes, der so genannten Weakest-Link-Theorie. Sie besagt, dass das schwächste Glied in einer Kette für das Versagen des gesamten Systems verantwortlich ist. Für die statistische Bewertung der Festigkeit kann eine dreiparametrige Weibull-Verteilung entsprechend der Gleichung **(2.36)** verwendet werden, die auf empirischer Grundlage entwickelt wurde [**Wil04**]. Hierbei steht F für die Versagenswahrscheinlichkeit (engl. failure probability) und ist eine Funktion des Probenvolumens V bezogen auf ein normiertes Volumen V_0, der anliegenden Spannung σ und der Parameter σ_u, σ_0 und m. Es existiert ein Schwellenwert σ_u, unterhalb dessen es zu keinem Versagen kommt. Die charakteristische Festigkeit bei einer Versagenswahrscheinlichkeit von F = 63,2% wird mit σ_0 dargestellt. Der dimensionslose Parameter m wird als Weibull-Modul bezeichnet und stellt ein Maß für die Streuung der Festigkeitswerte dar. Ein hoher Weibull-Modul bedeutet, dass eine geringe Streuung der Festigkeitswerte vorliegt. Für Hochleistungskeramiken liegen die Weibull-Moduln typischerweise in einem Bereich von ca. 10 bis 20, während sie für klassische technische Keramiken im Bereich von etwa 5 bis 10 liegen [**Dan08a**]. In der Regel werden für die Bestimmung der Festigkeit Proben mit identischen Abmessungen verwendet, weshalb $V = V_0$ gesetzt werden kann. Des Weiteren wird zur Vereinfachung in der Gleichung **(2.36)** der Schwellenwert σ_u oftmals zu Null gesetzt, woraus sich eine zweiparametrige Weibull-Verteilung entsprechend der Gleichung **(2.37)** ergibt.

$$F(\sigma,V)=1-\exp\left[-\frac{V}{V_0}\left(\frac{\sigma-\sigma_u}{\sigma_0}\right)^m\right] \tag{2.36}$$

$$F(\sigma_b)=1-\exp\left[-\left(\frac{\sigma_b}{\sigma_0}\right)^m\right] \tag{2.37}$$

Führt eine angelegte Spannung σ nun zum Versagen bzw. Bruch eines keramischen Prüfkörpers, d.h. $\sigma = \sigma_b$, und ist diese Bruchspannung σ_b gleich dem Wert σ_0, so folgt für die Versagenswahrscheinlichkeit aus der Gleichung **(2.37)** mit $F = 1\text{-}e^{-1}$ der Wert 63,2%. Die in der Literatur üblicherweise verwendeten Festigkeitsangaben keramischer Werkstoffe beziehen sich in der Regel auf den charakteristischen Festigkeitswert σ_0 bei einer Versagenswahrscheinlichkeit von 63,2 %, soweit nicht anders angegeben. Die Angabe eines Mittelwerts für die Festigkeit mit zugehöriger Standardabweichung ist in der Regel nicht sinnvoll, da meist keine Gauß-Verteilung bzw. Normalverteilung vorliegt. Danzer et al. [**Dan08a**] haben nachgewiesen, dass eine Auswertung des Festigkeitsverhaltens entsprechend der Gauß-Verteilung an identischen Datensätzen im Fall sehr niedriger Ausfallswahrscheinlichkeiten, bei denen keine experimentellen Werte vorliegen, die Festigkeitswerte im Vergleich zur Weibull-Verteilung überschätzt und nicht korrekt abbilden kann. Anhand eines Datensatzes von ca. 5100 Einzelmessungen an Al_2O_3-Biegeproben konnten Gorjan und Ambrozic [**Gor12a**] zeigen, dass die Weibull-Verteilung, im Vergleich zu anderen zweiparametrigen Verteilung, das Festigkeitsverhalten am besten beschreibt.

Auswerteverfahren für die Weibull-Statistik

Die graphische Darstellung der Versagenswahrscheinlichkeit in Abhängigkeit von der Bruchfestigkeit erfolgt mit Hilfe eines so genannten Weibull-Diagramms. Hierzu werden die Festigkeitswerte $\sigma_{b,i}$ zunächst der Reihe nach aufsteigend angeordnet. Unter Anwendung einer so genannten Schätzfunktion F_i wird jedem Festigkeitswert eine Versagenswahrscheinlichkeit zugeordnet. Für die Auswertung nach DIN EN 843-5 [**DIN07**] ist die Schätzfunktion entsprechend der Gleichung **(2.38)** zu verwenden, worin i für die Probenordnungsnummer und j für die Gesamtzahl der Proben steht. Um eine aussagefähige statistische Bewertung zu erhalten, werden in [**DIN07**] mindestens 30 Stichproben empfohlen. Durch zweimaliges Logarithmieren der Gleichung **(2.37)** erhält man eine einfache Geradengleichung **(2.39)**. Dabei steht der Ausdruck auf der linken Seite der Gleichung für die Versagenswahrscheinlichkeit und wird als Ordinate aufgetragen, während der Weibull-Modul m die Steigung der Ausgleichsgerade angibt, deren Lage durch den Parameter σ_0 bestimmt wird.

$$F_i(\sigma_{b,i}) = \frac{i-0{,}5}{j} \quad \textbf{(2.38)} \qquad \ln\ln\frac{1}{1-F} = m\ln\sigma_b - m\ln\sigma_0 \quad \textbf{(2.39)}$$

$$\frac{1}{m} + \frac{1}{j}\sum_{i=1}^{j}\ln\sigma_{b,i} - \frac{\sum_{i=1}^{j}\sigma_{b,i}^m \ln\sigma_{b,i}}{\sum_{i=1}^{j}\sigma_{b,i}^m} = 0 \quad \textbf{(2.40)} \qquad \sigma_0 = \left(\frac{1}{j}\sum_{i=1}^{j}\sigma_{b,i}^m\right)^{1/m} \quad \textbf{(2.41)}$$

Die Ermittlung der Parameter m und σ_0 kann graphisch bzw. mit Hilfe linearer Regression erfolgen. Jedoch führen diese Verfahren nicht immer zu befriedigenden Ergebnissen [**Mun89**]. Die Methode der linearen Regression führt vergleichsweise zu unzuverlässigen Ergebnissen mit breiten Verteilungen [**Kha91**] und unterschätzt oftmals den Weibull-Modul [**Amb11**]. Diese Unzuverlässigkeit ist unter anderem auch dadurch bedingt, dass oftmals unterschiedliche Schätzfunktionen verwendet werden, als in der Gleichung **(2.38)** angegeben. Bergman [**Ber84**] hat vier verschiedene Schätzfunktionen auf deren Einfluss auf die Streuung der Versagenswahrscheinlichkeiten von etwa 50 Festigkeitswerten untersucht und gefunden, dass die durch die DIN EN 843-5 [**DIN07**] empfohlene Schätzfunktion **(2.38)** den Parameter m etwas unterschätzt und daher aus ingenieurwissenschaftlicher Sicht für die Auslegung von zuverlässigen Bauteilen und Komponenten am besten geeignet ist, da die höheren Ausfallswahrscheinlichkeiten zu einem höheren Sicherheitsfaktor führen. Auch in weiteren Arbeiten [**Abe04, Kha91**] wird für eine Auswertung nach der Methode der linearen Regression diese Schätzfunktion empfohlen. Weitere Schätzfunktionen finden sich in [**Mey03, Sch02**]. Eine weitaus zuverlässigere Methode stellt die am häufigsten verwendete und auch von der DIN EN 843-5 [**DIN07**] empfohlene Max-imum-Likelihood (ML) Methode dar. Dabei handelt es sich um ein numerisches Verfahren, bei dem mit Hilfe der gemessenen Festigkeitswerte $\sigma_{b,i}$ für die unbekannten Parameter m und σ_0 iterativ Schätzwerte ermittelt werden. Dabei wird so lange gerechnet, bis die so genannte Mutmaßlichkeitsfunktion (engl. likelihood function) und somit die Wahrscheinlichkeit für das Eintreten der errechneten Werte für m und σ_0 ihren Maximalwert erreicht [**Mey03**]. Damit lässt sich m mit Hilfe der Gleichung **(2.40)** numerisch ermitteln, während mit der Gleichung **(2.41)** die charakteristische Festigkeit berechnet wird [**Mun89**]. Für die Auswertung der Parameter m und σ_0 nach der ML-Methode hat die Schätzfunktion F_i keine Bedeutung, da sie in die Berechnung nicht eingeht. In diesem Fall wird sie nur zur Erzeugung des Weibull-Diagramms verwendet. Für die statistische Festigkeitsauswertung nach Weibull entsprechend [**DIN07**] sind noch zwei Aspekte zu berücksichtigen, die für die korrekte Darstellung der Ergebnisse und deren Interpretation von großer Bedeutung sind. Zum einen sind für die berechneten Parameter m und σ_0 Vertrauensbereiche anzugeben. Abhängig vom erwünschten Vertrauensniveau, der üblicherweise zu 90% oder 95% gewählt wird, und der Anzahl j der Stichproben wird dadurch die Wahrscheinlichkeit angeben, dass bei einer Wiederholung der Festigkeitsmessungen die Parameter wieder in diesem Vertrauensbereich liegen. Zum anderen ist eine Korrektur des Weibull-Moduls entsprechend der Gleichung **(2.42)** vorgesehen. Aufgrund der oftmals geringen Anzahl von Stichproben wird der tatsächliche Weibull-Modul in der Regel überschätzt. Mit dem Berichtigungsfaktor β, der von der Probenzahl abhängt, wird der ermittelte Faktor m zu einem Wert m_k korrigiert. Beispielsweise beträgt der Berechtigungsfaktor 0,7 für $j = 5$ und 0,955 für $j = 30$ [**DIN07**].

$$m_k = \beta\, m \tag{2.42}$$

Größen- bzw. Volumeneffekt keramischer Werkstoffe

Das Wahrscheinlichkeitsverhalten der Festigkeit keramischer Werkstoffe wird besonders dann deutlich, wenn die Größe des Bauteils in Betracht gezogen wird. So nimmt die Versagenswahrscheinlichkeit mit zunehmendem Bauteilvolumen zu, da die Wahrscheinlichkeit für das Vorhandensein von größeren Defekten im Bauteil zunimmt. Dieser Effekt wird auch als Größen- oder Volumeneffekt bezeichnet. Einfache Modellvorstellungen, die das Verhalten von einzelnen Fehlstellen beschreiben, reichen daher nicht aus, um die Streuung des Festigkeitsverhaltens zu erfassen und zu interpretieren [**Dan08a**].

Ein wesentlicher Vorteil der Weibull-Verteilung im Vergleich zu anderen Verteilungsarten, wie beispielsweise der Normalverteilung, liegt darin, dass der Größeneffekt von keramischen Bauteilen damit sehr gut beschrieben werden kann. Während die sich aus der Weibull-Verteilung ergebenden Parameter σ_0 und m vom Werkstoff sowie von herstellungs- und bearbeitungsbedingten Fehlern abhängen, wird σ_0 außerdem vom beanspruchten Volumen bestimmt. Der Umstand, dass die Festigkeit von größeren Bauteilen aufgrund der zunehmenden Wahrscheinlichkeit des Vorliegens von größeren Fehlstellen vergleichsweise niedriger ist, als die von kleineren Bauteilen, wird durch die Gleichung **(2.43)** beschrieben. Die Voraussetzung hierfür ist das Vorliegen von identischen Belastungszuständen an identischen Werkstoffen mit einer identischen kritischen Defektart (auch Defekt- oder Fehlerpopulation genannt) [**Men92**]. Falls Oberflächendefekte das Festigkeitsverhalten bestimmen, so kann statt des Volumens V auch die Oberfläche S der Probekörper verwendet werden. Somit kann mit den bekannten Parameter m und $\sigma_{0,1}$ und dem Volumen V_1 (bzw. Bauteiloberfläche S_1) die Festigkeit $\sigma_{0,2}$ eines Bauteils mit dem Volumen V_2 (bzw. Bauteiloberfläche S_2) abgeschätzt werden.

$$\frac{\sigma_{0,1}}{\sigma_{0,2}} = \left(\frac{V_2}{V_1}\right)^{1/m} \qquad \textbf{(2.43)}$$

Grenzen der Weibull-Theorie

Für die Skalierung der Festigkeit hin zu sehr kleinen Proben weist die Weibull-Verteilung jedoch große Schwächen auf und führt zu einer außerordentlich hohen Überschätzung der Festigkeitswerte. Es konnte nachgewiesen werden, dass die Weibull-Theorie für Bauteile mit Volumina von ca. 10^{-4} mm^3 und kleiner entsprechend der Gleichung **(2.43)** derart unrealistisch hohe Defektdichten prognostiziert, dass die Defekte entweder miteinander interagieren müssten oder deren Volumen sogar das Bauteilvolumen übersteigt. Dies steht in Widerspruch zur Weakest-Link-Theorie [**Dan06**]. Die Beachtung dieses Aspekts ist besonders für die Bewertung von Festigkeitsprognosen für keramische Mikrobauteile wichtig. Ein weiterer Punkt, der in vielen Untersuchungen zum Festigkeitsverhalten keramischer Werkstoffe entsprechend der Weibull-Statistik oftmals nicht angemerkt wird, betrifft die Frage, ob es sich bei den experimentell ermittelten Festigkeitsverteilungen auch tatsächlich um Weibull-Verteilungen handelt oder nicht. Die Weibull-Statistik stellt lediglich einen Sonderfall einer Fehlergrößenverteilungsfunktion dar, die in der Lage ist, inhomogene Fehlerverteilungen zu beschreiben [**Dan92**]. So setzt die Weibull-Verteilung nur eine Art bzw. Population von versagensauslösend Defekten voraus, d.h. eine monomodale Fehlergrößenverteilung. In diesem Fall können die gemessenen Festigkeitswerte im Weibull-Diagramm mit einer Geraden der Steigung *m* beschrieben werden. Jede Defektart weist jedoch eine charakteristische Fehlergrößenverteilung auf, was bei Vorliegen von zwei oder mehreren Defektarten zu einer bi- oder multimodalen Verteilung der Fehlergröße führen würde. Als Beispiel sei das Vorhandensein von Volumendefekten wie auch Oberflächendefekten genannt. In diesem Fall passen sich die Datenpunkte im Weibull-Diagramm nicht mehr an eine einzige Gerade an, sondern weisen einen nichtlinearen Zusammenhang auf, der auf unterschiedliche Ursachen zurückgeführt werden kann [**Dan07a**]. Sowohl die Existenz von mehr als einer Defektpopulation (bi- oder multimodale Fehlergrößenverteilung) als auch das Vorliegen eines Werkstoffs mit ausgeprägtem R-Kurven-Verhalten können zu einer Abweichung vom linearen Verhalten im Weibull-Diagramm führen. Weitere Gründe sind, neben hohen Eigenspannungen im Probekörper, Gradienten in der angelegten Spannungsamplitude sowie sehr hohe Defektdichten. Einer der wichtigsten Gründe ist jedoch die oftmals geringe Stichprobenanzahl *j*, die normgerecht mindestens 30 beträgt [**DIN07**], in der Praxis aber wegen Kosten- und Zeitgründen nicht selten zwischen 5 und 20 liegt. Nach Danzer et al. [**Dan07a**] ist aber auch eine Probenanzahl von $j = 30$ nicht ausreichend, um zu entscheiden, ob eine Weibull-Verteilung vorliegt oder nicht. Unabhängig von der Stichprobenanzahl ist die Beurteilung anhand des Weibull-Diagramms in der Regel auch nicht einfach und subjektiv. Das Bestimmtheitsmaß R^2_{linear} aus der Auswertung mittels linearer Regression bietet zwar ein Entscheidungskriterium. Jedoch gibt es in der Literatur keine einheitlichen und zuverlässigen Vorgaben bezüglich eines Grenzwertes für R^2_{linear}, die eine Aussage darüber erlauben, ob eine Weibull-Verteilung vorliegt oder nicht. Daher schlagen Tiryakioglu et al. [**Tir09**] eine empirische Gleichung **(2.44)** vor, die es ermöglicht, anhand der Stichprobenmenge *j* für einen Vertrauensbereich von 95 % ein charakteristisches Bestimmtheitsmaß R^2_{char} zu berechnen. Demnach liegt eine Weibull-Verteilung vor, wenn $R^2_{linear} > R^2_{char}$.

$$R^2_{char} = 1{,}0637 - \frac{0{,}4174}{j^{0,3}} \qquad \textbf{(2.44)}$$

2.4.3 Zirkoniumdioxid

Die großtechnische Darstellung von ZrO_2 erfolgt durch thermische Zersetzung von Zirkoniumsilicat ($ZrSiO_4$) bei Temperaturen von etwa 2000°C oder alkalischen Aufschluss von $ZrSiO_4$ mit Natronlauge. Durch anschließende Wasch-, Reinigungs- und Kalzinierungsprozesse können dadurch ZrO_2-Pulver von hoher Reinheit synthetisiert werden [**Sal07**]. In Abhängigkeit von der

Temperatur existiert reines ZrO_2 in drei unterschiedlichen Kristallsystemen. Die Schmelztemperatur von ZrO_2 beträgt in etwa 2710°C. Beim Abkühlen aus der Schmelze entsteht zunächst das kubisch (k) flächenzentrierte Gitter. Bei einer Temperatur von etwa 2370°C wandelt das Gitter in eine tetragonal (t) verzerrte Gitterstruktur um. Die Umwandlung in die monokline (m) Phase erfolgt bei etwa 950°C, ähnlich der martensitischen Phasenumwandlung bei Stählen, in einem diffusionslosen thermischen Scherrprozess des Kristallgitters und ist mit einer Volumenzunahme von 3-5 % verbunden [**Gal08**]. Beim Erwärmen ist die (m) → (t) Umwandlungstemperatur zu Temperaturbereichen um 1170°C verschoben. Die (t) → (m) Umwandlungstemperatur bei der Phasenumwandlung ist abhängig von der Korngröße und von eventuellen Dotierungsstoffe, da bei der Umwandlung jedes Korn gegen seine Umgebung eine Volumenarbeit leisten muss und diese davon abhängt, wie stark das umgebende Spannungsfeld ist. Für eine verzögerte, d.h. unterkühlte, (t) → (m) Umwandlung bei Temperaturen von kleiner als 950°C sind Keimbildungsschwierigkeiten der monoklinen Phase verantwortlich [**Sal07**].

Stabilisierung von ZrO_2

Infolge der bei der (t) → (m) Umwandlung auftretenden Volumenänderung im Gefüge kommt es beim Abkühlen eines reinen ZrO_2-Bauteils von der Sintertemperatur auf Raumtemperatur zu Rissen, die in der Regel zu einer Zerstörung des Bauteils führen. Daher besitzt reine ZrO_2-Keramik keine technische Bedeutung. Jedoch kann eine Umwandlung in die monokline Phase soweit zu niedrigen Temperaturen hin verschoben werden, dass die kubische und/oder tetragonale Phase auch noch bei Raumtemperatur stabil ist, wie zum Beispiel durch die Zugabe von Fremdoxiden. Anhand der Dotierung mit so genannten Stabilisatoren, wie beispielsweise Magnesiumoxid (MgO), Calciumoxid (CaO), Yttriumoxid (Y_2O_3), Ceroxid (CeO_2), Scandiumoxid (ScO_3) oder Ytterbiumoxid (YbO_3) wird erreicht, dass Ionen der Elemente dieser Oxide in das ZrO_2-Gitter eingebaut werden und den ionischen Bindungscharakter erhöhen [**Cha94**]. Die genauen Mechanismen, die zu einer Stabilisierung führen, sind allerdings bislang nicht vollständig geklärt [**Gal08**]. Je nach der Menge der zugegeben Fremdoxide können unterschiedliche Formen der Stabilisierung erreicht werden. Bei hohen Mengen erhält man üblicherweise stabilisiertes ZrO_2 (FSZ / CSZ, engl. Fully/Cubic Stabilized Zirconia), während man durch die Zugabe von entsprechend geringeren Mengen teilstabilisiertes ZrO_2 (PSZ, engl. Partially Stabilized Zirconia) mit kubischer Matrix und feinen tetragonalen Ausscheidungen erhält. Die technisch größte Bedeutung besitzt aber ZrO_2, das in der tetragonal stabilisierten Phase vorliegt (TZP, engl. Tetragonal Zirconia Polycrystal) [**Ver03**]. In diesem Fall werden überwiegend Y_2O_3 und CeO_2 als

Stabilisatoren eingesetzt, die eine hohe Löslichkeit in ZrO_2 aufweisen [**Net87**]. Einen typischen Vertreter der TZP-Keramik für ingenieurkeramische Anwendungen mit besonderen mechanischen Eigenschaften stellt das mit 3 Mol-% Y_2O_3 stabilisierte ZrO_2 dar (3Y-TZP), das in dieser Arbeit verwendet wurde.

TZP-Keramiken

Üblicherweise werden 3Y-TZP-Keramiken aus hochreinen feinen Pulvern durch druckloses Sintern bei Temperaturen im Bereich von 1400°C bis 1500°C hergestellt. Üblicherweise sind Stabilisatorgehalte von bis zu 3 Mol-% Y_2O_3 erforderlich, um die metastabile tetragonale Hochtemperaturphase bis hin zur Raumtemperatur zu stabilisieren [**Roe06**]. Über den Verlauf der Stabilitätsbereiche zwischen den Phasen (t) und (t) + (m) gibt es in der Literatur unterschiedliche Standpunkte [**Che09a**]. Matsui et al. [**Mat03**] konnten nachweisen, dass bei einem gesinterten 3Y-TZP-Körper keine vollständige tetragonal Phase vorliegt, wie häufig angenommen, sondern eine (t)-Phase mit einer nominal geringeren Yttriumkonzentration als 3 Mol-% und eine, bevorzugt an den Korngrenzen, yttriumreichere (k)-Phase koexistieren. So weist 3Y-TZP, das typischerweise bei 1450°C für 2 h drucklos gesintert wird, bei einer mittleren Korngröße von etwa 100 nm einen (k)-Phasenanteil von etwa 15 Gew.-% auf. Für kürzere Haltezeiten und größere Körner sollte der (k)-Phasenanteil aufgrund der kürzeren Diffusionszeiten und der vergleichsweise geringen Korngrenzenoberfläche entsprechend geringer sein. In weiteren Arbeiten wird von der Existenz und der Zunahme der (m)-Phase bei TZP-Keramiken mit Y_2O_3-Gehalten größer 2 Mol-% in Abhängigkeit von der Sintertemperatur und Haltezeit berichtet [**Net87, Lan86**]. Der Nachweis von sehr geringen Mengen an (k)-Phase ist nicht einfach, da im Röntgenbeugungsspektrum die Lagen der (k)- und (t)-Phasen identisch sind [**Lan86**].

Im Vergleich zu TZP-Keramiken mit Yttriumkonzentration größer oder kleiner 3 Mol-% besitzt das 3Y-TZP für ingenieurkeramische Anwendungen die weitaus größte technische Bedeutung. Der Grund liegt, neben einer höheren Beständigkeit gegen eine wasser- und temperaturinduzierte (t) → (m) Umwandlung, in den besonders guten mechanischen Eigenschaften [**Che09a**]. 3Y-TZP-Keramiken weisen vergleichsweise die höchsten Bruchfestigkeiten auf. Als Ursache für die niedrigeren Festigkeiten unterhalb von dieser Dotiermenge wird die unzureichende Stabilisierung und die damit verbundene spontane (t) → (m) Umwandlung während dem Abkühlen nach dem Sintern gesehen. Oberhalb von dieser Dotiermenge erhöht sich hingegen der Anteil der nicht umwandlungsfähigen (k)-Phase, die zu einer Abnahme der Festigkeit, aber auch der Risszähigkeit führt [**Net87**]. Trotz der deutlich schlechteren mechanischen Eigenschaften finden aber auch TZP-Keramiken mit höheren Yttriumgehalten im Bereich von

8 Mol-% weit reichende Verwendung für ingenieurkeramische Anwendungen. Beispielsweise wird die hohe Ionenleitfähigkeit von 8Y-TZP für die Bestimmung von Sauerstoffpartialdrücken genutzt [**Ver03**], wie am Beispiel der Lambda-Sonde zur Regelung des Verbrennungsprozesses bei Otto- und Dieselmotoren. Neben der Dotierungsmenge existieren noch weitere Faktoren, die die Stabilität der (t)-Phase von TZP-Keramiken beeinflussen. Die (t) → (m) Umwandlungsfähigkeit hängt in besonderem Maße auch von der Mikrostruktur der TZP-Keramiken ab. Die mittlere Korngröße ist ein wichtiger Parameter, welche die Stabilität der (t)-Phase entscheidend beeinflusst [**Net87**]. In diesem Zusammenhang wird in der Literatur sehr häufig von einer kritischen Korngröße gesprochen. Während unterhalb dieser kritischen Korngröße keine spontane (t) → (m) Umwandlung beim Abkühlen nach dem Sintern stattfindet, kann oberhalb davon die (t)-Phase nicht mehr stabilisiert werden. Nach Lange [**Lan82**] liegen die kritischen Korngrößen für TZP mit 2-3 Mol-% Y_2O_3 zwischen 0,2 µm und 1 µm. Für die Existenz einer kritischen Korngröße gibt es verschiedene Erklärungsansätze, von denen die bekannteste die ist, welche sich auf die Mechanismen bei der martensitischen Phasenumwandlung bei Stählen stützt [**Bas05**]. Dabei geht man davon aus, dass die durch eine geringe Korngröße bedingte höhere Korngrenzenoberfläche auf die mit einer Volumenänderung verbundene Änderung des Kristallsystems stark behindernd auswirkt. In einem Übersichtsartikel von Basu [**Bas05**] werden noch weitere Faktoren auf die Stabilität der (t)-Phase vorgestellt, wie beispielsweise die Form der Körner, Korngrenzenphasen und die intragranulare Yttriumverteilung, auf die hier nicht weiter eingegangen wird.

Spannungsinduzierte Umwandlungsverstärkung bei TZP

Eine besondere Eigenschaft von TZP-Keramiken stellt die spannungsinduzierte Phasenumwandlung dar, die zu einer erhöhten Risszähigkeit führt. Dabei verursachen die an der Spitze eines Risses auftretenden mechanischen Spannungen eine (t) → (m) Phasenumwandlung des Kristallgitters, die mit einer Volumenzunahme verbunden ist. Dadurch bildet sich innerhalb der an der Rissspitze entstehenden Umwandlungszone ein Druckspannungsfeld, das zu Rissschließspannungen führt, die eine weitere Rissausbreitung erschweren [**Lau09**]. Dieses Phänomen wird in der Literatur auch als spannungsinduzierte Umwandlungsverstärkung bezeichnet [**Sal07**]. Sie ist ein wesentlicher Grund dafür, weshalb TZP-Keramiken für ingenieurkeramische Anwendungen, bei denen besondere Anforderungen an die mechanischen Eigenschaften gestellt werden, verwendet werden. Um die Risszähigkeit von Keramiken, wie beispielsweise von Al_2O_3, gezielt zu erhöhen, ist es daher üblich, bis zu einem gewissen Anteil an TZP beizumischen. In diesem Fall redet man von

ZrO_2-verstärktem Al_2O_3 (ZTA, engl. Zirconia Toughened Alumina) [**Ver03**]. Die spannungsinduzierte Phasenumwandlung bei TZP-Keramiken ist der Grund für das charakteristische R-Kurvenverhalten. Ein weiteres Phänomen, das bei TZP beobachtet werden kann, betrifft dessen Anfälligkeit für eine wasser- und temperaturinduzierte Destabilisierung der metastabilen (t)-Phase [**Han94**]. Hohe Umgebungsfeuchtigkeiten und Temperaturen von bis zu 300°C bewirken eine Degradation der mechanischen Eigenschaften, was auch als hydrothermale Alterung von TZP bezeichnet wird. Dabei findet eine unerwünschte (t) → (m) Phasenumwandlung des Gefüges statt, die zu einer Abnahme der Festigkeit und Risszähigkeit führt. Für die hierfür verantwortlichen Mechanismen, die in der Literatur kontrovers diskutiert werden, sowie für entsprechende Möglichkeiten, diese Degradation zu minimieren, wird auf aktuelle Untersuchungen verwiesen [**Che09a, Duo09, Eic07, Jim12, Mar11a, Mar11b, Pau11, Val11, Wu11**].

Mechanische Eigenschaften von 3Y-TZP-Keramiken

Üblicherweise wird die Festigkeit von keramischen Werkstoffen mittels Drei- bzw. Vier-Punkt-Biegeversuchen ermittelt [**Qui91**]. In letzter Zeit erfahren aber auch neu entwickelte Prüfmethoden zunehmendes Interesse, wie beispielsweise der 4-Kugelversuch (engl. B3B, Ball On Three Balls) [**Dan07b**]. Für die Bestimmung der Festigkeit anhand von Biegeversuchen werden in der Regel Biegebalken mit den Abmessungen (3 x 4) mm^2 verwendet. Bezüglich des Versuchsaufbaus gibt es im internationalen Vergleich jedoch oftmals unterschiedliche Normen, wie zum Beispiel bei den Auflagerabständen [**Qui03**]. In Deutschland und in Europa ist die Bestimmung der Biegefestigkeit keramischer Werkstoffe durch die DIN EN 843-1 [**DIN08**] geregelt. Dennoch werden in Einzelfällen unterschiedliche, auch von den entsprechenden nationalen Normen abweichende, Prüfmethoden verwendet. Die mechanischen Eigenschaften keramischer Werkstoffe werden neben herstellungsbedingten Gefügeinhomogenitäten auch sehr stark von der Oberflächenbeschaffenheit der Prüfkörper beeinflusst [**Ver03**]. Im Allgemeinen erschwert dies den direkten Vergleich von Festigkeitsmessungen an identischen Werkstoffen. So verursacht eine Nachbearbeitung der Probenoberfläche, beispielsweise durch Schleifen und Polieren, unabhängig vom Prüfverfahren eine Festigkeitserhöhung, weil dadurch die Anzahl und die Größe von Oberflächendefekten reduziert werden. Ferner fallen die mittels Drei-Punkt-Biegung ermittelten Festigkeitswerte im Vergleich zur Vier-Punkt-Biegung in der Regel immer höher aus. Bei der Vier-Punkt-Biegung ist das effektive Prüfvolumen größer und daher die Wahrscheinlichkeit für das Vorhandensein von kritischen Fehlstellen im Prüfvolumen entsprechend höher. Aufgrund dessen wird der direkte Vergleich von verschiedenen Festigkeitsdaten aus der Literatur erschwert, nicht zu Letzt auch wegen der oftmals fehlenden

Angaben zur Messmethode, zur Probenmenge und zum Probenzustand. Ein typisches Beispiel hierzu stellt eine aktuelle Veröffentlichung [**Per12**] dar, in der wesentliche Informationen fehlen. Eine Übersicht zu typischen Festigkeitswerten von 3Y-TZP-Keramiken aus der Literatur, die mittels Makro- und Mikroprüfkörpern ermittelt wurden, ist in **Tabelle 2.5** zusammengefasst. Nach Quinn [**Qui03**] können Festigkeitswerte, die mittels Drei- und Vier-Punkt-Biegung ermittelt wurden, für den direkten Vergleich entsprechend der Gleichung **(2.45)** ineinander umgerechnet werden. Hierbei stehen die Symbole $\sigma_{3\text{-}PB}$ bzw. $\sigma_{4\text{-}PB}$ für die mittels Drei- und Vier-Punkt-Biegung ermittelten Festigkeitswerte mit den entsprechenden Auflagerabständen $L_{3\text{-}PB}$ und $L_{4\text{-}PB}$.

$$\frac{\sigma_{3-PB}}{\sigma_{4-PB}} = \left(\frac{L_{4-PB}}{L_{3-PB}}\right)^{1/m} \left(\frac{m+2}{2}\right)^{1/m} \qquad \textbf{(2.45)}$$

Für den direkten Vergleich von Drei- und Vier-Punkt-Biegefestigkeiten mit den Werten, die mittels 4-Kugelversuch ermittelt wurden, existiert bislang noch keine Umrechnungsmöglichkeit. Nach Wagner et al. [**Wag09**] erhält man aus 4-Kugelversuchen ähnliche Festigkeitswerte, wie aus Vier-Punkt-Biegeversuchen. Ähnlich wie bei den Festigkeitswerten, existieren in der Literatur entsprechend unterschiedliche Werte für die Zähigkeit von 3Y-TZP-Keramiken. Die zwei bekanntesten Messmethoden zur Ermittlung der Risszähigkeit keramischer Werkstoffe bilden, neben der Biegeprüfung an Prüfkörpern mit definierten Rissen oder Kerben, die so genannte Intender-Methode, bei der die Risszähigkeit indirekt aus der Belastung bei einem Härteeindruck und der Länge der sich auf einer polierten Probenoberfläche ausbildenden Risses ermittelt wird [**Mun99**]. Nach Quinn und Bradt [**Qui07**] ist die Methode der Biegeprüfungen mit definierten Rissen oder Kerben zu bevorzugen, da die Intender-Methode aufgrund der komplexen Rissausbreitungsphänomene nicht in der Lage ist, die tatsächliche Risszähigkeit wiederzugeben. Eine umfangreiche Übersicht zu Risszähigkeitswerten von 3Y-TZP-Keramiken findet sich in [**Bas05**]. Weitere Risszähigkeitswerte finden sich in [**Bas04, Eic07, Gog10, Mat96, Sin96, Tru09, Riu96**]. Für die bruchmechanischen Berechnungen in dieser Arbeit wurden die durch Rögner [**Roe10**] an heißgegossenen 3Y-TZP-Mikrobiegebalken ermittelten Risszähigkeitswerte verwendet, die mittels Drei-Punkt-Biegung an gekerbten Mikrobiegeproben ermittelt wurden. Diese liegen in Abhängigkeit von der mittels fokussiertem Ionenstrahl (FIB, engl. focused ion beam) eingebrachten Kerbtiefen zwischen K_0 = 2,4 MPam^{0,5} und $K_{I,max}$ = 3,9 MPam^{0,5}. Die heißgegossenen Mikrobiegeproben weisen allerdings eine relativ flache R-Kurve auf. Als Grund wird die besonders geringe Korngröße von etwa 300-400 nm gesehen, die bei der spannungsinduzierten Phasenumwandlung an der Rissspitze einen ausgeprägten Rissschließeffekt verhindert.

Tabelle 2.5: Auswahl an charakteristischen Festigkeiten und Weibull-Moduln von 3Y-TZP-Keramiken aus der Literatur, welche an makroskopischen und mikroskopischen Prüfkörpern ermittelt wurden.

Festigkeit σ_0 / Weibull-Modul m	Probenherstellung	Prüfmethode	Quelle
Makrobiegeprüfkörper mit einem Querschnitt von 3 x 4 mm^2			
~ 1200 MPa	Kaltisostatisches Pressen, druckloses Sintern, d_k^* ~ 300 nm, poliert	Drei-Punkt-Biegung, L_A = k.A.	**[Zha10]**
1079 MPa / k.A.		B3B-Test, t / R = k.A.	**[Rui96]**
1197 MPa / k.A.			**[Mun11]**
1109 MPa / 15,1	Uniaxiales Pressen, druckloses Sintern, d_k^* ~ 300 nm, poliert	Vier-Punkt-Biegung, L_A = 20 bzw. 40 mm	**[Mat96]**
708 MPa / 8,0		B3B-Test, t / R = 1 mm / 18 mm	**[Eic07]**
583 MPa / 6,8	PIM, druckloses Sintern, d_k^* ~ 620 nm, as-sintered	Vier-Punkt-Biegung, L_A = 10 bzw. 30 mm	**[Tse99b]**
Mikrobiegeprüfkörper mit einem Querschnitt von 0,2 x 0,2 mm^2			
1789 MPa / 7,9	μ-PIM, druckloses Sintern, d_k^* ~ 420 nm, as-sintered	Mikro-Drei-Punkt-Biegung, L_A = 800 μm	**[Auh06]**
1832-3056 MPa / 7,5-10,4	Manuelles Heißgießen, druckloses Sintern, d_k^* ~ 360-420 nm, as-sintered		**[Gro04]**
1417-2930 MPa / 9,6-16,4	Manuelles Heißgießen, druckloses Sintern, d_k^* ~ 220-470 nm, as-sintered		**[Mue07]**
1393 MPa / 10,4	Inkjet Printing, druckloses Sintern, d_k^* < 1 μm, as-sintered	B3B-Test t / A = 0,3 mm / 3 x 4 mm^2	**[Oez10]**
Mikrobiegeprüfkörper mit einem Querschnitt von 0,02 x 0,02 mm^2			
2390 MPa / 6,3	Gelcasting, verlorene Formen aus Photoresist, druckloses Sintern, d_k^* ~ 300-600 nm, as-sintered	Mikro-Drei-Punkt-Biegung, L_A = 114 μm	**[Ant09b]**
k.A.: keine Angabe, *L_A:* Auflagerabstand, *t/R:* Verhältnis von Probendicke zum Radius einer kreisrunden Probe, *t/A:* Verhältnis von Probendicke zur Fläche einer rechteckigen Probe, *d_k^*:* mittlere Korngröße			

3 Experimentelle Methoden

In diesem Kapitel werden die Details zur Durchführung der experimentellen Arbeiten vorgestellt. Es werden die verwendeten Ausgangsmaterialien und Hilfsstoffe, die Probenherstellung sowie die verwendeten Charakterisierungsmethoden beschrieben.

3.1 Werkstoffe und Probenherstellung

In **Abbildung 3.1** ist eine Übersicht über die verfahrenstechnische Prozesskette zur Herstellung von 3Y-TZP-Mikrobiegebalken mittels Heißgießen dargestellt. Prinzipiell lässt sich die Prozesskette in vier Teilbereiche unterteilen: (a) Formmassenherstellung, (b) Formgebung, (c) thermische Entbinderung und (d) Sintern. Die Eigenschaften der verwendeten Ausgangsmaterialien und Hilfsstoffe werden in **Kapitel 3.1.1** vorgestellt. Die Herstellung der Formmassen wird in **Kapitel 3.1.2** näher beschrieben. Die Formgebung wird im **Kapitel 3.1.3** erläutert. Die Durchführung der thermischen Behandlung wird im **Kapitel 3.1.4** beschrieben.

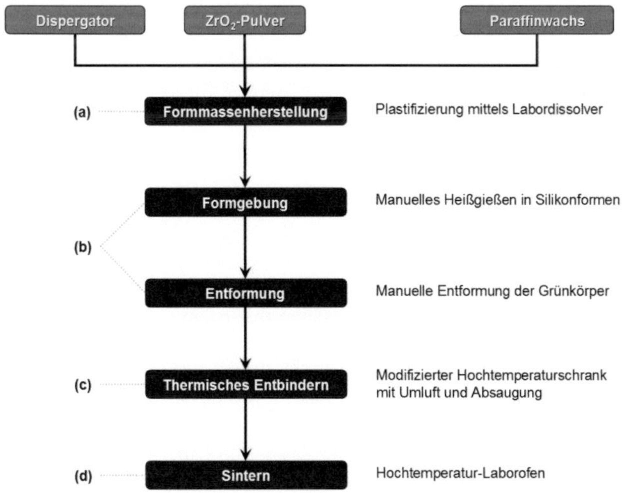

Abbildung 3.1: Übersicht über die verfahrenstechnische Prozesskette zur Herstellung von 3Y-TZP-Mikrobiegebalken mittels manuellen Heißgießens.

3.1.1 Ausgangsmaterialien

Die in dieser Arbeit verwendeten Ausgangsmaterialien zur Formmassenherstellung sind in **Tabelle 3.1** aufgeführt. Die chemische Formel für den Dispergator ist unbekannt. Die Angabe beruht auf Literaturrecherchen und Analysen.

Tabelle 3.1: Verwendete Ausgangsmaterialien für die Herstellung von ZrO_2-Paraffinwachs-Formmassen.

Material	Bezeichnung	Chemische Formel	Hersteller
ZrO_2-Pulver	TZ-3YS-E	ZrO_2 mit 3 Mol-% Y_2O_3	Tosoh, Japan
Paraffinwachs	TerHell Paraffin 6403	C_nH_{2n+2} (n = 22-48)	Schümann Sasol, Deutschland
Dispergator	Hypermer LP1	„$C_{90}H_{172}O_{10}$“	Croda, UK

ZrO_2-Pulver: TZ-3YS-E

Das verwendete TZ-3YS-E-Pulver von Tosoh ist ein verbreitetes, mit 3 Mol-% Y_2O_3 dotiertes ZrO_2-Pulver für die Herstellung von 3Y-TZP-Keramiken, das in Granulatform vorliegt. Die Untersuchungen in dieser Arbeit wurden mit einer Charge der Lot-Nummer S306652P durchgeführt. In **Abbildung 3.2** ist die granulare Partikelmorphologie des Pulvers gut zu erkennen. Die spezifische Oberfläche des Pulvers wird vom Hersteller mit 7 ± 2 m^2/g angegeben [**Tos11**]. Mit Hilfe der BET-Analyse (siehe **Kapitel 3.2.1**) wurde ein Wert von 6,56 m^2/g ermittelt, der in Übereinstimmung mit den Angaben des Herstellers liegt. Mittels elektro-akkustischer Spektrometrie wurde ein mittlerer Partikeldurchmesser d_{50} von 389 nm ermittelt (siehe **Kapitel 3.2.1**). In **Abbildung 3.3** ist die Partikelgrößenverteilung des verwendeten Pulvers mit der zugehörigen kumulativen Verteilung dargestellt (**Abbildung 3.2**). Der Wassergehalt des Pulvers wurde mittels thermogravimetrischer Messung zu 0,3 % bestimmt.

Paraffinwachs: TerHell Paraffin 6403

Bei TerHell Paraffin 6403 handelt es sich um ein Paraffinwachs mit einer Schmelztemperatur von 64,5°C und einem Molekulargewicht von 460 g/mol [**Sas09**]. Für die Dichte des Wachses bei Raumtemperatur gibt der Hersteller einen Wert von 0,8 g/cm^3 an. Eigene Messungen mit Hilfe der Auftriebsmethode nach Archimedes in Ethanol bei 20,5°C haben jedoch eine Dichte von 0,91 g/cm^3 ergeben. Temperaturabhängige Dichtewerte aus eigenen Messungen finden sich in **Abbildung 3.14**.

Abbildung 3.2: REM-Aufnahmen von TZ-3YS-E-Streupräparat.

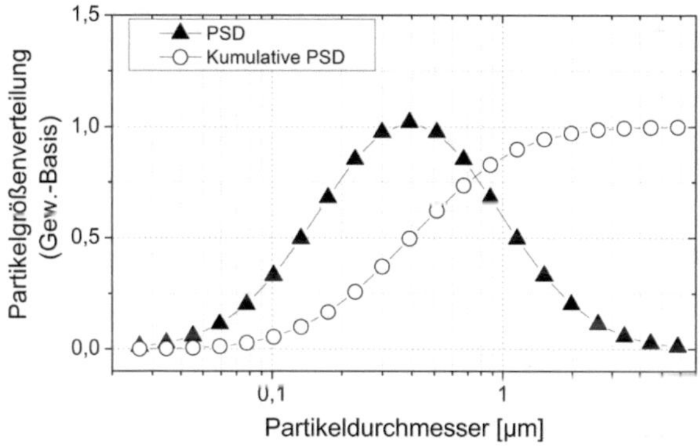

Abbildung 3.3: Partikelgrößenverteilung des verwendeten ZrO_2-Pulvers.

Dispergator: Hypermer LP1

Für den Dispergator gibt der Hersteller eine Dichte von 0,91 g/cm^3 bei 20°C an. Bei dem Produkt handelt es sich um eine amphiphile Fettsäure [**Cro09**], die sich für die sterische Stabilisierung von Dispersionen in wässrigen und nichtwässrigen Lösungsmitteln eignet. Im Vergleich zu handelsüblichen Fettsäuren soll Hypermer LP1 eine sterische Stabilisierung mit einer zwei- bis vierfach dickeren Stabilisierungsschicht ermöglichen. Angaben zur Zusammensetzung oder der chemischen Struktur, wie Aufbau und Anzahl von polaren Gruppen, wurden vom Hersteller nicht gemacht. In der Literatur gibt es allerdings Hinweise auf die chemische Zusammensetzung, die mit Hilfe von eigenen Analysen bestärkt werden konnte. Nach Moloney et al. [**Mol95**] ist Hypermer LP1 (ehemalige Bezeichnung Hypermer KD4) vergleichbar mit Solsperse 3000 von Lubrizol, bei dem es sich um ein Pentamer aus vier Einheiten 12-Hydroxystearinsäuremolekülen (12-HSA) und einem Stearinsäuremolekül (SA) handelt (**Abbildung 3.4**). Tatsächlich sind die physikalischen Eigenschaften von Hypermer LP1 wie Farbe, Konsistenz und Dichte zum Solsperse 3000 sehr ähnlich, dessen Molekulargewicht entsprechend der Summenformel $C_{90}H_{172}O_{10}$ zu 1414 g/mol angegeben wird [**Zue05**]. Zur Überprüfung dieser Hinweise aus der Literatur wurden die Dispergatoren Hypermer LP1, Solsperse 3000 und 12-HSA mit Hilfe der Gel-Permations-Chromatographie (GPC) und Matrix-unterstützter Laser-Desorption/Ionisation Massenspektroskopie (MALDI-MS) analysiert (siehe **Kapitel 3.2.1**). In **Abbildung 3.5-a** sind die Molekulargewichtsverteilung der Substanzen sowie das Massenspektrum von Hypermer LP1 (**Abbildung 3.5-b**) dargestellt. Aus der GPC-Analyse ist erkennbar, dass Hypermer LP1 eine ähnliche Zusammensetzung wie Solsperse 3000 besitzt. Die Molekulargewichtsverteilung von 12-HSA liegt in guter Übereinstimmung zu beiden Disperatoren. Aus diesen Ergebnissen kann darauf zurückgeschlossen werden, dass es sich dabei um ein Polymer mit Untereinheiten von ca. 282 g/mol handelt, was in Übereinstimmung mit dem Molekulargewicht von SA bzw. 12-HSA von 284 g/mol bzw. 300 g/mol liegt [**Roe11**]. Die Ähnlichkeit von Hypermer LP1 zum Solsperse 3000 wird dadurch bestärkt.

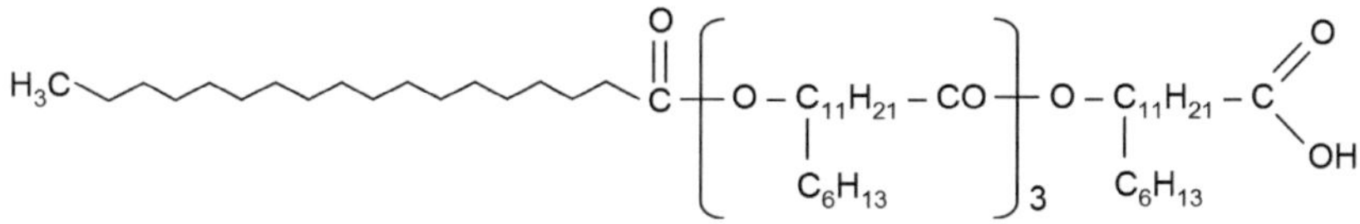

Abbildung 3.4: Strukturformel des Dispergators Solsperse 3000 von Lubrizol nach [**Mol95**].

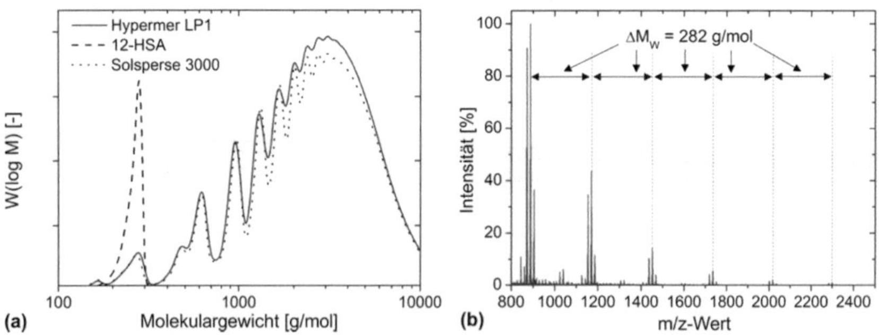

Abbildung 3.5: (a) GPC-Analyse von 12-HSA, Hypermer LP1 und Solsperse 3000 sowie (b) MALDI-MS-Analyse von Hypermer LP1.

Verwendete Hilfsstoffe

Für das manuelle Heißgießen von ZrO_2-Mikrobiegebalken wurden Negativformen aus Silikon verwendet, die durch Einbetten einer mittels Mikrofräsen erzeugten Urform aus Messing in Zwei-Komponenten-Silikonkautschuk hergestellt wurden (siehe **Kapitel 3.1.3**). Eine Vorbehandlung und gleichzeitige Reinigung der Formen vor dem Formgebungsschritt erfolgte mit Hilfe eines aus der Dentaltechnik und Schmuckherstellung bekannten Modellierwachses mit einem Erweichungspunkt von 70,6°C. Bezeichnung und Hersteller sind in **Tabelle 3.2** aufgelistet. Unter Berücksichtigung der Absorptionsfähigkeit der Silikonformen für Wachs erfolgte grundsätzlich eine Vorbehandlung von neuen Silikonformen durch Auslagerung in dem Wachs bei 100°C für ca. 12 h.

Tabelle 3.2: Verwendete Hilfsstoffe für das Heißgießen von ZrO_2-Paraffinwachs-Formmassen.

Material	Bezeichnung	Chemische Formel	Hersteller
Modellierwachs	Freeman 6549-D NYC-Pink	unbekannt	Freeman Manufacturing and Supply Company, USA
Silikonkautschuk	Elastosil M 4600 A/B	$(SiOC_2H_6)_n$	Wacker Chemie, Deutschland

3.1.2 Formmassenherstellung

Für die Herstellung von ZrO_2-Paraffinwachs-Formmassen wurde ein Labordissolver (Dispermat, VMA-Getzmann, Deutschland) verwendet. Die Plastifizierung und Dispergierung der ZrO_2-Pulver im Binder (Paraffinwachs und Dispergator) erfolgte bei einer Verarbeitungstemperatur T_V von 100°C in einem 250 ml Edelstahlbecher unter Vakuum und einer Dissolverrührscheibe aus Edelstahl (Rührscheibenradius von 25 mm). Der Abstand zwischen der Rührscheibenunterseite und dem Becherboden betrug in etwa 3 bis 5 mm. Bei dieser Konstellation beträgt die Mindestmenge für die Formmassenherstellung in etwa 50 ml. Dies entspricht einer Pulvermenge von etwa 150 g bei einem Feststoffgehalt von 50 Vol.-%. Eine Übersicht über die prozesstechnischen Details der Formmassenherstellung zeigt **Abbildung 3.6**. Die Zusammensetzung der hergestellten und untersuchten Formmassen ist in **Tabelle 3.3** aufgelistet.

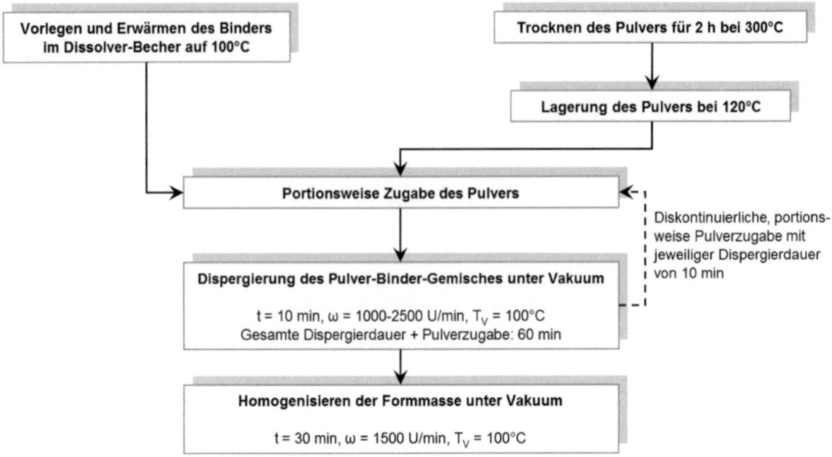

Abbildung 3.6: Prozesstechnische Details zur Formmassenherstellung.

Tabelle 3.3: Zusammensetzung und Bezeichnung der in dieser Arbeit hergestellten und untersuchten ZrO_2-Paraffinwachs-Formmassen.

Feststoffgehalt* [Vol.-%]	TerHell Paraffin 6403 [Vol.-%]	Hypermer LP1 [Vol.-%]	Dispergator-konzentration** [mg/m²]
50,0	46,6	3,4	1,6
	46,1	3,9	1,8
	45,7	4,3	2,0
	44,9	5,1	2,4
	44,0	6,0	2,8
	43,1	6,9	3,2
47,5	48,4	4,1	2,0
45,0	51,1	3,9	2,0

* Einwaage Pulver (getrocknet): 148,93 g
** zur Formmassenherstellung verwendete Dispergatormenge bezogen auf die Pulveroberfläche von 1 m²

Ein wesentlicher Vorteil der diskontinuierlichen Formmassenherstellung mit Hilfe des Labordissolvers ist der hohe Energieeintrag in das Pulver-Binder-Gemisch. Infolge der Strömungsbedingungen im Mahlgut wird die Formmasse während der Plastifizierung in eine rollende, turbulenzfreie Bewegung versetzt.

Mit steigender Drehzahl ω der Dissolverscheibe verschwinden die stehenden, so genannten „toten“ Zonen an der Behälterwand. Es kommt zur Bildung einer Trombe, was häufig auch als „Doughnut-Effekt“ bezeichnet wird [**Alm04**]. Den wesentlichen Nachteil stellen der hohe Energieeintrag und der damit verbundene Abrieb des Behälters und der Dissolverrührscheibe dar. Um den Abrieb zu begrenzen, wurde die gesamte Dispergierdauer auf 90 min festgelegt. Die Formgebung erfolgte jeweils unmittelbar nach der Formmassenherstellung. Das Einhalten dieser Regel war besonders wichtig, da die hergestellten Formmassen ein zeitabhängiges rheologisches Fließverhalten aufweisen, was die Reproduzierbarkeit von Probenzuständen wesentlich beeinflusst.

3.1.3 Formgebung

Die Herstellung von Mikrobiegebalkenproben erfolgte in Anlehnung an das in **Kapitel 2.3.1** beschriebene RPPC-Verfahren mittels manuellen Heißgießens. Das manuelle Heißgießen erfordert üblicherweise nur geringe Mengen an Ausgangsmaterialien und bietet sich daher insbesondere für Untersuchungen im Labormaßstab und als Alternative zum LPIM an, bei dem in der Regel mit einer maschinellen Injektionsanlage gearbeitet wird [**Alm04, Sch10**]. Infolge zahlreicher Variationen in der Formmassenzusammensetzung und der hohen Anzahl an Formmassen, die hergestellt werden mussten, wurde in dieser Arbeit das manuelle Heißgießen dem maschinellen LPIM bevorzugt.

Abbildung 3.7: Urform aus Messing, Silikon-Negativform, Säulenarray-Grünkörper und fertig gesinterte Probe (links) und eine lichtmikroskopische Aufnahme von Mikrobiegebalken im Grünzustand (rechts).

Herstellung der Urform

Als Urform für die Herstellung von Silikon-Negativformen diente ein im Rahmen des Sonderforschungsbereiches 499 [**SFB499**] entwickelter, mittels Mikrofräsen hergestellter Säulenarray aus Messing (20 x 15 x 8) mm^3, auf dem 225 Mikrosäulen (250 x 250 x 1500) μm^3 vorhanden sind (**Abbildung 3.7**).

Herstellung der Silikon-Negativformen

Für die Herstellung von Negativformen wurde ein kommerzieller Zwei-Komponenten-Silikonkautschuk verwendet. Der Härter wurde im Verhältnis 1:10 zum Silikon angesetzt und die Mischung für 5 min mit 1000 U/min bei Raumtemperatur gerührt. Die Herstellung der Silikon-Negativformen erfolgte durch Einbetten der Messung-Urform in das fließfähige Silikon mit anschließendem Entgasen im Vakuum, um eingeschlossene Luftblasen aus der Silikonmasse zu entfernen (**Abbildung 3.8**). Die Aushärtung der Negativformen erfolgte durch Vernetzen des Silikons bei Raumtemperatur über Nacht.

Manuelles Heißgießen

Beim manuellen Heißgießen wird die vorgewärmte Formmasse von Hand mit einem Spatel in die vorgewärmte Silikonform bei der Temperatur T_m gegeben. Die Formgebungstemperatur T_m wurde zwischen 80°C und 120°C variiert. Anschließend wurde die befüllte Silikonform auf einer festen Unterlage geklopft, um eine vollständige Befüllung der Mikrokavitäten zu erreichen. Zusätzlich wurde ein maschineller Rüttelprozesses unter Vakuum bei der entsprechenden T_M angewandt, um eingeschlossene Luftblasen in der abgegossenen Form zu entfernen. Die gesamte Dauer der Formgebungsprozesses t_p (Heißgießen, Rütteln und Evakuieren) wurde zwischen 3 min und 30 min variiert. Nach dem Abkühlen der Formmasse in der Silikonform auf Raumtemperatur wurden die Grünkörper dann per Hand entformt. Die Abkühlung erfolgte durch Quenchen in Wasser bei Raumtemperatur bzw. durch Auslagern auf dem Labortisch bis zum Erreichen der Raumtemperatur. Der Grünkörper wurde dann anschließend mit handelsüblichem Schleifpapier der Körnung P60 auf eine Gesamthöhe h_s = 7,5 mm geschliffen. Eine Übersicht über die Prozesskette der Formgebung ist in **Abbildung 3.8** dargestellt. Die Urform aus Messing, eine Silikonform, ein Säulenarray-Grünkörper sowie eine fertig gesinterte Probe finden sich in **Abbildung 3.7**. Die Reinigung der Silikonformen wurde mit Hilfe des Modellierwachses durch Gießen und Evakuieren bei 120°C sowie anschließender Entformung nach dem Abkühlen durchgeführt. Die Grünkörper wurden üblicherweise am Tag der Formmassenherstellung und Formgebung entbindert, ansonsten in einem Exsikkator gelagert.

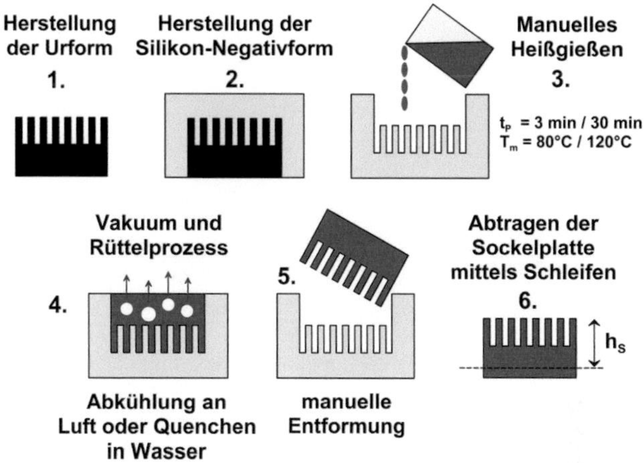

Abbildung 3.8: Übersicht zur Prozesskette der manuellen Heißgießformgebung von Mikrobiegebalkenarrays.

3.1.4 Entbindern und Sintern

Bei der thermischen Entbinderung der Grünkörper wird der als Plastifiziermedium verwendete Binder wieder entfernt. Dabei entsteht der so genannte Braunling. Beim anschließenden Sintervorgang findet bei hohen Temperaturen infolge von Oberflächen- und Volumendiffusionsvorgängen eine Verdichtung und Verfestigung des aus kompaktierten Pulverteilchen bestehenden Braunlings zu einem dichten Fertigteil statt [**Sal07**].

Thermische Entbinderung

Die Entbinderung erfolgte in einem modifizierten Hochtemperatur-Trockenschrank des Modells HT6/28 (Carbolite, UK) mit Umluft und Absaugung. Die Modifikationen am Ofen betreffen neben einer vibrationsfreien Lagerung des Elektromotors für das Lüfterrad eine temperaturunabhängige Umluftregelung zur Einhaltung einer konstanten Lüfterdrehzahl über den gesamten Entbinderungsschritt. Diese Modifikationen waren notwendig, um mögliche Störgrößen während der Entbinderung auszuschließen. Es ist denkbar, dass sich Vibrationen des Elektromotors oder eine Veränderung des Strömungsprofils der Umluft im Ofen infolge der Temperaturabhängigkeit der Viskosität von Luft auf die Stabilität der fragilen Mikrobiegebalken nachteilig auswirken könnten.

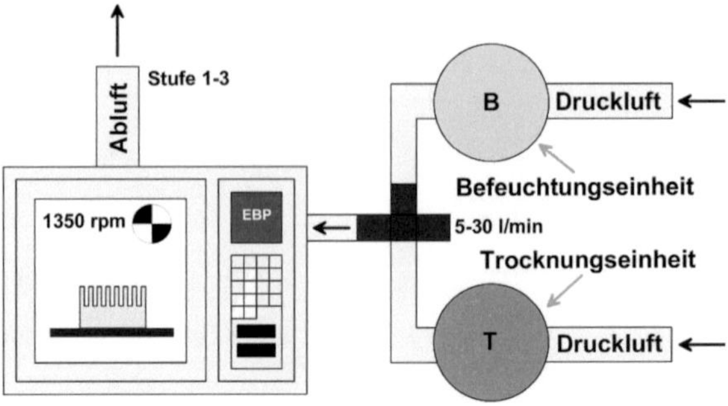

Abbildung 3.9: Schematische Darstellung des Aufbaus des Entbinderungsofens und der Zuleitung von getrockneter bzw. feuchter Zuluft.

Die Entbinderung wurde an Luft mit unterschiedlichen Feuchtegehalten durchgeführt. Hierzu wurde eine Trocknungs- und Befeuchtungseinheit aufgebaut (**Abbildung 3.9**). Die Trocknung der zugeführten Druckluft erfolgte mit Hilfe eines handelsüblichen perlförmigen Molekularsiebes der Porenweite 400 pm (Headline Filters, Deutschland) und zusätzlich einer Trocknungssäule aus Phosphorpentoxid P_4O_{10} (VWR International, Deutschland). Die Befeuchtung der zugeführten Druckluft erfolgte mit Hilfe einer beheizbaren Gaswaschflasche. Die Luftfeuchtigkeit im Entbinderungsofen ist abhängig von der Zu- und Abflussrate der Zu- und Abluft sowie der Temperatur des Wassers in der Gaswaschflasche. Typische Werte zur Erreichung einer konstanten relativen Luftfeuchtigkeit (rF) im Entbinderungsofen bei Raumtemperatur enthält **Tabelle 3.4**. Bei den Angaben in **Tabelle 3.4** handelt es sich jedoch um zustandsabhängige Näherungswerte, die von der Belegung des Molekularsiebes sowie der Umgebungsfeuchte abhängen, da der Entbinderungsofen nicht hermetisch isoliert ist. Für die Umluft wurde stets eine Drehzahl des Lüfterrads von 1350 U/min verwendet. Der Entbinderungsprozess fand auf porösen Al_2O_3-Unterlagen (Keralpor 99, Kerafol, Deutschland) mit einer offenen Porosität von 36 % und einem mittleren Porendurchmesser von 1 µm statt. Es wurde bewusst kein Pulverbett zur Entbinderung verwendet, da in diesem Fall die Grünkörper nach der Entbinderung üblicherweise wesentlich rauere Oberfläche aufweisen [**Bau05a**]. Bei Mikrokörpern, deren Oberfläche nach dem Sintern ohne weiteres nicht nachbearbeitet werden kann, führt dies zu einer nicht tolerierbaren Oberflächenrauhigkeit. Als Entbinderungsprogramm wurde eine Rampe mit einer Heizrate von 0,5 K/min bis zu einer Temperatur von 500°C gewählt. Die Haltezeit bei 500°C betrug 10 min, während für die Abkühlrate 5 K/min gewählt wurde (**Abbildung 3.10-a**). Um einen möglichen Einfluss der Ofenbelegung auf das Entbinderungsverhalten zu vermeiden, wurden stets vergleichbare Grünkörperplatzierungen und Ofenbelegungen angewandt, um die

Vergleichbarkeit zwischen den Proben unterschiedlicher Entbinderungsdurchläufe zu gewährleisten. Somasundram et al. [**Som10**] konnte nachweisen, dass der Abstand zwischen den Grünkörpern während der Entbinderung einen großen Einfluss auf das Entbinderungsverhalten und somit auch auf die Reproduzierbarkeit haben kann. Der Massenverlust bei der Entbinderung betrug 12,94 ± 0,04 % (gemittelt an über 50 entbinderten Säulenarrays) bezogen auf die Gesamtmasse des Grünkörpers. Die Ausgangsmenge des Binders war konstant und wies unabhängig von der Formmassenzusammensetzung einen Wert von 13,25 % auf. Das bedeutet, dass nach der Entbinderung immer ein Restanteil an Binder von ca. 0,31 % im Braunling vorhanden war, der unter anderem für die mechanische Mindeststabilität benötigt wird.

Tabelle 3.4: Typische Prozessparameter für die Steuerung der Feuchtigkeit der Entbinderungsatmosphäre.

Feuchtigkeit im Ofen* [% rF]	**Durchflussrate Zuluft [l/min]**	**Durchflussrate Abluft** [-]**	**Wassertemperatur Gaswaschflasche [°C]**
0	15 (trocken)	S1	-
10	10 (trocken)	S2	-
30	5 (feucht)	S2	25
60	10 (feucht)	S1	65

* bei Raumtemperatur und 30 % rF
** Die Durchflussrate der Abluft kann im Bereich S1 (niedrig) über S3 (mittel) bis S5 (hoch) eingestellt werden

Sintern

Für das Sintern der Braunlinge wurden ein Hochtemperaturofen (VMK1800, Linn High Term, Deutschland) und die gleichen Unterlagen, wie für die Entbinderung, verwendet. Das Sinterprogramm wurde nicht variiert. Die Heizrampe, Haltetemperatur, Haltezeit und Abkühlungsrate betrug bei allen Untersuchungen 3 K/min, 1450°C, 60 min und 10 K/min (**Abbildung 3.10-a**). Aufgrund des linearen Sinterschwundes von 20,49 ± 0,09 % (gemittelt an über 50 gesinterten Säulenarrays) wiesen die Mikrobiegebalken im gesinterten Zustand Abmessungen von etwa (200 x 200 x 1200) μm^3 auf. An über 30 Proben wurden die Dichten von gesinterten Säulenarrays mit Hilfe der Auftriebsmethode nach Archimedes (siehe **Kapitel 3.2.1**) in Abhängigkeit von der Formmassenzusammensetzung und Formgebungstemperatur gemessen. Als Bezugswert wurde eine theoretische Dichte von 6,09 g/cm^3 für dicht gesintertes 3Y-TZP angenommen [**Mun03, Sin96**].

Aufgrund des temperaturabhängigen Fließverhaltens der Formmassen (siehe **Kapitel 4.1.2**) liegen die Dichtewerte von Proben, welche bei 80°C hergestellt wurden, generell niedriger, als die Proben, die bei 120°C hergestellt wurden (**Abbildung 3.10-b**). Die höheren Formmassenviskositäten bei niedrigeren Temperaturen bewirken, dass die Eliminierung von eingeschlossenen Luftblasen in der Formmasse nicht effektiv genug durchgeführt werden kann. Trotz des manuellen Formgebungsverfahrens konnten hohe Dichten von bis zu 6,04 g/cm^3 entsprechend einer relativen Sinterdichte von 99,2 % erreicht werden (**Abbildung 3.10-b**).

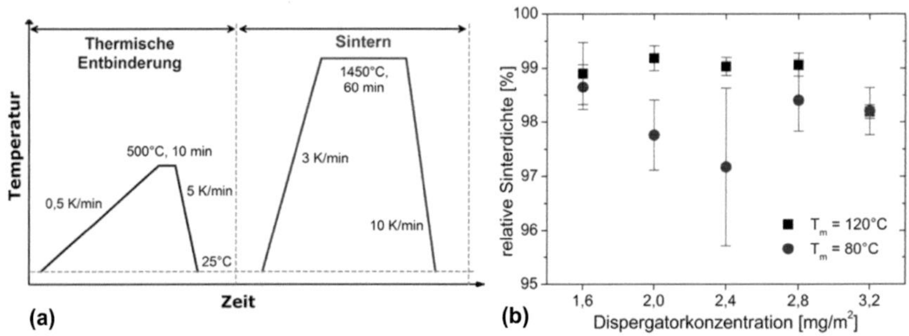

Abbildung 3.10: (a) Temperatur-Zeit-Profile der thermischen Prozesse Entbindern und Sintern; (b) relative Sinterdichten von Säulenarrays mit Sockelplatte in Abhängigkeit von der Formmassenzusammensetzung und Formgebungstemperatur bezogen auf eine theoretische Sinterdichte von 6,09 g/cm^3.

Niedrigere Werte von ca. 97 % der theoretischen Dichte repräsentieren nicht den Zustand der Mikrosäulen, sondern den Zustand in der Sockelplatte bzw. im so genannten Gießschuh, der für die Handhabung der Mikrobiegebalken im Herstellungsprozess notwendig ist und volumenbezogen den größten Anteil am Fertigteil hat. Keramographische Gefügeuntersuchungen (**Abbildung 3.11**) und fraktographische Analysen (siehe **Kapitel 4.3**) der Biegeprobenbruchflächen weisen eindeutig darauf hin, dass durch das manuelle Heißgießen dichte Gefüge ohne kritische Volumendefekte erzielt werden konnten. Die mittlere Korngröße der in dieser Arbeit hergestellten 3Y-TZP-Formteile beträgt ca. 430 nm (**Abbildung 3.11**). Mittels XRD-Analyse wurden die verschiedenen Kristallphasen im Ausgangspulver und in den gesinterten Proben untersucht (**Abbildung 3.12**). Im Diffaktrogramm des unbehandelten 3Y-TZP-Pulvers konnte neben der (t)-Phase auch die stabile (m)-Phase nachgewiesen werden. Im Vergleich wiesen die gesinterten Proben, wie erwartet, keine (m)-Phase mehr auf, sondern schärfere Reflexe der (t)-Phase. Es ist aber nicht auszuschließen, dass neben der (t)-Phase auch ein geringer Anteil an (k)-Phase koexistiert.

Wie bereits im **Kapitel 2.4.3** erwähnt, weisen die Reflexe der (k)- und (t)-Phase im Diffraktogramm die gleichen Lagen auf. So kann ein vorhandener geringer Anteil an (k)-Phase (bei 2 Theta von etwa 30°) mit Hilfe eines üblichen Diffraktogramms, wie in **Abbildung 3.12**, nicht nachgewiesen werden. Durch Anwendung der so genannten Rietveld-Methode kann dieses Problem jedoch gelöst werden [**Mat03**].

Abbildung 3.11: Repräsentatives Schliffbild von Mikrobiegebalken in der Seitenansicht (links) sowie der Mikrostruktur (rechts).

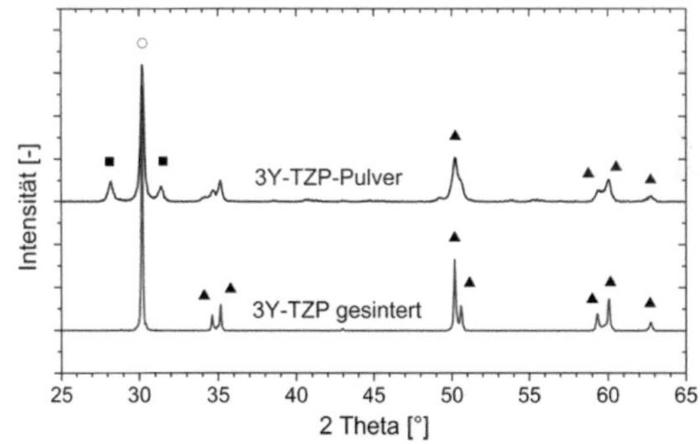

Abbildung 3.12: Repräsentative Röntgenbeugungsspektren von gesinterten 3Y-TZP-Mikrobiegebalken (1450°C / 60 min) und „as-received“ 3Y-TZP-Pulver: (■) monoklin, (▲) tetragonal, (○) tetragonal und kubisch.

3.2 Charakterisierungsmethoden

Für die Charakterisierung der Rohstoffe und Probekörper wurden verschiedene Methoden verwendet. In **Tabelle 3.5** sind die angewendeten Methoden, die Zielgrößen sowie die Charakterisierung verwendeten Geräte aufgelistet. Eine Beschreibung der physikalisch-chemischen Charakterisierungsmethoden erfolgt im **Kapitel 3.2.1**. Die Ermittlung der Drei-Punkt-Biegefestigkeit wird im **Kapitel 3.2.2** gesondert dargestellt.

Tabelle 3.5: Charakterisierungsmethoden, Zielgrößen und verwendete Geräte.

Methode	Zielgröße	Hersteller	Gerätemodell
Elektro-akustische Spektrometrie	Partikelgrößen-verteilung	Dispersion Technology, USA	DT1200
Auftriebswägung	Festkörperdichte	Sartorius, Deutschland	BP211D
Einpunkt BET-Analyse	Spezifische Partikeloberfläche	Micromeritics, USA	FlowSorb II 2300
Quecksilber-Porosimetrie	Porosität	Porotec, Deutschland	Pascal 140
Rheologiemessungen	Fließeigenschaften	Anton-Paar, Österreich	MCR 300
Tropfenkonturanalyse	Grenzflächen-spannung	DataPhysics Instruments, Deutschland	OCA 20
Thermogravimetrie (TG)	Massenänderung	Netzsch, Deutschland	STA 449C Jupiter
FT-IR-Spektroskopie	Nachweis von Substanzen	Bruker, Deutschland	Tensor 27
Gel-Permeations-Chromatographie (GPC)	Nachweis von Substanzen	Eigenbau IAM-WPT	-
MALDI-Massenspektrometrie	Nachweis von Substanzen	AB-SCIEX, USA	4800 Proteomics
Röntgendiffraktrometrie (XRD)	Kristallphase	Siemens, Deutschland	D5000
Rasterelektronen-mikroskopie (REM)	Mikrostruktur, Fraktographie	Zeiss, Deutschland	Supra 55
Lichtmikroskopie	Auflicht	Keyence, Japan	VHX 500F
	Gegenlicht	Leica, Deutschland	M205C
Profilometrie	Oberflächen-rauhigkeit	FRT, Deutschland	MicroProf

3.2.1 Physikalisch-chemische Methoden

Partikelgrößenverteilung

Die Bestimmung der Partikelgrößenverteilung (engl. Particle Size Distribution, PSD) des ZrO_2-Ausgangspulvers erfolgte mit Hilfe eines elektro-akustischen Spektrometers (DT1200, Dispersion Technology, USA). Am weitesten sind optische Messverfahren (Laserdiffraktometrie) verbreitet [**Ree95**]. Die wesentlichen Vorteile der elektro-akustischen Messung bilden die sehr kurzen Messzeiten sowie die Möglichkeit zur Untersuchung unverdünnter Suspensionen [**Duk01**]. Zur Bestimmung der PSD des Ausgangspulvers wurde eine wässrigen Suspension mit einem Feststoffgehalt von 2 Vol.-% und 0,003 molarem Natriumphosphat-Decahydrat ($Na_4P_2O_7 \cdot 10\ H_2O$) als Dispergiermittel angesetzt. Die Suspension wurde für 5 min in einem Becherglas mit einem Magnetrührer gerührt, für 30 s mit Ultraschall behandelt und anschließend gemessen. Zur Überprüfung der Ergebnisse wurde die Messung dreimal durchgeführt.

Dichtemessungen

Die Dichte der gesinterten Säulenarrays wurde mit Hilfe einer Auftriebswaage (BP211D, Sartorius, Deutschland) bei Raumtemperatur in destilliertem Wasser gemessen (Archimedes-Methode). Die Berechnung des Dichtewertes ρ_{arch} erfolgte entsprechend Gleichung **(3.1)**, worin m_L und m_W für die Masse der Probe an Luft bzw. in Wasser stehen. Die Dichte des Wasser ρ_W ist temperaturabhängig und wurde [**VDI06**] entnommen. Die Werte 0,0012 und 0,99983 entsprechen Korrekturfaktoren für den Luftauftrieb und den Auftrieb, den die Probenhalterung des BP211D in Wasser erfährt [**Sar99**]. Die Dichte des verwendeten Paraffinwachses wurde in ähnlicher Weise bestimmt. Hierzu wurden mehrere rechteckige Paraffinwachsproben gegossen und anschließend evakuiert, um eingeschlossene Luftblasen zu eliminieren. Die Wägung dieser Proben wurde aufgrund der niedrigen Dichte des Wachses in 2-Propanol durchgeführt. Temperaturabhängige Dichtewerte des Paraffinwachses und des verwendeten Dispergators im Bereich von 60°C bis 120°C wurden aus [**Sch10**] entnommen und sind in **Abbildung 3.14** dargestellt, wobei die Dichtewerte von 120 °C bis 150°C extrapoliert sind. Die Dichtewerte ρ_m für Mischungen aus Paraffinwachs und Dispergator entsprechend der Formmassenzusammensetzungen (**Tabelle 2.2**) wurden mit Hilfe der linearen Mischungsregel **(3.2)** berechnet. Dabei stehen w_i für den entsprechenden Massenanteil und ρ_i für die Dichte der Komponente *i*. Die Bestimmung der Dichtewerte ρ_{pykno} des verwendeten Modellierwaches im Bereich von 90°C bis 120°C erfolgte mit Hilfe eines geeichten 25 cm^3 Pyknometers entsprechend Gleichung **(3.3)**. Dabei stehen die

Symbole $m_{pykno,gefüllt}$ und $m_{pykno,leer}$ für die Masse des gefüllten Pyknometers nach dem Abkühlen auf Raumtemperatur bzw. des leeren Pyknometers und V_{pykno} für das Volumen des Pyknometers.

$$\rho_{arch} = \frac{m_L\,(\rho_W - 0{,}0012)}{0{,}99983\,(m_L - m_W)} + 0{,}0012 \qquad \textbf{(3.1)}$$

$$\rho_m = \sum_{i=1} w_i \rho_i \qquad \textbf{(3.2)} \qquad\qquad \rho_{pykno} = \frac{m_{pykno,gefüllt} - m_{pykno,leer}}{V_{pykno}} \qquad \textbf{(3.3)}$$

Spezifische Pulveroberfläche nach Brunauer-Emmet-Teller (BET)

Die Bestimmung der spezifischen Oberfläche des verwendeten ZrO_2-Pulvers erfolgte mit Hilfe des Messgerätes FlowSorb II 2300 (Micromeritics, USA) entsprechend der Methode nach Brunauer, Emmet und Teller (BET) im Einpunktverfahren nach Haul und Dümbgen [**DIN75**]. Das Messprinzip beruht auf der Bestimmung der Menge an adsorbierten Stickstoff-(N_2)-Molekülen auf der Pulveroberfläche [**Rou99**]. Vor der Messung wurde das Pulver wurde bei 150°C über Nacht im Gasfluss eines N_2-He-Gasgemisches im Volumenverhältnis 30:70 ausgeheizt. Die Messung erfolgte bei -196°C.

Porosität

Mit Hilfe der Quecksilber-Porosimetrie lässt sich neben der Dichte auch die offene Porosität sowie Porengrößenverteilung von Festkörpern bestimmen. Das Messprinzip beruht auf der Messung des in einen porösen Festkörper hineingepressten Quecksilber-Volumens in Abhängigkeit vom angelegten Pressdruck [**Sal07**]. Zur Bestimmung der Porengrößenverteilung von Braunlingen, gesinterten Proben und der verwendeten Entbinderungsunterlagen wurde das Messgerät Pascal 140 (Porotec, Deutschland) verwendet. Vor den Messungen wurden die Proben bei 150°C über Nacht ausgeheizt. Die Messungen wurden bei Umgebungsbedingungen durchgeführt.

Rheologische Untersuchungen

Das Fließverhalten der ZrO_2-Paraffinwachs-Formmassen wurde mit dem Rheometer MCR 300 (Anton-Paar, Österreich) untersucht. Für die Bestimmung der Fließgrenze und der Viskosität wurden schubspannungsgesteuerte Messungen im Temperaturbereich von 70°C bis 130°C mit Schritten von 10°C durchgeführt. Hierzu wurde ein Platte-Platte Messaufbau mit einem Plattendurchmesser von 25 mm und einem Messspalt von 0,5 mm verwendet.

Die Aufzeichnung von Belastungskurven erfolgte durch Vorgabe der Schubspannung in einem Bereich bis maximal 3000 MPa mit Hilfe einer kontinuierlichen Rampe mit 200 Messpunkten und einer Messpunktdauer von 2 s. Zur Ermittlung der Fließgrenze wurde eine doppellogarithmische Auftragung der Deformation über der Schubspannung verwendet. Dabei wird die Fließgrenze als die Schubspannung definiert, bei der die Deformation von der durch den Anfangsbereich der Messpunkte angelegten Regressionsgerade um mehr als 5 % abweicht. Die Auswertungen hierzu erfolgten rechnergestützt. Die scherratenabhängigen Viskositätswerte wurden anhand der Auftragung der Messwerte für die Viskosität über die Scherrate ermittelt. Für die Messung der zeitabhängigen Fließeigenschaften wurden die Formmassen über mehrere Tage hinweg bei 80°C gelagert. Hierzu wurden die Massen für 5 min bei 1500 U/min und 100°C wieder aufgerührt und die Fließeigenschaften erneut gemessen. Zur Ermittlung des Fließverhaltens der Binderkomponenten wurden scherratengesteuerte Messungen bei 100 s^{-1} mit 20 Messpunkten und einer Messpunktdauer von 2 s durchgeführt. In diesem Fall wurde ein Kegel-Platte Aufbau mit einem Kegeldurchmesser von 50 mm (CP50) und einem Messspalt von 0,05 mm verwendet, da die Messungenauigkeiten im PP25-Messaufbau zu hoch waren. Zur Überprüfung der Reproduzierbarkeit der Messergebnisse wurden alle Messungen grundsätzlich dreimal durchgeführt.

Untersuchungen mittels Tropfenkonturanalyse

Für die Charakterisierung der Oberflächenspannung der verwendeten Binderkomponenten wurde das Tropfenkonturanalysegerät OCA 20 (DataPhysics Instruments, Deutschland) verwendet. Das Messgerät wurde unter anderem auch für die Echtzeit-Beobachtung der Vorgänge bei der thermischen Entbinderung der Mikrosäulenarrays eingesetzt. Eine schematische Darstellung des Messaufbaus findet sich in **Abbildung 3.13**. Für die Bestimmung der Oberflächenspannung wurde die Methode des hängenden Tropfens angewandt (engl. Pendant Drop, PD) [**Doe94, Son96b**]. Mit Hilfe eines temperierbaren manuellen Dosiersystems (Nadelheizung, NHD 400, DataPhysics Instruments) wurden die Binderkomponenten in einer beheizbaren Probenkammer in Tropfenform gebracht (Tropfenvolumina ca. 14 µl). Die Dosierung erfolgte per Hand durch Drehen einer Dosierschraube. In einem Temperaturbereich von 70°C bis 150°C wurden dann schrittweise und unter Berücksichtigung einer Wartezeit von etwa 5 min Bildaufnahmen von den hängenden Tropfen gemacht, deren Konturen anschließend rechnergestützt analysiert und ausgewertet wurden. Für die Bestimmung der Oberflächenspannung der organischen Flüssigkeiten sind, neben dem Außendurchmesser der verwendeten Nadel, die Dichtewerte der untersuchten Substanzen und der Luft bei der entsprechenden Messtemperatur notwendig. Die verwendete Nadel wies einen Außendurchmesser von 1,7 mm auf. Die Dichtewerte der untersuchten Substanzen sind in **Abbildung 3.14** graphisch dargestellt. Für die Bestimmung der aktuellen Luftdichte ρ_L wurde Gleichung **(3.4)** nach [**Bru82**] verwendet. Dabei stehen P für den aktuellen Luftdruck, R_L für die spezifische Gaskonstante trockener Luft, T für die aktuelle Temperatur, Λ für die aktuelle relative Luftfeuchtigkeit und p_s für den temperaturabhängigen Sättigungsdampfdruck von Wasser [**VDI06**]. Die Tropfenkonturanalyse erfolgte sowohl in trockener als auch in feuchter Luft, was durch den Zufluss von trockener bzw. befeuchteter Druckluft realisiert wurde.

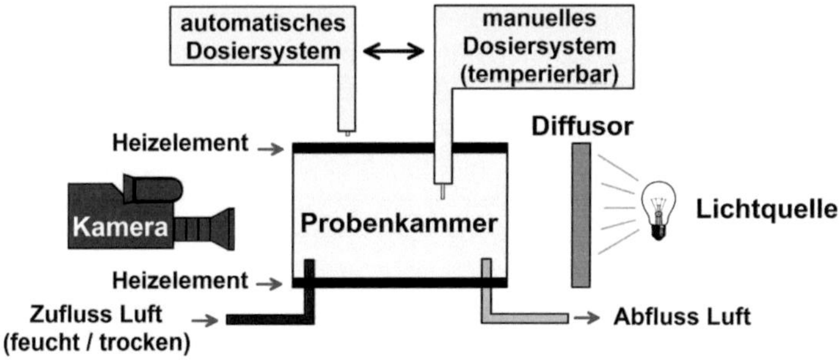

Abbildung 3.13: Schematischer Messaufbau des Tropfenkonturanalysegerätes zur Ermittlung der Oberflächenspannungen der Binderkomponenten und für die Echtzeit-Beobachtung der thermischen Entbinderung von Mikrobiegebalken.

$$\rho_L(T) = \frac{P}{R_L T}\left(1 - \frac{\Lambda\, p_s(T)}{P}\right) \qquad \textbf{(3.4)}$$

Für die Bestimmung der Grenzflächenspannung zwischen den organischen Flüssigkeiten und Wasser wurden mit Hilfe eines automatischen Dosiersystems (E-MD, DataPhysics Instruments) Wassertropfen (destilliertes Wasser) mit einem Tropfenvolumen von 8-16 µl und einer Dosiergeschwindigkeit von 0,5 µl/s erzeugt. Die Wassertropfen wurden direkt in der jeweiligen organischen Substanz erzeugt, die sich in einer Glasküvette (GC 10HT, DataPhysics Instruments) befanden. Die Messung der Tropfenkontur erfolgte im Temperaturbereich von 70°C bis 150°C. Die temperaturabhängige Dichte von Wasser wurde [**VDI06**] entnommen. Die verwendete Dosiernadel wies einen Außendurchmesser von 0,52 mm auf. Die Tropfenkonturanalyse stellt eine gegenüber Änderungen der Messbedingungen sehr empfindliche Methode dar [**Win10**]. Daher wurde bei allen PD-Messungen eine einheitliche Belichtungsstärke verwendet. Zur Überprüfung der Reproduzierbarkeit der Ebnisse wurden alle Messungen grundsätzlich dreimal durchgeführt. Das Benetzungsverhalten der organischen Substanzen mit der Oberfläche des dicht gesinterten ZrO_2 (PSZ, Kerafol, Deutschland) wurde mit Hilfe des manuellen Dosiersystems entsprechend der Methode des liegenden Tropfens (engl. Sessile Drop, SD) untersucht. Hierzu wurden vergleichbare Tropfenvolumina in der Probenkammer in trockener und feuchter Luft erzeugt und der zeitabhängige Kontaktwinkel der Tropfen mit der jeweiligen Oberfläche in einem Zeitfenster von 0,2-100 s und bei einer Temperatur von 90°C bestimmt. Die Bildaufnahmerate betrug für diese Messungen 50 Bilder pro Sekunde. Die Grundlagen der SD-Messmethode finden sich in [**Cha07, Doe94, Ruc10**]. Es existieren zahlreiche messbedingte Faktoren, die das Benetzungsverhalten von Flüssigkeiten auf Festkörperoberflächen beeinflussen. Hierzu wird auf die Literatur verwiesen [**Dun95, Kum07, Li96, Sev09**]. Für die zeitlich aufgelöste Beobachtung der Entbinderung der Säulenarrays wurde der in **Abbildung 3.13** dargestellte Messaufbau ohne Dosiersysteme verwendet. Die Heizprofile wurden entsprechend der Entbinderungsvorgänge im Hochtemperatur-Trockenschrank (siehe **Abbildung 3.10-a**) gewählt. Die thermische Behandlung erfolgte in der Probenkammer mit trockener bzw. feuchter Luft, allerdings nur bis 200°C. Die Videoaufzeichnungsrate betrug 3 Bilder pro Minute. Die Bestimmung der Ist-Temperatur der Grünkörper erfolgte in Kontakt mit einem Temperaturfühler (Typ K) und durch Aufzeichnung der Daten mit Hilfe eines Datenloggers (TC-08, Pico Technology, UK).

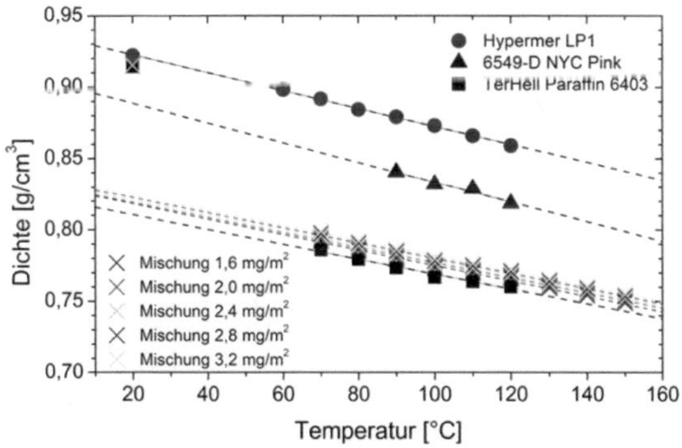

Abbildung 3.14: Temperaturabhängige Dichtewerte der organischen Ausgangsmaterialien und Hilfsstoffe; die Mischungen 1,6-3,2 mg/m^2 beziehen sich auf Binderzusammensetzungen entsprechend **Tabelle 3.3**.

Thermogravimetrie (TG)

Bei der thermogravimetrischen (TG) Analyse wird die Massenänderung einer Substanz als Funktion der Temperatur bzw. Zeit unter definierten Messbedingungen bestimmt. Dabei steht die Ermittlung der thermischen Stabilität der untersuchten Substanzen im Vordergrund. Mit Hilfe des Analysegerätes STA 499 C Jupiter (Netzsch, Deutschland) wurden die Massenänderungen der Binderkomponenten und Formmassen untersucht. Die Analysen erfolgten mit Probenmengen von etwa 20 mg bis 150 mg in synthetischer Luft bei einer Temperatur von 20°C bis 600°C und unterschiedlichen Heizraten. Für die Grundlagen der TG-Analyse wird auf [**Hem89**] verwiesen.

FT-IR-Spektroskopie

Die FT-IR-(Fourier Transformations Infrarot)-Spektroskopie wird zur quantitativen Bestimmung von bekannten Substanzen oder zur Strukturaufklärung unbekannter Substanzen verwendet. Hierzu werden die zu untersuchenden Substanzen mit Infrarotlicht im Wellenzahlenbereich von 400-4000 cm^{-1} bestrahlt. Aus der Wechselwirkung zwischen der induzierten elektromagnetischen Strahlung und den Molekülen wird ein Absorptionsspektrum ermittelt, das für die jeweilige Substanz charakteristisch ist. Mit der so genannten ATR-Probentechnik (engl. Attenuated Total Reflection, abgeschwächte Totalreflexion) ist es möglich, ohne aufwendige Probenpräparation und kurzen Messzeiten die Intensität des an der Probenoberfläche reflektierenden Lichtes zu messen und daraus das Absorptionsspektrum zu bestimmen. In dieser Arbeit wurde die Wechselwirkung von Wasser und von dem Modellierwachs mit den Grünkörpern untersucht. Die Messungen erfolgten an einem FTIR-Gerät vom Typ Tensor 27 mit einer Platinum Diamant ATR Einheit (Bruker Optics, Deutschland) am Institut für Funktionelle Grenzflächen (IFG) des KIT. Des Weiteren wurde eine Kopplung von FT-IR und TG-Analyse benutzt, um die gasförmigen Zersetzungsprodukte simultan zur Massenänderung und der vorherrschenden Temperatur zu analysieren. Für die Grundlagen der FT-IR-Analyse wird auf [**Gue03**] verwiesen.

Gel-Permeations-Chromatographie (GPC)

Bei der GPC handelt es sich um ein Flüssigchromatographie-Verfahren, mit dem die Molekulargewichtsverteilung von Polymeren bestimmt wird. Dabei wird das in einem Lösungsmittel gelöste Polymer durch Säulen getrieben, die eine poröse Substanz definierter Porendurchmesser enthält. Kurze Polymerketten werden dabei in den porösen Strukturen zurückgehalten, während die größeren Polymerketten die Säulen schneller passieren. Mit Hilfe eines

Differenzialrefraktometers wird dann die Polymerkonzentration als Funktion der Zeit durch Messung des Brechungsindex ermittelt. Für eine qualitative Analyse von Hypermer LP1 im Vergleich zu Solsperse 3000 und 12-HSA wurde ein GPC-Aufbau bestehend aus einer Pumpeinheit P100 und einem Probenroboter AS100 (Thermo Finnigan, USA) sowie einem Infrarot Brechungsindex Analysator RI 71 (Showa Denko, Japan) verwendet. Als Lösungsmittel wurde Tetrahydrofuran (THF) und ein Säulensatz bestehend aus einem porösen Polystyrol-(PS)-Gel eingesetzt. Die Signalaufzeichnung, Kalibrierung und Auswertung erfolgte mit Hilfe der Software WinGPC 7.2 (Polymer Standards Service, Deutschland). Als interner Standard wurde der THF-Polymer-Lösung 1 µl/ml Toluol zugegeben und die Messdaten auf den internen Standard als Referenz korrigiert. Die ermittelten Molmassen wurden auf der Basis von PS-Standards (Polymer Standards Service, Deutschland) bestimmt. Sie sind vergleichend, aber nicht als absolut zu interpretieren. Für die Grundlagen der GPC-Analyse wird auf [**Sch90**] verwiesen.

MALDI-Massenspektroskopie (MS)

Bei MALDI-TOF-MS handelt es sich um ein massenspektroskopisches Verfahren zur Massenanalyse von ionisierten Molekülen. Mit Hilfe hochenergetischen Laserpulsen wird die zu untersuchenden Substanz (MALDI, engl. Matrix-assisted Laser Desorption/Ionization) in einer ko-kristallisierten Matrix mit einer speziellen Matrixsubstanz der Massenspektroskopie (MS) zugänglich gemacht. Durch den Laserbeschuss findet eine explosionsartige Verdampfung der Matrix statt und die zu untersuchenden Moleküle werden mitgerissen und ionisiert. Die entstandenen Ionen werden dann in einem elektrischen Feld beschleunigt und die Massenanalyse mit Hilfe eines TOF-Analysators (TOF, engl. Time of Flight) durchgeführt. In dieser Arbeit wurde der Dispergator Hypermer LP1 mit Hilfe der MALDI-TOF-MS-Analyse näher untersucht. Die Matrix bestand aus einer Mischung von Cyano-4-hydroxyzimtsäure, Acetonitril und Trifluoressigsäure. Die Verdünnung der Probe erfolgte in einem Verhältnis von 1:24 von Probe zur Matrix. Die Messungen erfolgten mit Hilfe eines Analysegerätes vom Typ 4800 Proteomics (AB SCIEX, USA) am Institut für Funktionelle Grenzflächen (IFG) des KIT. Für die Grundlagen der MALDI-MS-Analyse wird auf [**Pas03**] verwiesen.

Röntgendiffraktometrie (XRD)

In der Analytik wird die Röntgendiffraktometrie (XRD, engl. X-ray Diffraction) für die Phasenidentifikation, Kristallstrukturanalyse und für die Bestimmung mikrostruktureller Größen wie Gitterparameter und Eigenspannungen kristalliner Werkstoffe verwendet. Da die Wellenlänge der Röntgenstrahlen in der typischen Größenordnung des atomaren Abstandes kristalliner Werkstoffe liegt, findet mit der Elektronenhülle der bestrahlten Atome eine Wechselwirkung statt. Der kristalline Aufbau der Atome fungiert als eine Art Beugungsgitter, wodurch es zur Beugung der Wellen der Röntgenstrahlung kommt. In dieser Arbeit wurde die XRD-Analyse verwendet, um die vorliegenden Kristallsysteme im ZrO_2-Ausgangspulver und im gesinterten Zustand zu untersuchen. Hierzu erfolgten die Messungen im Diffraktometer D5000 (Siemens, Deutschland) im Bregg-Brentano Messaufbau und einer Kupferanode als Röntgenquelle im Messbereich von 2 Theta zwischen 20° und 70° mit einer Winkelgeschwindigkeit von 0,02 °/s. Für die Grundlagen der XRD-Analyse wird auf [**Spi09**] verwiesen.

Rasterelektronenmikroskopie (REM)

Die Rasterelektronenmikroskopie (REM, engl. Scanning Electron Microscopy) wird verwendet, um hoch auflösende Abbildungen von Objektoberflächen mit hoher Schärfentiefe und hohen Vergrößerungen zu erzeugen. Eine Glühkathode erzeugt einen Elektronenstrahl und beschleunigt diesen bis auf mehrere kV. Mittels elektromagnetischen Linsen wird der Elektronenstrahl dann zeilenförmig über die zu untersuchende Objektoberfläche gerastert. Dabei tritt die Objektoberfläche in Wechselwirkung mit dem Strahl, wodurch es unter anderem zur Bildung von Rückstreu- und Sekundärelektronen sowie einer charakteristischen Röntgenstrahlung kommt. Mit Hilfe von geeigneten Detektoren können diese Signale aufgezeichnet und, als Grauwertinformationen umgewandelt, synchron auf einem Bildschirm dargestellt werden. Während mit Hilfe der Sekundärelektronen die Topografie der Objektoberfläche mit hoher Schärfentiefe dargestellt werden kann, lässt sich mit den Rückstreuelektronen ein Materialkontrastbild erzeugen, dass einen Rückschluss auf die chemische Natur des Objektmaterials zulässt. In dieser Arbeit wurden REM-Aufnahmen für die fraktographische Analyse von Mikrobiegebalkenbruchflächen sowie für Gefügeuntersuchungen an ungeätzten und thermisch geätzten Schliffproben erzeugt. Im Vorfeld der Untersuchungen wurden die Bruchflächen der Mikrobiegeproben mit Hilfe der Kathodenzerstäubung (Sputtern, engl. to sputter) mit einer Gold-Platin-Schicht von etwa 5-10 nm versehen. Es wurde ein REM vom Typ Supra 55 (Carl Zeiss, Deutschland) mit einer thermischen Feldemissionskathode (Schottky-Kathode), einer max. Beschleunigungsspannung von 30 kV sowie einer maximalen 900.000-fachen Vergrößerung verwendet. Die maximale Auflösung bei 15 kV liegt bei 1 nm. Für die theoretischen Grundlagen der REM-Analyse wird auf [**Oet05**] verwiesen.

Lichtmikroskopie

Für fraktographische Analysen und für die Untersuchungen zur Formänderung der Grünkörper nach der thermischen Entbinderung wurde ein digitales Auflichtmikroskop des Typs VHX 500F (Keyence, Japan) verwendet. Mit den vorhandenen Objektiven (VH-Z20R und VH-Z100R) sind Vergrößerungen im Bereich zwischen 20 und 1000-fach möglich. Eine Besonderheit des Gerätes stellt die schnelle und einfache Generierung von Aufnahmen mit hoher Tiefenschärfe durch die Überlagerung von Einzelbildern dar, was sich insbesondere für den Einsatz in der Qualitätssicherung von Mikrobauteilen eignet [**Nis09**]. Des Weiteren können mit dem geräteinternen Programm die Abmessungen der untersuchten Mikrostrukturen bestimmt werden. Neben Untersuchungen zur qualitativen Bestimmung der Formänderung und Oberflächenqualität der Braunlinge, wurde das Mikroskop auch für fraktographische Untersuchungen und zur Vermessung der Kantenlängen und Kantenradien an den Bruchflächen der gesinterten Mikrobalken verwendet. Hierzu wurden die Bruchflächen mit einer Gold-Platin-Schicht von etwa 5-10 nm besputtert, um ausreichende Reflexion und Kontrast zu erhalten. Das Sputtern sowie die lichtmikroskopische Aufnahmen erfolgten mit einem eigens angefertigten Mikroprobenhalter, auf dem insgesamt 30 Proben Platz finden. Eine Übersicht zum typischen Verfahrensablauf der Charakterisierung gesinterter Mikrobalken bezüglich ihrer Formänderung und Oberflächenqualität ist in **Abbildung 3.15** dargestellt. Des Weiteren wurde mit Hilfe eines Lichtmikroskops des Typs M205C (Leica Microsystems, Deutschland) das Diffusionsverhalten von Paraffinwachs in die bei der Formgebung verwendeten Silikonformen im Gegenlicht untersucht. Hierzu wurde eine Kaltlichtquelle (KL 2500 LCD, Leica Microsystems, Deutschland) als Gegenlicht verwendet.

Profilometrie

Die Bestimmung der Oberflächenrauhigkeit der gesinterten 3Y-TZP-Mikrobiegebalken erfolgte durch berührungslose Messung der Oberflächentopographie mit Hilfe eines Profilometers des Typs MicroProf (Fries Research & Technology, Deutschland). Als Messsensor wurde dabei ein chromatischer Weißlichtsensor des Typs CWL (Fries Research & Technology) verwendet. Das Messprinzip beruht auf der Interferometrie. Dabei wird mit Hilfe eines Linsensystems aus geringem Abstand auf die Oberfläche der Probe weißes Licht fokussiert. Das Licht, das von der Probenoberfläche zurück auf das Objektiv geworfen wird, wird durch eine Blende auf den Sensor projiziert. Je nach Abstand der Probenoberfläche zum Messkopf wird ein unterschiedlicher Farbanteil auf die Blende fokussiert. Für jede Farbe des zurückgeworfenen Lichts werden die Intensitäten bestimmt und aus der Lage des Maximums im

Farbspektrum der Abstand vom Messkopf zur Probenoberfläche errechnet. Für die Grundlagen der berührungslosen Profilometrie mittels Weißlichtsensoren sowie für eine umfassende Übersicht zu typischen Oberflächenkenngrößen wird auf [**Vol05**] verwiesen.

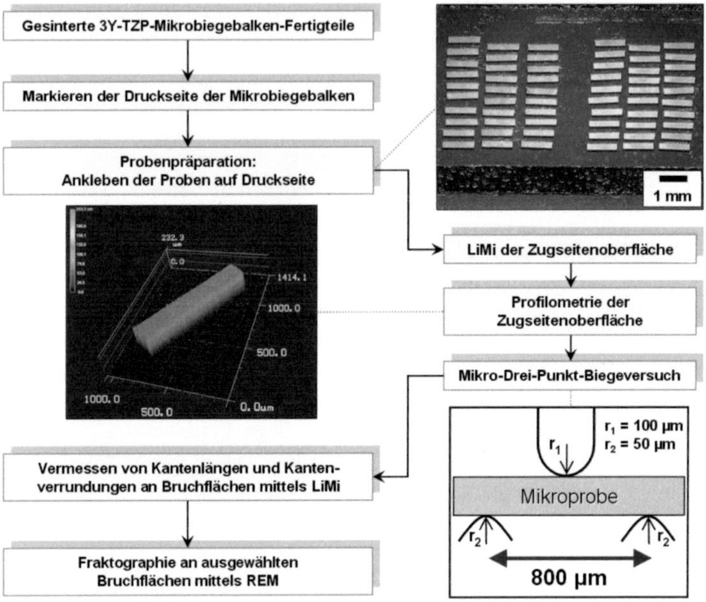

Abbildung 3.15: Übersicht zum typischen Verfahrensablauf der Charakterisierung von gesinterten 3Y-TZP-Mikrobiegebalken zur Ermittlung der Kenngrößen Drei-Punkt-Biegefestigkeit, Balkenquerschnitt, Kantenradius und Oberflächenrauhigkeit.

Die Oberflächencharakterisierung erfolgte durch Ermittlung der Kenngrößen $R_{Z,DIN}$ (gemittelte Rauhtiefe nach DIN 4768 [**DIN90**]) und R_V (Tiefe des größten Profiltales nach DIN EN ISO 4287 [**DIN10**]). Der in dieser Arbeit ermittelte Wert $R_{Z,DIN}$ stellt die gemittelte Rauhtiefe nach DIN 4768 dar, der als arithmetisches Mittel aus den Einzelrauhtiefen fünf aneinandergrenzender Einzelmessstrecken bestimmt wird und von der so genannten Zehnpunktehöhe $R_{Z,ISO}$ aus ISO 4287 [**ISO84**] zu unterscheiden ist. In der aktuellen DIN EN ISO 4287 [**DIN10**] ist der R_Z-Wert nach ISO 4287 gestrichen, so dass die Bezeichnung R_Z nun international einheitlich für die gemittelte Rauhtiefe entsprechend der DIN 4768 steht. Für die Rauhigkeitsmessung wurden die Mikrobiegeproben zunächst durch leichtes Andrücken mit einer Pinzette vorsichtig von der Sockelplatte abgebrochen. Nach optischer Begutachtung der Balkenseitenflächen wurde die Probenzugseite definiert, indem die Druckseiten mit einem Stift markiert wurden. Die Proben wurden dann mit der Druckseite auf einem Klebeband fixiert und in Reihe parallel angeordnet (**Abbildung 3.15**). Anschließend wurden die Proben mit dem Profilometer mit Hilfe eines eigens zusammengestellten Skripts automatisiert vermessen. An jeder Biegeprobe erfolgten je drei parallele Linienmessungen längs der Mikrobalken mit einer Gesamtmessstrecke von je 1 mm (entsprechende Einzelmessstrecke von 0,143 µm), woraus für jede Probe ein Kenngrößenmittelwert R_Z und R_V gebildet wurde. Eine normgerechte Wahl der Gesamtmessstrecke von 4 mm für R_Z-Werte zwischen 0,5-10 µm nach [**DIN90**] war aufgrund der Länge der Biegebalken von etwa 1,2 mm nicht möglich. Die in dieser Arbeit angegebenen Rauhigkeitskenngrößen repräsentieren Mittelwerte aus Messungen von jeweils 5-10 Mikroproben. Abweichende Probenzahlen sind an entsprechender Stelle gesondert gekennzeichnet.

3.2.2 Ermittlung der Drei-Punkt-Biegefestigkeit

Versuchsdurchführung und Auswertung

Für die Ermittlung der Drei-Punkt-Biegefestigkeiten wurde eine am IAM-WK (Institut für Angewandte Materialien - Werkstoffkunde, ehemals Institut für Werkstoffkunde I der Universität Karlsruhe) entwickelte Mikrouniversalprüfmaschine verwendet [**Obe00**, **Auh02, Roe10**]. Zur Kraftmessung wurde eine handelsübliche Kraftmessdose mit einer Maximalkraft von 100 N und einer Auflösung von 0,1 N eingesetzt. Ein elektrodynamischer Schwingerreger (S511, Tira, Deutschland) diente als Stellelement für das untere Auflager der Biegevorrichtung. Der Verfahrweg des Schwingerregers wurde mit Hilfe eines handelsüblichen kapazitativen Sensors mit einem Nennweg von 200 µm und einer Auflösung von 0,1 µm aufgenommen. Die Regelung und Steuerung der Prüfmaschine erfolgte rechnergestützt mit Software, die am IAM-WK entwickelt wurden. Für die oberen und unteren Auflager wurden mittels Drahterosion gefertigte Hartmetallelemente verwendet. Die Auflager sind unbeweglich und bestehen nicht, wie in der DIN EN 843-1 [**DIN08**] vorgesehen, aus frei beweglichen Rollen. Der Radius des oberen Auflagers beträgt 100 µm. Die unteren Auflager weisen zueinander einen Abstand von 800 µm und Radien von 50 µm auf. In **Abbildung 3.16** sind die verwendete Prüfmaschine und die Abmessungen der Biegeprüfvorrichtung dargestellt. Die Bestimmung der Biegefestigkeiten erfolgten quasistatisch und weggeregelt mit einer Verfahrgeschwindigkeit des Schwingerregers von 2 µm/s, woraus sich Belastungsgeschwindigkeiten von mindestens 400-500 MPa/s ergaben. Dadurch konnten unterkritische Risswachstumseffekte vermieden werden, die in der Regel in einem Bereich von bis zu 100 MPa/s zu beobachten sind [**Kol04**, **Mit11**].

Für eine kippungsfreie und parallele Positionierung der Proben mittig zum unteren und oberen Auflager wurde ein Probenanschlag verwendet und die Probenposition optisch mit Hilfe einer Zoomkamera überprüft. Nach korrekter Positionierung wurden die Proben vor der Messung mit einer Vorkraft von ca. 2 N eingespannt, um Setzeffekte bei einsetzender Belastung zu vermeiden. Nach erfolgreicher Messung wurde mit Hilfe der Bruchkraft und den Gleichungen in **Tabelle 3.6** die Bruchspannung σ_b ermittelt. Für die Berechnung der Bruchfestigkeit von unverrundeten Proben **(3.11)** wurde das Flächenträgheitsmoment eines ideal rechteckigen Probenquerschnitts nach Gleichung **(3.6)** verwendet. Bei verrundeten Biegeproben führt dies jedoch zu einer Unterschätzung der realen Festigkeiten. Für die Berechnung der realen Bruchfestigkeit $\sigma_{b,real}$ **(3.12)** wurde daher das entsprechende Flächenträgheitsmoment **(3.7)** verwendet. Zur Unterscheidung werden die idealen bzw. realen Bruchfestigkeitswerte in dieser Arbeit als $\sigma_{b,ideal}$ bzw. $\sigma_{b,real}$ bezeichnet. In **Abbildung 3.17** ist der Einfluss der Kantenverrundung auf die Verhältnis zwischen $\sigma_{b,real}$ und $\sigma_{b,ideal}$ dargestellt. Zum Beispiel wird bei Vorliegen einer Kantenverrundung von 25 µm der tatsächliche Festigkeitwert $\sigma_{b,real}$ um ca. 29 % unterschätzt. Die Bestimmung der Festigkeitsparameter erfolgte in Anlehnung an DIN EN 843-5 [**DIN07**] an Probenchargen von ca. 30 Biegeproben.

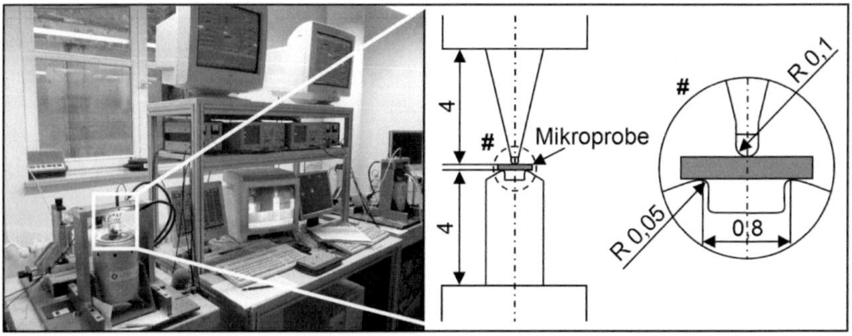

Abbildung 3.16: Verwendete Mikrouniversalprüfmaschine (links) und die geometrischen Maße der Biegeprüfvorrichtung (rechts) nach [**Roe10**].

Mit Hilfe der Gleichung **(2.35)** wurde die Größe von kritischen Defekten abgeschätzt, die für das Bruchversagen der Biegeproben verantwortlich sind. Der K_{Ic}-Wert von heißgegossenen 3Y-TZP-Mikrobiegeproben mit einer Korngröße von 0,3-0,4 µm und einem scharfen Riss mit der Anfangslänge $a_0 < 5$ µm beträgt ungefähr 3,0 MPam^{0,5} [**Roe10**]. Der Geometriefaktor Y hängt unter anderem auch von der Art und der Stelle der Lasteinleitung ab. Für den Fall einer Drei-Punkt-Biegung und einem Kerbriss in der Mitte der beiden Auflager lässt sich Y entsprechend der Gleichung **(3.5)** mit den entsprechenden

Parametern C_{ij} aus **Tabelle 3.7** darstellen [**Fet97**]. Da die Anfangsrisslänge a_0 nicht bekannt ist und die untersuchten Proben ein sehr flaches R-Kurven-Verhalten aufweisen [**Roe10**], wurde anstelle von a_0 in der Gleichung **(3.5)** die gesuchte kritische Defektgröße a_c eingesetzt. Der gesuchte Wert a_c wurde somit aus der Gleichung **(2.35)** iterativ ermittelt.

$$Y = \frac{\sqrt{\pi}}{\left(1-\frac{a_0}{h}\right)^{3/2}} \left[0{,}3738 \frac{a_0}{h} + \left(1-\frac{a_0}{h}\right) \sum_{v,w=0}^{4} C_{vw} \left(\frac{a_0}{h}\right)^{v} \left(\frac{h}{2L_A}\right)^{w} \right] \quad \textbf{(3.5)}$$

Tabelle 3.6: Flächenträgheits-, Widerstands- und Biegemomente von Mikrobiegebalken mit rechteckigem und verrundetem Querschnittsprofil sowie die daraus resultierenden Bruchfestigkeiten nach [**Auh06**].

Querschnittsprofil der Mikrobiegebalken	
ideal (rechteckig)	**real (verrundet)**
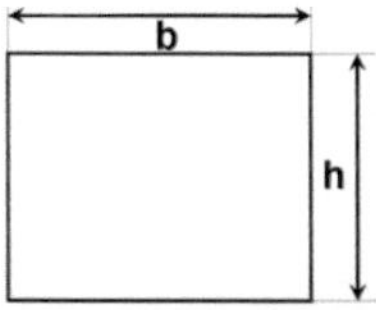	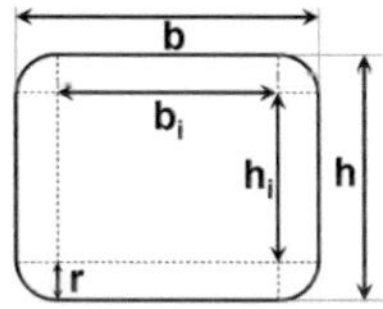
Flächenträgheitsmoment	
(3.6) $I_{y,ideal} = \frac{bh^3}{12}$	$I_{y,real} = \frac{1}{12} b_i r^3 + \frac{1}{4}(h_i + r)^2 b_i r + \frac{1}{12} h_i^3 r + \frac{1}{12} b_i h_i^3 + 4\left(\frac{1}{16}\pi r^4 + \frac{1}{3} r^3 h_i + \frac{1}{16}\pi h_i^2 r^2\right)$ **(3.7)**
Widerstandsmoment	
(3.8) $W_{y,ideal} = \frac{2I_{y,ideal}}{h}$	$W_{y,real} = \frac{2I_{y,real}}{2r + h_i}$ **(3.9)**
Biegemoment (Drei-Punkt-Biegung)	
$M_b = \frac{F_{max} L_A}{4}$ **(3.10)**	
Bruchfestigkeit	
(3.11) $\sigma_{b,ideal} = \frac{M_b}{W_{y,ideal}}$	$\sigma_{b,real} = \frac{M_b}{W_{y,real}}$ **(3.12)**

Tabelle 3.7: Parameter zur Bestimmung des Geometriefaktors Y [**Fet97**].

	C_{v0}	C_{v1}	C_{v2}	C_{v3}	C_{v4}
v = 0	1,1200	-0,2387	0,4317	-1,7351	2,4145
v = 1	-1,8288	-0,2573	-4,9847	16,9047	-18,2883
v = 2	2,9741	0,2706	18,6767	-60,4912	59,9239
v = 3	-2,4280	0,5627	-27,3447	87,7078	-85,2405
v = 4	0,6712	-0,5184	13,5837	-43,5421	42,3503

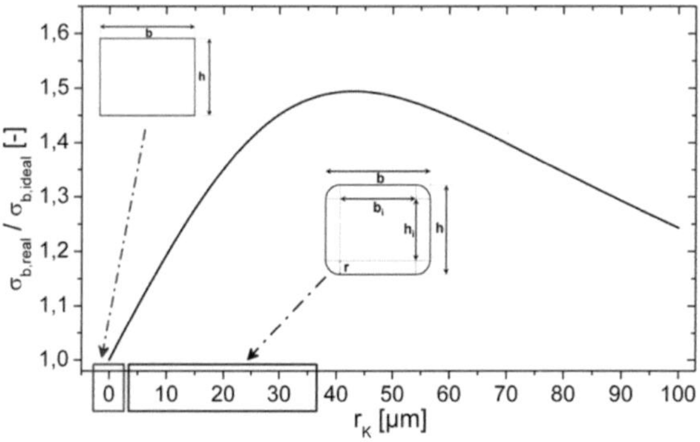

Abbildung 3.17: Zusammenhang zwischen Kantenradius r_K und Festigkeit $\sigma_{b,real}$, die aufgrund der Verwendung des tatsächlichen Widerstandsmomentes $W_{y,real}$ für verrundete Biegeproben höher liegen, als $\sigma_{b,ideal}$ (ideal rechteckiger Probenquerschnittsfläche).

Fehlerrechnung

Um den Einfluss der spezifischen Messbedingungen beim miniaturisierten Drei-Punkt-Biegeversuch auf die Bruchfestigkeit zu berücksichtigen, erfolgte die Bewertung von möglichen Fehlerquellen bei der experimentellen Durchführung. Als mögliche Fehlerquellen, die zu einer Abweichung von der tatsächlichen Bruchfestigkeit führen können, wurden festgestellt:

- Reibungskräfte zwischen der Probe und den statischen Auflagern
- Plastische Verformung der Auflager aufgrund von hohen Druckspannungen
- Fehler bei der Vermessung der Kantenlängen der Biegeproben
- Genauigkeit des Signals der Kraftmessdose
- Induzierte Kerbspannungen aufgrund scharfkantiger Auflager
- Probenverkippung um die Längsachse

- Probenverdrehung innerhalb der durch die unteren Auflager aufgespannten Prüfebene

Die Verwendung unbeweglicher Auflager führt zu einer Überschätzung $\Delta\sigma$ der tatsächlichen Bruchfestigkeit σ_b [**Doz92**, **Hoa76**, **Van06**], die mit Hilfe der Gleichung **(3.13)** aus [**Mun99**] berechnet werden kann. Die an den Auflagerpunkten wirkenden Reibungskräfte führen dazu, dass eine Verlängerung der Probe in der Zugzone bzw. eine Verkürzung in der Druckzone verhindert wird. Infolge dessen werden Momente induziert, die dem Belastungsmoment entgegenwirken, weshalb eine erhöhte, von außen aufzuwendende Belastung erforderlich wird [**Mun89**]. Bei der Drei-Punkt-Biegung tritt am oberen Lager praktisch keine Reibung auf, so dass der Ausdruck in **(3.13)** sich stark vereinfacht und bei dem $L_{A,O}$ (Abstand der oberen Auflager) gleich Null ist. Für eine Probenhöhe von h = 200 µm, einem Auflagerabstand von L_A = 800 µm und einem Reibungskoeffizienten μ = 0,3 für das Tribosystem TZP-Hartmetall [**Bas04**] ergibt sich damit eine Überschätzung der gemessenen Bruchfestigkeitswerte von ca. 9 %.

$$\Delta\sigma = \frac{2h\mu}{L_A - L_{A,O} - 2h\mu}\sigma_b \quad \textbf{(3.13)} \qquad \sigma_d = h\sqrt{\frac{\sigma_b E_{ZrO_2} E_{Auf}}{2r_{Auf}\pi l \cdot (1-\nu^2)(E_{ZrO_2} + E_{Auf})}} \quad \textbf{(3.14)}$$

Nach Lube et al. [**Lub97**] sind bei der Miniaturisierung von Biegeversuchen auch die auf die Auflager wirkenden Druckspannungen zu berücksichtigen, die zu einer plastischen Verformung der Auflager führen können. Daher muss die Druckfestigkeit des Auflagerwerkstoffs über den bei der Messung auftretende Druckspannung liegen, die mit Hilfe der Gleichung **(3.14)** berechnet wird. Für typische Werte h = 200 µm, L_A = 800 µm, σ_b = 2000 MPa, einer Querkontraktionszahl υ = 0,22 für ZrO_2 [**Mun99**], E_{ZrO2} = 200 GPa [**Mat96**], einem typischen Hartmetallwerkstoff mit E_{Auf} = 430 GPa [**Deg02**] und einem Auflagerradius r_{Auf} von 50 µm errechnet sich ein Wert für σ_d von ca. 6,8 GPa. Die berechnete Druckspannung liegt somit über der charakteristischen Druckfestigkeit des Hartmetalls von etwa 5,3 GPa [**Deg02**]. Der Gleichung **(3.14)** liegt die Berechnung der Flächenpressung nach den Hertz'schen Gleichungen in der Konstellation Zylinder gegen Fläche zugrunde. Dass an den Auflagern dennoch keinerlei plastische Verformung zu beobachten gewesen ist, lässt sich dadurch erklären, dass in diesem Fall zwei Annahmen der Hertz'schen Pressung verletzt werden: Reibungsfreiheit an der Kontaktfläche und die Bedingung der Abplattung (Kontaktfläche deutlich kleiner als die Abmessung der Körper) [**Dub97**]. Zur Bestimmung der Standardabweichung bei der Vermessung der Kantenlängen der Proben wurden Wiederholungsmessungen durchgeführt. Bei den Messungen mit dem Lichtmikroskop wurde dabei eine Abweichung von maximal 2 µm ermittelt, die unabhängig vom Absolutbetrag der Abmessungen ist.

Für die Wiederholgenauigkeit des Signals der Kraftmessdose gilt, dass die Standardabweichung für einen Kraftwert von 20 N bei etwa 40 mN liegt [**Roe10**]. Mit Hilfe des Gauß'schen Fehlerfortpflanzungsgesetzes [**Dub97**] wurde errechnet, dass die beiden voneinander unabhängigen Unsicherheiten zu einer zusätzlichen Standardabweichung der Bruchfestigkeitswerte von 2 % führen. Induzierte Kerbspannungen in der Probe aufgrund scharfkantiger Auflagerpunkte [**Lub97**] können bei den verwendeten Auflagerradien von 50 µm bzw. 100 µm im Verhältnis zur Probenbreite von etwa 200 µm jedoch vernachlässigt werden. Bei einer fehlerhaften Ausrichtung der Probe bzw. der Biegevorrichtung ist es allerdings möglich, dass es zu einer Verkippung der Biegeprobe um ihre Längsachse kommt. In diesem Fall erfährt die auf der Zugseite weiter unten liegende Kante eine erhöhte Beanspruchung, die zu niedrigeren Bruchfestigkeitswerten führt. Mit Hilfe der Finite-Elemente-Methode konnte Auhorn [**Auh06**] nachweisen, dass bei 3Y-TZP-Mikrobiegeproben mit ideal rechteckigem Querschnitt eine Verkippung um 5° bzw. 10° zu einer Erhöhung des Beanspruchungsmaximums von etwa 8 % bzw. 20 % und somit zu einer Unterschätzung der tatsächlichen Bruchfestigkeit führt. Trotz Annahme einer sorgfältigen Ausrichtung der Biegevorrichtung kann eine Verkippung um nur wenige Grad nicht ausgeschlossen werden. Eine Probenverdrehung innerhalb der durch die unteren Auflager aufgespannten Prüfebene kann jedoch ausgeschlossen werden, da die Ausrichtung der Mikroproben auf den unteren Auflagern mit Hilfe eines Probenanschlags durchgeführt und anschließend mit einer Zoomkamera optisch überprüft wurden. Daher kann angenommen werden, dass sich unter Berücksichtigung der bei der Festigkeitsbestimmung verursachten Fehler (Reibungseffekt, Probenverkippung max. 5°, Probenvermessung und Kraftmessdose) eine Fehlergrenze von 1 ± 2 % ergibt und diese bei Angabe der Festigkeitswerte daher vernachlässigt wird.

Fraktographie

Für die Untersuchungen an den Bruchflächen der Mikroproben wurde neben dem REM auch ein digitales Lichtmikroskop verwendet. Aufgrund der wesentlich einfacheren und schnelleren Realisierung lichtmikroskopischer Aufnahmen bei einem Probenvolumen von mehr als 400 Mikroproben, wurde die Lichtmikroskopie neben der Vermessung von Kantenlängen und Kantenradien auch dazu benutzt, um eine Aussage über die Art und die Position der bruchauslösenden Fehler zu machen. Aufgrund der oftmals sehr geringen Defektgröße war es allerdings nicht immer möglich, die Oberflächendefekte genauer zu spezifizieren. Daher werden die Oberflächedefekte, bei denen die Art und Größe nicht genau bestimmt werden konnte, mit „OD-X“ gekennzeichnet. Mit Hilfe der Rasterelektronenmikroskopie wurde anschließend die

Defektstruktur von ausgewählten Bruchflächen im Einzelnen näher untersucht. Eine schematische Darstellung zu den Defektarten- und positionen sowie die für die Klassifizierung der Defekte verwendeten Abkürzungen finden sich in **Abbildung 3.18** und **Tabelle 3.8**.

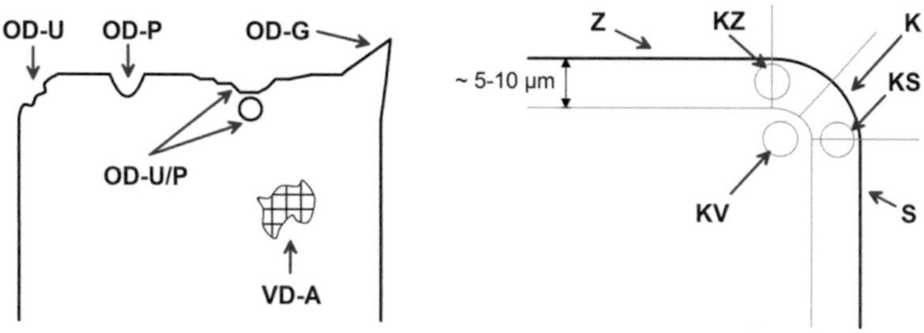

Abbildung 3.18: Schematische Darstellung der Fehlerarten (links) und Fehlerorte zur fraktographischen Analyse der versagenslösenden Defekte (rechts) nach [**Roe10**].

Tabelle 3.8: Einteilung und Klassifizierung von Fehlerart und Fehlerort nach [**Roe10**].

Fehlerart			Fehlerort	
VD	Volumendefekt		Z	Zugseite
	-A	Agglomerat	S	Probenseite
OD	Oberflächendefekt		K	Kante
	-P	Pore	KZ	Übergang Zugseite-Kante
	-U	Unebenheit	KV	Übergang Kante-Volumen
	-G	Grat	KS	Übergang Kante-Probenseite
	-U/P	Unebenheit und Pore		
	-X	nicht spezifiziert		

4 Ergebnisse und Diskussion

In diesem Kapitel werden zunächst die rheologischen Eigenschaften von ZrO_2-Paraffinwachs-Formmassen behandelt (**Kapitel 4.1**). Anschließend werden relevante material- und prozessspezifische Einflussfaktoren auf die Oberflächenrauhigkeit und Kantenverrundung von heißgegossenen ZrO_2-Mikrobiegebalken während der thermischen Entbinderung vorgestellt (**Kapitel 4.2**). Schließlich wird der Einfluss der Herstellung auf die mechanischen Eigenschaften gesinterter 3Y-TZP-Mikrobiegebalken beschrieben und die Oberflächendefektausheilung während der Entbinderung bestätigt (**Kapitel 4.3**).

4.1 Rheologische Eigenschaften von ZrO_2-Paraffinwachs-Formmassen

Die Kenntnis der rheologischen Eigenschaften der verwendeten ZrO_2-Paraffinwachs-Formmassen stellt eine wesentliche Voraussetzung für das Verständnis der Ergebnisse aus den Beobachtungen zum Entbinderungsverhalten der heißgegossenen Mikrobiegebalkenproben dar. Mit Hilfe der Variation der Dispergatormenge lässt sich nicht nur das Fließverhalten der Formmassen gezielt einstellen (**Kapitel 4.1.1**), sondern auch die Formstabilität der Mikroproben während der thermischen Entbinderung beeinflussen. Aus temperaturabhängigen Messungen zum rheologischen Verhalten konnten wichtige Erkenntnisse gewonnen werden (**Kapitel 4.1.2**), die für die Interpretation der bei der Entbinderung beobachteten Vorgänge nützlich sind. Eine besondere Erkenntnis stellen dabei die Beobachtungen zur Lagerungsstabilität der Formmassen dar (**Kapitel 4.1.3**), woraus sich Vorgaben für die Reproduzierbarkeit der rheologischen Eigenschaften ergeben.

4.1.1 Einfluss der Dispergatorkonzentration

Dispergatoren sind grenzflächenaktive Substanzen, die hauptsächlich für die sterische Stabilisierung von keramischen Suspensionen verwendet werden. Die Stabilisierung ist umso höher, je größer die abstoßenden sterischen Kräfte zwischen den einzelnen Pulverpartikeln sind. Neben der chemischen Struktur der Dispergatormoleküle stellt die Menge des beigemischten Dispergators, auch Dispergatorkonzentration genannt, einen wesentlichen Parameter zur Steuerung der Stabilität und Fließgrenze einer Suspension dar. In **Abbildung 4.1-a** sind die Deformationskurven von ZrO_2-Paraffinwachs-Formmassen mit variierender Dispergatorkonzentration m_{disp} dargestellt. Die Messkurven stammen aus vergleichbaren Messungen an Formmassen jeweils am selben Tag der Herstellung bei einer Standardtemperatur von 90°C. Es ist erkennbar, dass die Fließgrenze τ_0 mit steigender Dispergatorkonzentration abnimmt. Ähnliche Beobachtungen sind auch aus der Literatur bekannt [**Len00, Liu99b, Son96a, Tse99a, Tse01**]. Es ist anzunehmen, dass sich die Dispergatormoleküle entsprechend der Modellvorstellung in **Abbildung 2.9** mit ihren polaren funktionellen (COOH)-Gruppen an der Oberfläche der ZrO_2-Pulverpartikel durch Ausbildung von Wasserstoffbrückenbindungen physiosorbieren [**Cha95, Mol95**]. Mit einer zunehmenden Oberflächenbelegung der Pulverpartikel durch Dispergatormoleküle nehmen die anziehenden Kräfte zwischen den Pulverpartikeln ab [**Liu98, Liu99a, Liu00**], was sich letztlich in einer Fließgrenzenabnahme äußert (**Abbildung 4.1-b**).

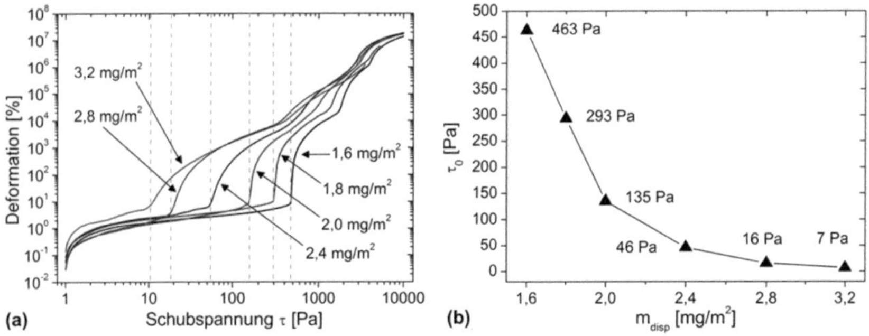

Abbildung 4.1: (a) Deformationskurven der untersuchten Formmassen und (b) resultierende Fließgrenzen τ_0 in Abhängigkeit von der Dispergatorkonzentration m_{disp} bei 90°C.

Zur Verdeutlichung dieser Annahmen wurden entsprechend der SD-Methode zeitabhängige Kontaktwinkelmessungen von Paraffinwachstropfen mit variierender Dispergatorkonzentration (0,0 / 1,6 / 2,4 / 3,2 mg/m²) auf der Oberfläche einer dicht gesintertem ZrO_2-Scheibe aus PSZ durchgeführt. In **Abbildung 4.2** ist erkennbar, dass die Paraffinwachstropfen einen stationären Gleichgewichtszustand bei einem Kontaktwinkel von etwa 12° erreichen und nicht mehr spreiten, da das unpolare Wachs mit der polaren ZrO_2-Oberfläche nicht genug benetzt. Im Gegensatz dazu erreichen Tropfen aus einer Mischung von Wachs und Dispergator keinen stationären Zustand. Die Tropfen spreiten immer mehr, bis kein Kontaktwinkel mehr messbar ist. Außerdem fällt der Kontaktwinkel umso kleiner aus, je höher die Dispergatorkonzentration ist. Es ist anzunehmen, dass die funktionellen Gruppen der Dispergatormoleküle an die polare ZrO_2-Oberfläche physiosorbieren, während ihre unpolaren

Molekülketten in das Wachs hineinragen (siehe **Abbildung 2.9**). Diese Ergebnisse liefern eine anschauliche Beschreibung des Benetzungsverhaltens des unpolaren Wachses mit der polaren Oberfläche der ZrO_2-Partikel, wenn eine grenzflächenaktive Substanz zugegeben wird. Sie verdeutlichen auch die in **Abbildung 4.1** dargestellte Abnahme der Fließgrenze mit zunehmendem m_{disp}.

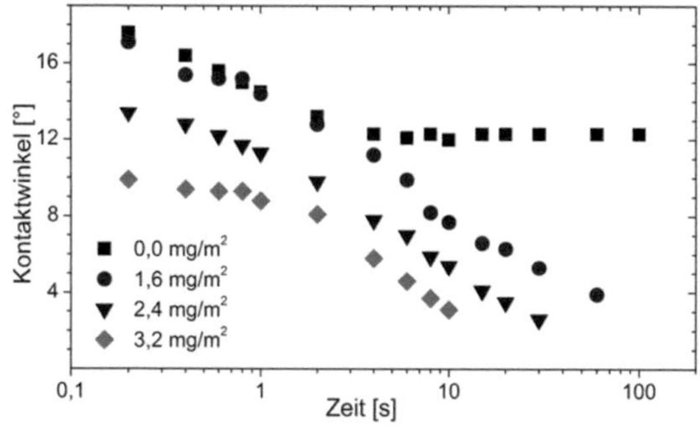

Abbildung 4.2: Zeitabhängiger Kontaktwinkel von Paraffinwachstropfen mit variierendem m_{disp} auf einer dicht gesinterten PSZ-Oberfläche (Messung bei 90°C und 0 % rF).

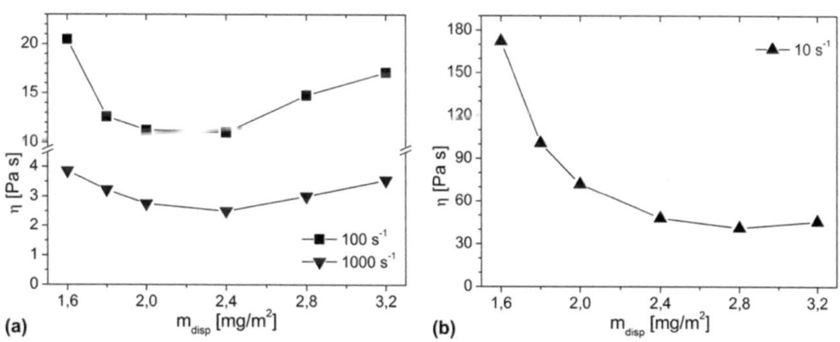

Abbildung 4.3: Abhängigkeit der Formmassenviskosität η von der Dispergatorkonzentration m_{disp} bei unterschiedlichen Scherraten: (a) 1000 s^{-1} bzw. 100 s^{-1} und (b) 10 s^{-1}.

Ähnlich wie die Fließgrenze nimmt auch die Viskosität mit zunehmendem Dispergatorgehalt ab, steigt jedoch nach Durchlaufen eines Minimums wieder an (**Abbildung 4.3**). Bei einer Scherrate von 1000 s^{-1} liegt dieses Minimum bei einer Dispergatorkonzentration von etwa 2,4 mg/m^2, während es für die Scherraten von 100 s^{-1} bzw. 10 s^{-1} bei 2,0-2,4 mg/m^2 bzw. bei 2,8-3,2 mg/m^2 liegt. Untersuchungen zu Viskositätsminima bei rheologischen Messungen finden sich auch in der Literatur [**Mol95, Zue05**]. Der wesentliche Grund für ein derartiges Fließverhalten wird in der Verschlaufung der unpolaren Molekülketten des Dispergators gesehen, die besonders bei einem überschüssigen Dispergatoranteil und im gescherten Zustand zu beobachten ist. Theoretisch ist es aber auch möglich, dass bei einer derart hohen Dispergatorkonzentration eine Vernetzung der funktionellen Gruppen der Dispergatormoleküle erfolgt und es dadurch zu einer Viskositätserhöhung kommt [**Nov97**]. Da die Lage des Minimums jedoch scherratenabhängig ist, wird vermutet, dass es sich eher um scherratenabhängige Verschlaufungseffekte und somit um intermolekulare Wechselwirkungen handelt. Diese Vermutung wird durch die Ausbildung eines Viskositätsminimums, das bei sehr niedrigen Scherraten (10 s^{-1}) erst an der oberen Grenze des untersuchten Konzentrationsbereiches liegt, bestärkt. Das wesentliche Problem bei der Bewertung von rheologischen Ergebnissen besteht darin, dass die chemische Struktur des verwendeten Dispergators nicht genau bekannt ist. In **Kapitel 3.1.1** wurde bereits erläutert, dass es sich bei Hypermer LP1 sehr wahrscheinlich um ein Oligomer von 12-HSA bzw. SA handelt. Zudem konnte mit GPC-Messungen gezeigt werden, dass 12-HSA Bestandteil von Hypermer LP1 ist und dieser durchaus identisch zu einem weiteren kommerziellen Dispergator Solsperse 3000 ist. Aus der Literatur [**Mol95**] ist bekannt, dass es sich bei Solsperse 3000 um ein Pentamer aus vier Einheiten 12-HSA und einer Einheit SA handelt, woraus sich ein theoretisches Molekulargewicht von 1414 g/mol ergibt. Dennoch besteht eine gewisse Unsicherheit über die genaue Zusammensetzung und chemische Struktur der Substanz.

Der in **Abbildung 4.3** dargestellte Zusammenhang wird in der Literatur auch häufig dazu benutzt, um die charakteristische Dispergatormenge für die Ausbildung einer monomolekularen Schicht an Dispergatormolekülen zu ermitteln [**Mol95, Zue05**]. Dabei geht man davon aus, dass eine vollständige Oberflächenbelegung der Pulverpartikel einer höchstmöglichen Stabilisierung der Suspension entspricht, was sich in einem Viskositätsminimum äußern soll. Demnach erfolgt bei den untersuchten Formmassen die Bildung einer monomolekularen Dispergatorschicht bei einem Wert von 2,4 mg/m^2, wenn Scherraten von 100 s^{-1} bzw. 1000 s^{-1} zugrunde gelegt werden. In der Literatur finden sich vergleichbare Werte mit ähnlichen Systemen. Zürcher und Graule [**Zue05**] ermittelten bei Verwendung von Solsperse 3000 für ZrO_2-Kerosin-Suspensionen ein Viskositätsminimum bei 2,3 mg/m^2. Doroszkowski und Lambourne [**Dor71**] führten Untersuchungen zur Oberflächenbelegung von sphärischen Polymerpartikeln mit 12-HSA durch. Mittels quantitativer Dünnschichtchromatographie konnten sie zeigen, dass eine optimale Oberflächenbelegung bei 2,0 mg/m^2 vorliegt. Hanemann et al. [**Han10**] stellten fest, dass sich bei der Verwendnung von Stearinsäure für ZrO_2-Paraffinwachs-Formmassen ein Viskositätsminimum bei 2,2 mg/m^2 einstellt.

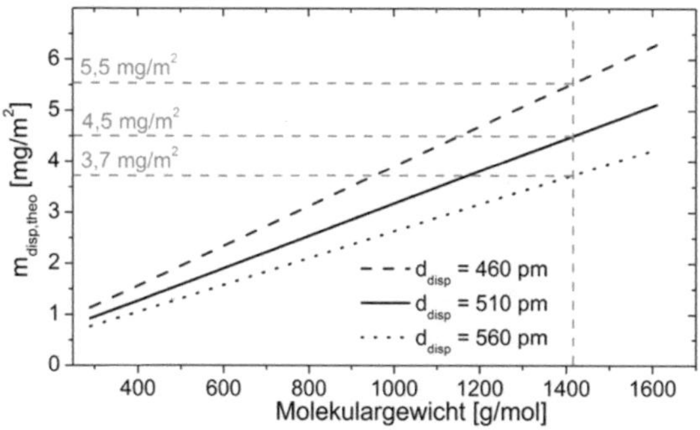

Abbildung 4.4: Theoretische Dispergatorkonzentration nach Gleichung **(4.1)** für die Bildung einer monomolekularen Schicht aus Dispergatormolekülen auf der Oberfläche von sphärischen Pulverpartikeln.

$$m_{disp,theo} = \frac{24 m_p M_{disp}}{\pi d_p N_A d_{disp}^2 \rho_p} \tag{4.1}$$

Mit Hilfe eines von Li et al. [**Li07**] entwickelten Adsorptionsmodells ist es möglich, für ein Pulver mit theoretisch einheitlicher Partikelgröße den für die Bildung einer monomolekularen Schicht benötigten Dispergatorgehalt $m_{disp,theo}$ unter Verwendung der Gleichung **(4.1)** abzuschätzen. Dabei steht m_p für die Masse des Pulvers, M_{disp} für das Molekulargewicht des Dispergators, d_p und d_{disp} für die mittlere Partikelgröße des Pulvers bzw. für den mittleren Durchmesser der funktionellen polaren Gruppe des Dispergators, ρ_p für die Pulverdichte und N_A für die Avogadrokonstante. Mit den Werten für M_{disp}, d_p und ρ_p aus **Kapitel 3.1.1** sowie für einen typischen Wert von 510 pm [**Li07**] für d_{disp} ergibt sich der in **Abbildung 4.4** dargestellte Zusammenhang mit einem charakteristischen Wert für $m_{disp,theo}$ von 4,5 mg/m^2. Für niedrigere bzw. höhere Werte für d_{disp} liefert die Gleichung **(4.1)** entsprechend höhere bzw. niedrigere Werte von 5,5 mg/m^2 bzw. 3,7 mg/m^2. Die berechneten Werte weichen allerdings deutlich von dem aus den rheologischen Messungen resultierenden Wert von 2,4 mg/m^2 ab. Der Grund für die Überschätzung durch **(4.1)** liegt darin, dass das Adsorptionsmodell eine starke Vereinfachung der tatsächlichen Zustände in der Suspension darstellt. So wird in dem Modell nach Li et al. vorausgesetzt, dass sich die Dispergatormoleküle einfach und senkrecht zur Partikeloberfläche anlagern, wie auch in [**Phi85**] und [**Kip64**] für typische Fettsäuren wie SA angenommen wird. Mehrfache Anlagerung eines Moleküls aufgrund funktioneller Seitengruppen sowie eine mögliche parallele Anordnung der Dispergatormoleküle zur Partikeloberfläche werden in diesem Modell nicht berücksichtigt. Daher ist es nicht verwunderlich, dass anhand der Gleichung **(4.1)** der experimentelle Wert von 2,4 mg/m^2 erst erreicht werden kann, wenn der mittlere

Durchmesser der polaren funktionellen Gruppe der Dispergatormoleküle d_{disp} einen Wert von etwa 700 pm aufweisen würde. In [**Han10**] wird dem Adsorptionsmodell nach Li et al. eine sehr gute Übereinstimmung mit dem experimentell ermittelten Wert von etwa 2,2 mg/m^2 zugeschrieben. Jedoch wird in dieser Arbeit statt des gemessenen d_p-Wertes ein theoretisch ermittelter Wert für d_p verwendet, weshalb es erst dann zu einer Übereinstimmung mit dem vorhergesagten Wert kommt.

Die Verwendung von rheologischen Untersuchungen stellt eine übliche, jedoch nicht völlig hinreichende Methode zur Bestimmung der Dispergatorkonzentration für eine monomolekulare Partikeloberflächenbelegung dar. Im Gegensatz zum experimentell ermittelten charakteristischen Konzentrationswert von 2,4 mg/m^2 aus den rheologischen Untersuchungen, wurde anhand von Adsorptionsversuchen ein Wert von 1,7 mg/m^2 ermittelt. Hierzu wurden verdünnte ZrO_2-Cyclohexan-Suspensionen mit variierender Dispergatorkonzentration hergestellt. Als Lösungsmittel wurde Cyclohexan verwendet, da es ähnliche Werte für die dielektrische Konstante [**Lan11, Len00**] und Oberflächenspannung [**Hel09, Wad99**] wie Paraffinwachs besitzt. Nach der Entfernung des Lösungsmittels mit Hilfe eines Rotationsverdampfers wurde durch Auslagern des Pulver-Dispergator-Gemisches für 6 h bei 150°C eine Chemisorption der Dispergatormoleküle auf den Pulverpartikeln erreicht. Die chemische Wechselwirkung zwischen Dispergator und Pulver bei der thermischen Behandlung ist auf eine Polykondensationsreaktion zurückzuführen [**Wol89**]. Mit Hilfe einer Extraktionsapparatur nach Soxhlet wurde das thermisch behandelte Pulver dann in Cyclohexan für 2 h im Rückfluss gekocht und somit der überschüssige, nicht-chemisorbierte Anteil an Hypermer LP1 ausgewaschen. Die Masse der chemisorbierten monomolekularen Dispergatorschicht konnte dann anschließend durch thermogravimetrische Analyse bestimmt werden. Dabei wurde ein spezifischer Konzentrationswert von 1,7 mg/m^2 ermittelt. Die Abweichungen bei der Ermittlung der optimalen Dispergatorkonzentration für eine monomolekulare Oberflächenbelegung des Pulvers mittels rheologischen Messungen (hier: 2,4 mg/m^2), theoretischer Berechnung anhand des Adsorptionsmodells (hier: 4,5 mg/m^2) sowie Adsorptionsversuchen (hier: 1,7 mg/m^2) ist auch von anderen Untersuchungen bekannt [**Bur09**]. Die Grenze für die Herstellbarkeit und Verarbeitbarkeit der untersuchten Formmassen liegt bei einer Konzentration von 1,6 mg/m^2. Daher wird vermutet, dass der mittels Adsorptionsversuchen ermittelte Wert von 1,7 mg/m^2 den realen Zustand eher beschreibt.

Zur Beurteilung der Fließfähigkeit der Formmassen wurden die Viskositätswerte in doppeltlogarithmischer Auftragung unter Verwendung von Gleichung **(2.7)** ausgewertet (**Abbildung 4.5-a**). Dabei stellt der so genannten Fließindex n ein Maß für die Abweichung vom idealen newton'schen Fließverhalten ($n = 1$) dar. Für den Fall $n > 1$ liegt dilatantes Fließverhalten vor, während $n < 1$ für das

Vorhandensein von Pseudoplastizität (scherverdünnendes Verhalten) steht. Für den Konzentrationsbereich von 1,6-2,8 mg/m^2 wurde ein Zusammenhang zwischen den Fließindices und der entsprechenden Dispergatorkonzentration gefunden (**Abbildung 4.5-b**). Dies wird auf das verbesserte Fließverhalten der Formmassen mit zunehmender Dispergatorkonzentration zurückgeführt. Die Werte für das Bestimmtheitsmaß R^2 der linearen Regression (**Abbildung 4.5-a**) zeugen von einer guten Kurvenanpassung an die Fließkurvenmesspunkte. Bei den Formmassen mit einer höheren Dispergatorkonzentration als 2,8 mg/m^2 konnte kein weiterer Anstieg im Fließindex beobachtet werden. Dies deutet darauf hin, dass sich bei einer weiteren Erhöhung der Dispergatormenge das Fließverhalten nicht mehr ändert. Eine Erhöhung der Menge von 2,8 mg/m^2 auf 3,2 mg/m^2 führt dagegen zu einer weiteren Abnahme der Fließgrenze von 16 Pa auf 7 Pa (**Abbildung 4.1-b**), was für die daraus hergestellten Mikroproben weit reichende Konsequenzen auf deren Formstabilität während der thermischen Entbinderung hat (siehe **Kapitel 4.2.1**).

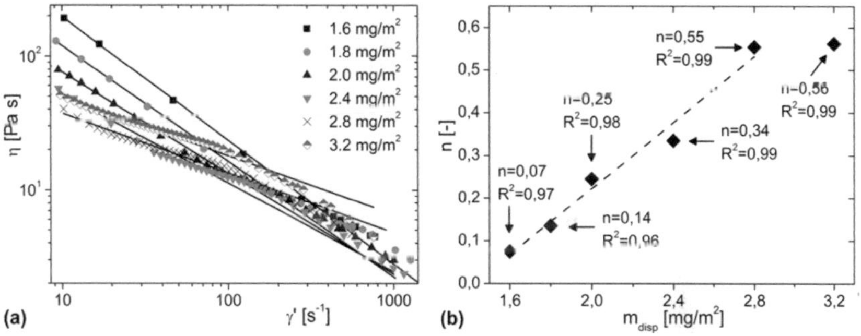

Abbildung 4.5: (a) Scherratenabhängige Fließkurven von Formmassen mit variierender Dispergatorkonzentration und daraus ermittelte Ausgleichsgeraden sowie (b) Darstellung der daraus resultierenden Fließindices *n*.

Zur Unterscheidung vom maschinellen Niederdruckspritzgießen (LPIM) wird das manuelle Heißgießen (HM), als eine spezielle Variante des LPIM, oftmals auch als druckloses HM bezeichnet [**Auh06, Kas08, Roe10**]. Die Bezeichnung „drucklos" ist daher sinnvoll, da beim manuellen Heißgießen, im Gegensatz zum LPIM, bei der Formgebung kein maschinell erzeugter externer Druck auf die Formmasse aufgebracht wird. Trotzdem muss auch beim manuellen Heißgießen während der Formgebung ein gewisser Druck vorhanden sein, damit die Formfüllung der Mikrokavitäten überhaupt erfolgen kann (zum Beispiel durch das manuelle Klopfen der befüllten Silikonform auf eine feste Unterlage). Mit Hilfe der Gleichungen **(2.20)** und **(2.21)** ist es möglich, das

Geschwindigkeitsprofil der scherverdünnenden Formmassen bei Vorliegen einer laminaren Rohrströmung durch eine Mikrokavität mit einem kreisrunden Querschnitt von 250 µm und einer Länge von 1200 µm abzuschätzen. Die Ergebnisse der Berechnungen sind in **Abbildung 4.6-a** dargestellt. Dabei wurde ein Formfüllungsdruck von ca. 0,1 MPa angenommen. Nach [**Mil72**] sind die Abweichungen bei Vergleich von Strömungen durch kreisrunde bzw. quadratische Querschnitte vernachlässigbar. In **Abbildung 4.6-a** ist erneut erkennbar, dass eine zunehmende Dispergatorkonzentration zu einem besseren Fließverhalten der Formmassen führt. Während bei niedrigen Konzentrationswerten das Geschwindigkeitsprofil der Formmassen einem stumpfen Kegel ähnelt, nimmt sie mit steigenden Konzentrationswerten eine immer parabelähnlichere Form an. Hierbei fällt auf, dass das Profil der Formmassen mit 2,8 mg/m^2 und 3,2 mg/m^2 identisch ist, was auf die ebenfalls ähnlichen Werte für die Fließindices von 0,55 und 0,56 zurückzuführen ist (**Abbildung 4.5-b**). Die Existenz einer Fließgrenze wurde bei der Berechnung in **Abbildung 4.6-a** nicht berücksichtigt. Weiterhin wurden die Gleichungen **(2.22)** und **(2.23)** dazu verwendet, um den bei der Formfüllung auftretenden Formfüllungsdruck in Abhängigkeit von den resultierenden Scherraten abzuschätzen. Typische Scherraten, die beispielsweise bei Rohrströmungen auftreten, liegen in einem Bereich von bis zu 10^3 s^{-1} [**Mei03**]. In diesem Fall ergibt sich für das manuelle Heißgießen entsprechend **(2.23)** ein typischer Formfüllungsdruck von bis zu 0,06 MPa (**Abbildung 4.6-b**). Wie erwartet, liegt der Spritzdruck beim manuellen Heißgießen unterhalb des für das maschinengestützte LPIM typischen Bereiches von 0,1 MPa bis 5 MPa (siehe **Tabelle 2.3**).

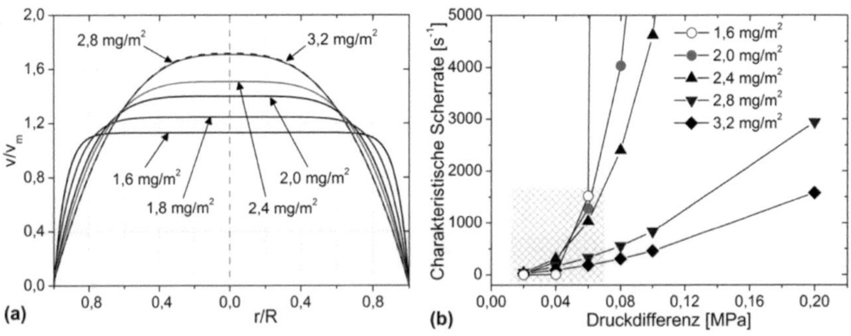

Abbildung 4.6: (a) Auf die mittlere Fließgeschwindigkeit **(2.21)** bezogenes Geschwindigkeitsprofil **(2.20)** von Formmassen mit variierender Dispergatorkonzentration; (b) resultierende repräsentative Scherraten in Abhängigkeit von dem bei der Formfüllung auftretenden Drucks nach Gleichung **(2.23)**.

4.1.2 Einfluss der Temperatur

Die Temperatur stellt einen wichtigen Prozessparameter dar, mit dem die Fließeigenschaften von ZrO_2-Paraffinwachs-Formmassen beeinflusst werden kann. Neben einer verbesserten Fließfähigkeit bei der Formmassenherstellung führt eine Erhöhung der Temperatur auch zu einer Abnahme der Fließgrenze. Dies hat insbesondere bei der thermischen Entbinderung von heißgegossenen Mikroproben Konsequenzen auf deren Formstabilität (siehe **Kapitel 4.2.1**).

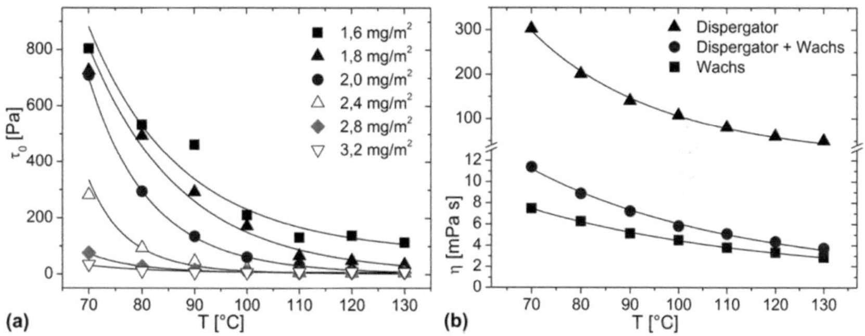

Abbildung 4.7: (a) Temperaturabhängigkeit der Fließgrenze τ_0 von ZrO_2-Paraffinwachs-Formmassen mit variierender Dispergatorkonzentration; (b) Temperaturabhängigkeit der Viskosität η (bei 100 s^{-1}) von Dispergator, Paraffinwachs und einer Mischung daraus entsprechend einer Dispergatorkonzentration von 2,0 mg/m^2.

In **Abbildung 4.7-a** ist die Temperaturabhängigkeit der Fließgrenze von ZrO_2-Paraffinwachs-Formmassen mit unterschiedlichen Dispergatorgehalten dargestellt. Es ist deutlich erkennbar, dass die Fließgrenze mit einer steigenden Verarbeitungstemperatur abnimmt. Diese Abnahme ist umso schwächer ausgeprägt, je höher der Dispergatorgehalt ist. Mit zunehmender Dispergatorkonzentration führen die zunehmenden repulsiven sterischen Kräften zwischen den Partikeln zu einer Abnahme der internen Strukturkräfte im Fluid. Dadurch kommt es zu einer Abnahme der Mindestkraft, die überschritten werden muss, um die Formmasse in den fließfähigen Zustand zu bringen, was sich schließlich in einer Fließgrenzenerniedrigung äußert [**Liu98**]. Der Grund für die Fließgrenzenabnahme mit steigender Temperatur liegt in der relativ hohen Wärmeausdehnung des Paraffinwachses von etwa 10^{-3} K^{-1} [**Sch07**] im Vergleich zum ZrO_2-Pulver mit etwa 10^{-6} K^{-1} [**Mun99**]. Die Wärmeausdehnung des Wachses führt dazu, dass dessen Volumenanteil zunimmt und somit der Feststoffgehalt der Formmasse praktisch verringert wird [**Ger90**]. Somit stehen pro Volumen weniger Pulverpartikel in Wechselwirkung, als ursprünglich. In diesem Fall nimmt der Feststoffgehalt von 50 Vol.-% bei Raumtemperatur (**Tabelle 3.3**) auf etwa 46 Vol.-% bei 90°C ab (Reduzierung der Dichte von Wachs von 0,91 g/cm³ auf 0,78 g/cm³). Daher ist zu beachten, dass die Angabe des Feststoffgehaltes von Formmassen in der Regel auf den Wert bei Raumtemperatur, also im erstarrten Zustand, bezogen ist.

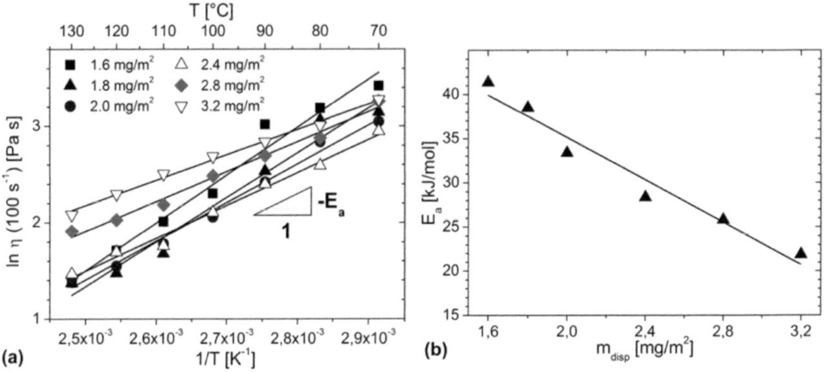

Abbildung 4.8: (a) Arrhenius-Darstellung der Temperaturabhängigkeit der Formmassenviskosität und (b) daraus resultierende, rechnerisch ermittelte Fließaktivierungsenergien E_a der ZrO_2-Paraffinwachs-Formmassen mit variierendem Dispergatorgehalt m_{disp}.

$$\ln\eta = \ln\eta_0 - \frac{E_a}{RT} \tag{4.2}$$

Ähnlich wie bei der Fließgrenze lässt sich bei der Formmassenviskosität ein exponentieller Zusammenhang mit der Temperatur feststellen. Dieser Zusammenhang wird durch die Arrhenius-Gleichung **(2.9)** beschrieben und auf das temperaturabhängige Fließverhalten des Paraffinwachses und des Dispergators zurückgeführt (**Abbildung 4.7-b**). Durch Logarithmieren von Gleichung **(2.9)** erhält man die Geradengleichung **(4.2)** mit dem Achsenabschnitt $ln(\eta_0)$, in der die Geradensteigung die Fließaktivierungsenergie E_a darstellt. Mit Hilfe linearer Regression kann somit E_a berechnet und die Temperaturabhängigkeit der Formmassen dargestellt werden (**Abbildung 4.8-a**). Die Fließaktivierungsenergie E_a kennzeichnet die Energie, die nötig ist, um die Wechselwirkung zwischen benachbarten Molekülen bzw. Partikeln in einem Fluid zu überwinden [**Mez06**]. Die benötigte Energie ist umso höher, je höher die Wechselwirkung im Fluid bzw. die inneren Strukturkräfte sind. In **Tabelle 4.1** finden sich die rechnerisch ermittelten Fließaktivierungsenergien für die untersuchten Formmassen mit variierendem Dispergatorgehalt mit den entsprechenden R^2-Werten. Dabei fällt auf, dass sich die Werte für E_a bei einer Erhöhung des Dispergatorgehalts von 1,6 mg/m² auf 3,2 mg/m² von 41,4 kJ/mol auf 21,9 kJ/mol verringern (**Abbildung 4.8-b**). Mit einer zunehmenden Dispergatorkonzentration verbessert sich demnach das Fließverhalten der-Formmassen im Temperaturbereich von 70-130°C. In der Literatur finden sich vergleichbare Werte für die Fließaktivierungsenergie von ZrO_2-Paraffinwachs-Formmassen im Bereich von 20-40 kJ/mol [**Han09b, Liu99b, Son93**].

Tabelle 4.1: Rechnerisch ermittelte Fließaktivierungsenergien E_a von Formmassen mit variierendem Dispergatorgehalt m_{disp} (bei 100 s^{-1}) mit Angabe des Bestimmtheitsmaßes R^2_{linear} der linearen Regression von **(4.2)**.

m_{disp} [mg/m^2]	E_a [kJ/mol]	R^2_{linear} |E_a|
1,6	41,4	0,97
1,8	38,5	0,96
2,0	33,4	0,98
2,4	28,4	0,99
2,8	25,8	0,99
3,2	21,9	0,99

Ferner wurde auch der Einfluss des Feststoffgehaltes auf die Fließgrenze der Formmassen näher untersucht. In **Abbildung 4.9** ist das temperaturabhängige Verhalten der Fließgrenze von drei Formmassen mit einem Dispergatorgehalt von 2,0 mg/m^2 dargestellt, die sich im Feststoffgehalt unterscheiden. Es ist erkennbar, dass die Verringerung der Fließgrenze mit steigender Temperatur umso schwächer ausgeprägt ist, je niedriger der Feststoffgehalt der Formmasse ist. Ab einer Temperatur von ca. 100°C weisen alle Formmassen, unabhängig vom Feststoffgehalt, ähnliche Fließgrenzenwerte auf. Durch eine Verringerung des Feststoffgehalts vergrößert sich auch der Abstand der einzelnen Partikel zueinander. Dies führt dazu, dass die Wechselwirkung zwischen den einzelnen Partikeln abnimmt, wodurch es zu einer Abnahme der Strukturkräfte innerhalb der Formmasse kommt [**Dak10**]. Ab ca. 100°C überlagert die durch die Wärmeausdehnung des Paraffinwachses intrinsisch induzierte Verringerung der Anzahl an Pulverpartikeln pro Volumen den Effekt der Fließgrenzenerniedrigung, der durch die einwaagebedingte Verringerung des Feststoffgehalts einhergeht. Daher weisen die Formmassen ab etwa 100°C ähnliche Fließgrenzenwerte auf, unabhängig vom Feststoffgehalt. Die in dieser Arbeit beobachteten Abhängigkeiten der Fließgrenze vom Feststoffgehalt und der Temperatur liegen in Übereinstimmung mit Beobachtungen aus der Literatur [**Bus87, Dak09, Dak10, Liu98, Zho99**]. Die Verringerung des Feststoffgehalts von Formmassen führt in der Regel jedoch zu einer Zunahme des Sinterschwunds während des Brennvorgangs, zu geringeren Sinterdichten und unter Umständen auch zu Defekten wie Verwölbungen und Verzug an den Fertigteilen. Daher wird üblicherweise immer versucht, mit einem Wert nahe dem kritischen Feststoffgehalt Φ_c zu arbeiten.

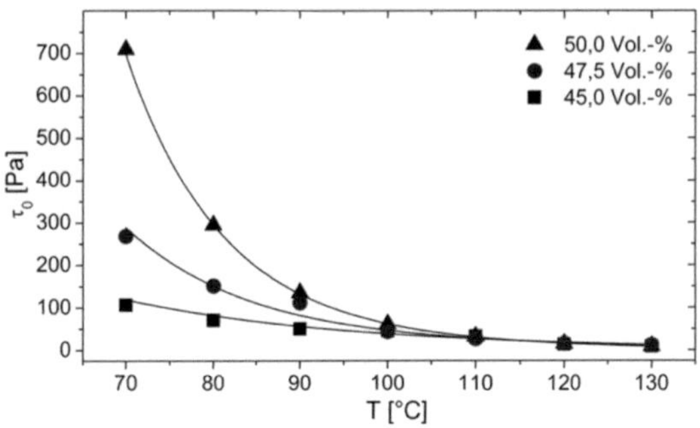

Abbildung 4.9: Temperaturabhängigkeit der Fließgrenze τ_0 von ZrO_2-Paraffinwachs-Formmassen mit einem Dispergatorgehalt von 2,0 mg/m^2.

4.1.3 Lagerungsstabilität der Formmassen

Aufgrund der sehr kleinen Bauteilgrößen ist es üblich, dass für die Herstellung von Mikrobauteilen mittels LPIM die Formmassen nicht immer vollständig aufgebraucht werden. Oftmals werden die Massen im schmelzflüssigen Zustand über Nacht in der Anlage oder im Ofen gelagert, um den Formgebungsprozess am nächsten Tag fortsetzen zu können. Es hat sich jedoch herausgestellt, dass die untersuchten Formmassen ein zeitabhängiges Fließverhalten aufweisen, das sich besonders auf die Reproduzierbarkeit der rheologischen Eigenschaften auswirken kann. Durch Nichtbeachten des zeitabhängigen Verhaltens kann es zu unerwarteten Effekten während der thermischen Entbinderung kommen. Daher wurde die Lagerungsstabilität von ZrO_2-Paraffinwachs-Formmassen in Abhängigkeit von der Lagerungsdauer bei einer Lagerungstemperatur von 80°C genauer untersucht. Vergleichbare Untersuchungen aus der Literatur sind nicht bekannt. In den Arbeiten von Dakskobler [**Dak09**] und Schlechtriemen [**Sch10**] finden sich lediglich Hinweise zum Fließverhalten von wieder aufgeschmolzenen keramischen Formmassen für das LPIM.

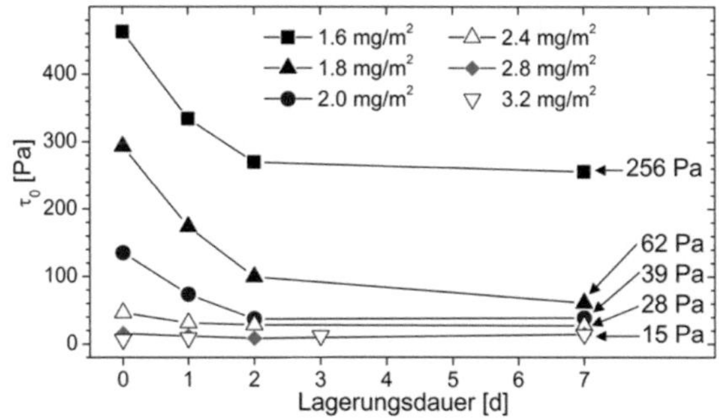

Abbildung 4.10: Zeitabhängigkeit der Fließgrenze τ_0 von ZrO_2-Paraffinwachs-Formmassen mit variierender Dispergatorkonzentration bei 90°C (Lagerung bei einer konstanten Temperatur von 80°C).

In **Abbildung 4.10** ist das zeitabhängige Verhalten der Fließgrenze über eine Lagerungsdauer von sieben Tagen dargestellt. Die Werte für die Fließgrenze bei einer Lagerungsdauer von null Tagen repräsentieren Messungen unmittelbar im Anschluss an die Formmassenherstellung. Zur Bestimmung der Fließgrenze nach einer Lagerung von ein, zwei und sieben Tagen wurden die Formmassen für 5 min bei 1500 U/min unter Vakuum wiederaufgerührt. In **Abbildung 4.10** ist deutlich zu erkennen, dass die Fließgrenzen der Formmassen mit einem Dispergatorgehalt zwischen 1,6-2,0 mg/m^2 bei einer Lagerungsdauer von bis zu zwei Tagen deutlich abnehmen und anschließend sich nicht mehr signifikant verändern. Im Gegensatz dazu wurde bei den Formmassen mit einer höheren Dispergatorkonzentration zwischen 2,4-3,2 mg/m^2 keine ausgeprägte Fließgrenzenabnahme beobachtet. Bei 1,6 mg/m^2 fällt die Fließgrenze von 463 Pa am Tag der Formmassenherstellung auf einen Wert von 256 Pa nach einer Lagerungsdauer von sieben Tagen, während sich für die übrigen Formmassenzusammensetzungen nach sieben Tagen vergleichsweise niedrigere Werte von 62 Pa (1,8 mg/m^2) bis zu 15 Pa (3,2 mg/m^2) ergeben. Es ist offensichtlich, dass während der Lagerung Vorgänge im Dreistoffsystem ZrO_2-Dispergator-Wachs stattfinden, die zu einer Reduzierung der interpartikulären Anziehungskräfte führen und sich schließlich in einer Fließgrenzenabnahme äußern.

Um eine thermisch bedingte Degradation bzw. Vernetzung der molekularen Bestandteile des Binders oder eine Wechselwirkung zwischen dem Paraffinwachs und dem Dispergator während der Lagerung im Ofen auszuschließen, wurde zunächst das zeitabhängige Fließverhalten der Binderkomponenten untersucht (**Abbildung 4.11**). Es ist erkennbar, dass die Binderkomponenten während der Auslagerung keine Änderung ihrer rheologischen Eigenschaften erfahren. Somit können thermisch bedingte Degradations- oder Vernetzungseffekte sowie eine Wechselwirkung zwischen dem Wachs und dem Dispergator weitestgehend ausgeschlossen werden. Um eine mögliche Wechselwirkung zwischen dem ZrO_2-Pulver und Paraffinwachs zu untersuchen, wurden Formmassen ohne Dispergatorzusatz hergestellt. Aufgrund der mangelnden Benetzung des Pulvers durch das Paraffinwachs war in diesem Fall der maximal erreichbare Feststoffgehalt bei einer Verarbeitung bei 90°C auf ca. 22 Vol.-% begrenzt. Durch Verwendung von Herstellungsmethoden mit höherem Energieeintrag, wie beispielsweise Knetextruder, sind aber auch Feststoffgehalte bis zu 40 Vol.-% möglich [**Hel09**]. Zeitabhängige Messungen der rheologischen Eigenschaften (bei 100 s^{-1}) haben ergeben, dass nach einer eintägigen Lagerung eine Viskositäts- und Fließgrenzenerhöhung von 5-10 Pa·s auf 30-40 Pa·s bzw. von 1 kPa auf etwa 4 kPa erfolgte. Weitere Messungen nach einer Lagerungsdauer von zwei Tagen waren nicht mehr möglich, da sich die Formmasse nicht mehr aufrühren lies. Infolge dessen bestärkte sich die Vermutung, dass die in **Abbildung 4.10** dargestellte zeitabhängige Fließgrenzenerniedrigung auf eine Wechselwirkung zwischen ZrO_2-Pulver und Dispergator zurückzuführen ist.

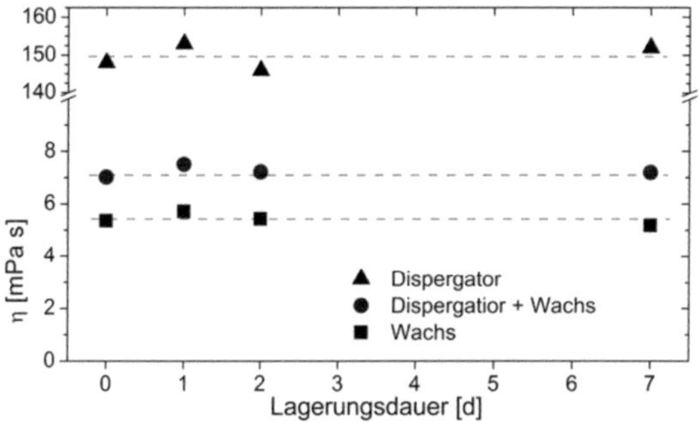

Abbildung 4.11: Zeitabhängige Viskositätsmessungen η (bei 100 s^{-1}) von Dispergator, Paraffinwachs und einer Mischung aus beiden Substanzen entsprechend einer Dispergatorkonzentration von 2,0 mg/m^2 bei einer Lagerungstemperatur von 80°C und einer Messtemperatur von 90°C.

Aus der Literatur ist bekannt, dass die in einer keramischen Suspension dispergierten Pulverpartikel Agglomerate bzw. Partikelcluster bilden können, bis ein Gleichgewichtszustand der an der Partikeloberfläche adsorbierten Dispergatormoleküle erreicht ist [**Ces88, Shi87**]. Auch wenn die Ergebnisse der hierzu zitierten Arbeiten auf wässrigen Systemen basieren, die mittels Polyelektrolyten sterisch bzw. elektrostatisch stabilisiert wurden, ist zu erwarten, dass in nichtwässrigen Systemen mit sterischer Stabilisierung ähnliche Verhältnisse herrschen. So kann die in **Abbildung 4.10** dargestellte Zeitabhängigkeit der Fließgrenze dadurch erklärt werden, dass die Dispergatormoleküle unmittelbar nach der Formmassenherstellung nicht in einem endgültigen thermodynamischen Gleichgewichtszustand stehen. Erst nach einer gewissen Lagerung bzw. „Reifung“ des Systems im schmelzflüssigen (thermisch aktivierten) Zustand können sich die Dispergatormoleküle nach und nach an der Pulverpartikeloberfläche anlagern und somit eine Fließgrenzenerniedrigung bewirken (**Abbildung 4.12**). Besonders auffällig ist dabei die nach dem Erreichen des Gleichgewichtszustands resultierende Höhe der Fließgrenze in Abhängigkeit von der Dispergatorkonzentration. Während bei einem Dispergatorgehalt von 1,6 mg/m^2 nach einer Lagerung von sieben Tagen noch eine relativ hohe Fließgrenze von 256 Pa gemessen wurde, weisen die übrigen Formmassen mit Werten zwischen 15-62 Pa vergleichsweise niedrige Fließgrenzen auf.

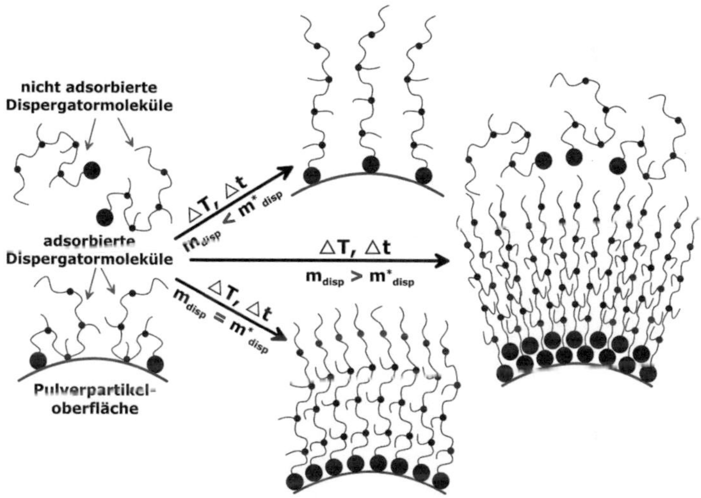

Abbildung 4.12: Modellvorstellung zum zeitabhängigen Erreichen eines Gleichgewichtszustandes der Adsorption von Dispergatormolekülen an der Oberfläche von ZrO_2-Pulverpartikeln.

Dies wird darauf zurückgeführt, dass die charakteristische Konzentration m^*_{disp} für die Bildung einer monomolekularen Dispergatorschicht auf den Pulverpartikeln bei 1,7 mg/m^2 liegt (**Kapitel 4.1.1**). Eine Konzentration von $m_{disp} < m^*_{disp}$ reicht daher nicht aus, um eine vollständige Oberflächenbelegung zu erreichen, weshalb die resultierende Höhe der Fließgrenze im Gleichgewichtszustand deutlich höher ausfällt, als bei den Formmassen mit $m_{disp} > m^*_{disp}$. Erst bei einer vollständigen Oberflächenbelegung der Partikel mit $m_{disp} = m^*_{disp}$ resultiert im Gleichgewichtszustand ein niedriger Fließgrenzenwert, der für das untersuchte Dreistoffsystem ZrO_2-Dispergator-Paraffinwachs als charakteristische

Fließgrenze bei monomolekularer Oberflächenbelegung im thermodynamischen Gleichgewichtszustand gesehen werden kann. Für die Massen mit $m_{disp} > m^*_{disp}$ nehmen die Fließgrenzenwerte im Gleichgewichtszustand dann in einem engen Bereich von 62 Pa auf 15 Pa ab, was auf eine weitere Erhöhung der interpartikulären Abstoßungskräfte zurückzuführen ist, wie zum Beispiel durch Bildung von Mizellen und/oder multimolekularen Adsorptionsschichten, wie in **Abbildung 4.12** modellhaft dargestellt.

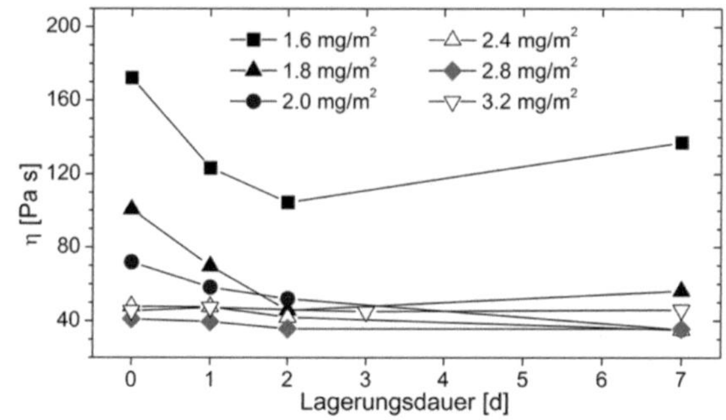

Abbildung 4.13: Zeitabhängigkeit der Viskosität (10 s^{-1}) von ZrO_2-Paraffinwachs-Formmassen mit variierender Dispergatorkonzentration bei 90°C (Lagerung bei einer konstanten Temperatur von 80°C).

Es wurde auch das zeitabhängige Verhalten der Formmassenviskosität ausgewertet. Aus **Abbildung 4.13** ist zu erkennen, dass sich die Viskositätswerte während der Lagerung ähnlich entwickeln, wie die Fließgrenzenwerte in **Abbildung 4.10**. Auch in diesem Fall streben die Viskositätswerte bei einem Dispergatorgehalt von 1,6-2,0 mg/m² nach etwa zwei Tagen einem Gleichgewichtszustand zu, und die Viskositätsänderung für $m_{disp} \geq$ 2,4 mg/m² fällt vergleichsweise gering aus. Es fällt allerdings auf, dass bei einer Konzentration von 1,6 mg/m² die Viskosität nach einer Lagerungsdauer von zwei Tagen wieder ansteigt. Wiederholungsmessungen haben gezeigt, dass es sich dabei nicht um einen „Ausreißer" bzw. Artefakt handelt. Offenbar führen die zeitabhängigen Adsorptions- und Umlagerungsvorgänge der Dispergatormoleküle bei einer unzureichenden Oberflächenbedeckung der Pulverpartikel zu einem unterschiedlichen rheologischen Verhalten im gescherten, dynamischen Zustand (Viskosität), als beim Übergang vom statischen in den dynamischen Zustand (Fließgrenze). Es wird vermutet, dass in diesem Fall bei ausreichend langen Lagerungszeiten infolge der unzureichenden Oberflächenbelegung eine Destabilisierung des Pulverpartikelnetzwerks stattfindet, die zum Beispiel von Effekten wie Mizellenbildung herrühren kann. Es ist denkbar, dass sich individuelle inselartige Bereiche von Agglomeraten ausbilden, die bei Scherung des Partikelnetzwerks zu einer insgesamt höheren Viskosität führen, wie auch am Beispiel von wässrigen Al_2O_3-Suspensionen mit gel-artigen Aggregaten aus Aluminiumhydroxid-Nanopartikeln vermutet wird [**Cet12**]. Beim Übergang aus dem statischen in den dynamischen, gescherten Zustand scheint dies allerdings keine besondere Rolle zu spielen. Diese Annahmen einer Agglomeratbildung bei niedrigen Dispergatorkonzentrationen wird durch Untersuchungen zur Korrelation zwischen der Formmassenzusammensetzung und den mikrostrukturellen Eigenschaften gesinterter Mikrobiegebalkenproben in **Kapitel 4.3.3** unterstützt. Bei Verwendung von ungelagerten, frischen Formmassen konnten im inneren der Mikroproben „milchige" bzw. nicht-transluzente Bereiche nachgewiesen werden, die mit Hilfe von REM-Aufnahmen als Agglomerate identifiziert wurden. Dabei hat sich herausgestellt, dass fertig gesinterte Mikroproben umso kleinere bzw. weniger Agglomerate aufweisen, je höher der Dispergatorgehalt der für die Herstellung verwendeten Formmasse gewählt wurde. Auch in den Untersuchungen von Liu, Tseng und Teng [**Liu99d, Tse01**] konnte nachgewiesen werden, dass eine unzureichende Oberflächenbelegung mit Dispergatormolekülen ($m_{disp} < m^*_{disp}$) zur Bildung von Agglomeraten bzw. Partikelansammlungen führt. Die in **Abbildung 4.12** dargestellte Modellvorstellung zum zeitabhängigen Fließverhalten aus **Abbildung 4.10** und **Abbildung 4.13** wird durch die Ergebnisse aus der Literatur bestärkt.

Ein möglicher Weg, das zeitabhängige Fließverhalten bzw. die so genannte „Reifung" der Formmassen zu vermeiden, stellt die vorherige Beschichtung des Pulvers mit dem Dispergator dar [**Nov97**]. Dabei reagieren die funktionellen (COOH)-Gruppen der Dispergatormoleküle (Polykondensationsreaktion) mit den (OH)-Gruppen an der Pulverpartikeloberfläche, wodurch es zu einer Chemisorption der Moleküle mit den Partikeloberflächen kommt [**Li07, Wol89**]. Infolge dessen können die zeitabhängigen Adsorptionseffekte (**Abbildung 4.12**), möglicherweise vermieden werden. Nachteilig ist in diesem Fall die Invarianz der Dispergatorkonzentration mit $m_{disp} = m^*_{disp}$ zu sehen. Neben einer Lagerungsstabilität gegen zeitabhängige Effekte besteht der wesentliche Vorteil einer Pulverbeschichtung auch in einer Stabilisierung gegenüber dem Einfluss von Wasser. Novak et al. [**Nov97, Nov00, Nov04**] untersuchten den Einfluss von Wasser auf das Fließverhalten von beschichteten und unbeschichteten Al_2O_3-Paraffinwachs-Formmassen. Dabei konnte nachgewiesen werden, dass sich die Viskositäts- und Fließgrenzenwerte von Formmassen mit beschichteten Pulvern auch nach einer Lagerung in Wasser nicht ändern. Im Gegensatz dazu wurden bei der Verwendung von unbeschichtetem Pulver nach einer Lagerung in Wasser deutlich höhere Viskositäten und Fließgrenzen gemessen. Dies wird auf eine Diffusion von Wasser in die Formmasse zurückgeführt, wobei sich die Wassermoleküle bevorzugt an die Oberfläche des Pulvers anlagern und somit zu einer Destabilisierung bzw.

Ausflockung des Systems führen. Dies ermöglicht es, die Formstabilität von niederdruckspritzgegossenen Grünkörpern während der thermischen Entbinderung gezielt zu verbessern. Dadurch können auch filigrane Strukturen im Mikrometerbereich ohne Formveränderung bzw. Deformation thermisch entbindert werden, was Gegenstand der Untersuchungen in **Kapitel 4.2.5** ist.

Das rheologische Verhalten von wieder aufgeschmolzenen keramischen Formmassen für das LPIM wurde durch Dakskobler und Kosmac [**Dak09**] am Beispiel von Al_2O_3-Paraffinwachs mit Stearinsäure als Dispergator näher untersucht. Dabei wurde festgestellt, dass sowohl die Viskosität als auch die Fließgrenze nach dem Wiederaufschmelzen deutlich höher liegen, als im ursprünglich schmelzflüssigen Zustand. Grund hierfür ist die Wärmeausdehnung des Paraffinwachses. Bei der Phasenumwandlung des Wachses vom schmelzflüssigen in den festen Zustand findet eine beachtliche Wärmeschrumpfung statt, die mit ca. 20 Vol.-% angegeben wird. Infolge dessen werden beim Abkühlen einer Formmasse die sterisch stabilisierten Pulverpartikel dazu gezwungen, den Abstand zueinander zu verringern, um schließlich nach dem Phasenübergang flüssig-fest in diesem metastabilen Zustand zu erstarren. Beim Wiederaufschmelzen der Formmasse dehnt sich Wachs wieder aus, wodurch es auch zu einer Expansion des Partikelnetzwerks kommt. Ohne ein erneutes Aufrühren (re-homogenisieren) der Formmasse ist es jedoch nicht möglich, die ursprünglichen interpartikulären Abstände im schmelzflüssigen Zustand und somit das rheologische Verhalten wiederherzustellen. Rheologische Messungen an Formmassen, die nach einer Lagerung von sieben Tagen im schmelzflüssigen Zustand zusätzlich für mehrere Wochen im erstarten Zustand bei Umgebungsbedingungen gelagert wurden, haben gezeigt, dass die Fließeigenschaften nach einem kurzem Aufrühren tatsächlich wiederhergestellt werden können. Die Veränderung des Fließverhaltens von wieder aufgeschmolzenen Formmassen besitzt für die thermische Entbinderung allerdings eine außerordentlich große Bedeutung. So können die im homogenisierten, schmelzflüssigen Zustand gemessenen Viskositäts- bzw. Fließgrenzenwerte nicht mit den Werten im wieder aufgeschmolzenen, nicht re-homogenisierten Zustand gleichgesetzt werden. Dies ermöglicht wiederum eine deformationsfreie Entbinderung von filigranen Mikrostrukturen. Der erhöhte Fließwiderstand von wieder aufgeschmolzenen Mikrostrukturen kann jedoch durch eine gezielte Einstellung der Herstellungsparameter reduziert werden (siehe **Kapitel 4.2**).

4.1.4 Zusammenfassung

In diesem Kapitel wurden die rheologischen Eigenschaften von ZrO_2-Paraffinwachs-Formmassen untersucht. Die Erhöhung der Dispergatorkonzentration zwischen 1,6 mg/m^2 und 3,2 mg/m^2 führt zu einer deutlichen Verringerung der Fließgrenze von 463 Pa auf 7 Pa und zu einer verbesserten Fließfähigkeit der Formmassen. Dabei erhöhen sich die Fließindices von 0,07 auf 0,56. Die verbesserten Fließeigenschaften werden auf eine Erhöhung der interpartikulären Abstoßungskräfte innerhalb des Pulverpartikelnetzwerkes zurückgeführt. Mit Hilfe von Adsorptionsversuchen wurde eine monomolekulare Oberflächenbedeckung des Pulvers mit dem Dispergator Hypermer LP1 von 1,7 mg/m^2 bestimmt. Dieser Wert liegt unterhalb der mittels Viskositätsmessungen (2,4 mg/m^2) und unter Anwendung eines theoretischen Adsorptionsmodells (3,7-5,5 mg/m^2) rechnerisch ermittelten Werte. Des Weiteren wurde anhand der Geschwindigkeitsprofile der strukturviskosen Formmassen der Formfüllungsdruck beim manuellen Heißgießen abgeschätzt. Dabei werden Drücke von bis zu 0,06 MPa erzeugt, die unterhalb des charakteristischen Formfüllungsdrucks von 0,1 Pa bis 5 Pa beim maschinellen Niederdruckspritzgießen liegen. Untersuchungen zum Einfluss der Verarbeitungstemperatur haben gezeigt, dass die Fließaktivierungsenergien der Formmassen zwischen 70°C und 130°C mit einer zunehmenden Dispergatorkonzentration von 41,4 kJ/mol auf 21,9 kJ/mol abnehmen. Bei den Untersuchungen zum Einfluss des Feststoffgehalts wurde festgestellt, dass eine Verringerung des Pulveranteils der Formmasse von 50 Vol.-% auf 45 Vol.-% bei niedrigen Verarbeitungstemperaturen von 70°C eine signifikante Reduzierung der Fließgrenze von 709 Pa auf 107 Pa bewirkt. Aufgrund der deutlich höheren Wärmeausdehnung des Binders im Vergleich zum Pulver weisen die ZrO_2-Paraffinwachs-Formmassen ab ca. 100°C, unabhängig vom Feststoffgehalt, ein ähnliches Fließverhalten auf.

Eine wesentliche Erkenntnis der rheologischen Untersuchungen stellt die Lagerungsstabilität der Formmassen dar. Während der Lagerung im schmelzflüssigen Zustand erfährt das Fließverhalten der Heißgießmassen eine irreversible Veränderung. Sowohl die Fließgrenze als auch die Viskosität der Formmassen mit Dispergatorgehalten zwischen 1,6 mg/m^2 und 2,0 mg/m^2 nehmen während den ersten zwei Tagen der Lagerung ab. Dies wird auf thermisch aktivierte Umlagerungs- und Adsorptionsvorgänge der Dispergatormoleküle an der Pulverpartikeloberfläche zurückgeführt, die einem thermodynamisch stabilen Gleichgewichtszustand zustreben. Aus den Ergebnissen zur Lagerstabilität der Massen lässt sich die Empfehlung ableiten, den Formgebungsprozess beim Niederdruckspritzgießen von ZrO_2-Paraffinwachs-Formmassen unmittelbar nach der Formmassenherstellung oder nach einer gewissen „Reifezeit“ durchzuführen. Aufgrund der teils erheblichen Fließgrenzenabnahme während der Lagerung ist es daher sehr wahrscheinlich, dass bei der thermischen Entbinderung von Mikrokörpern, die aus ausgelagerten Formmassen hergestellt worden sind, eine Formveränderung erfolgt. Im Vergleich dazu stellt die höhere Fließgrenze bei Grünkörper-Mikrostrukturen aus ungelagerten Formmassen einen höheren Widerstand gegen eine Formveränderung bzw. Deformation dar. In den anschließenden Untersuchungen erfolgte die Formgebung der ZrO_2-Mikrobiegeproben daher jeweils unmittelbar nach der Formmassenherstellung, um bei der thermischen Entbinderung reproduzierbare Probeneigenschaften zu gewährleisten.

4.2 Material- und prozessbedingte Einflussfaktoren auf die Oberflächendefektausheilung und Formänderung während der thermischen Entbinderung

In diesem Kapitel werden relevante material- und prozessbedingte Einflussfaktoren auf die Oberflächengüte und die Formänderung von heißgegossenen Mikrobiegeproben vorgestellt. Untersuchungen zum Festigkeitsverhalten von heißgegossenen 3Y-TZP-Mikrobiegeproben wurden bereits in mehreren Arbeiten durchgeführt [**Auh06, Gro04, Kas08, Mue06, Mue07, Roe10**]. Dabei wurde eine Korrelation zwischen der Oberflächenrauhigkeit, Kantenverrundung und der Festigkeit festgestellt. Allerdings konnten im Rahmen dieser Untersuchungen der Oberflächenzustand und die Kantenverrundung der Mikroproben nicht gezielt eingestellt bzw. beeinflusst werden. Aufgrund der fehlenden Kenntnis von Einflussfaktoren auf die Formänderung und Oberflächengüte war es daher bisher nicht möglich gewesen, die mechanischen Eigenschaften zu reproduzieren. In der vorliegenden Arbeit wurden zahlreiche Faktoren identifiziert werden, welche die Formänderung und Ausheilung von Oberflächendefekten während der thermischen Entbinderung maßgeblich beeinflussen. Eine Übersicht zu den untersuchten Einflussgrößen ist in **Abbildung 4.14** dargestellt. Bei den Untersuchungen wurden die in **Tabelle 4.2** aufgeführten Parametervariationen angewandt. Für eine eindeutige Identifizierung der Einflussfaktoren erfolgte die Variation von jeweils nur einem Parameter, während alle anderen Parameter entsprechend dem Standardwert nicht verändert wurden. Die Abweichung von Standardwerten bzw. die Variation von zusätzlichen Parametern wird an entsprechenden Stellen gesondert erwähnt.

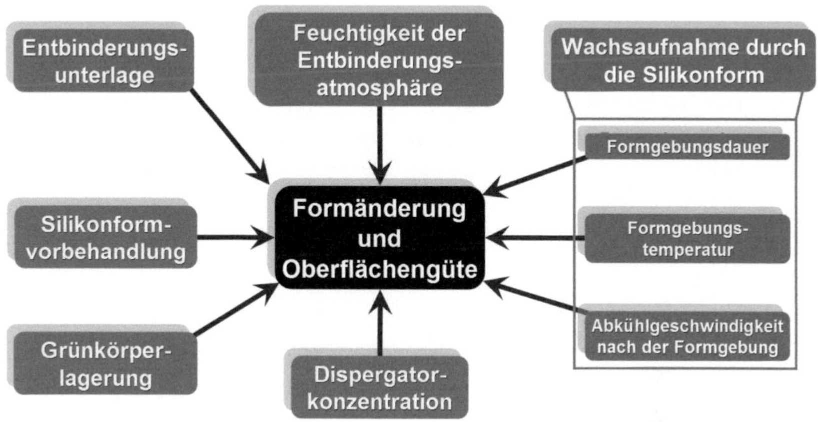

Abbildung 4.14: Material- und prozessbedingte Einflussfaktoren auf die Formänderung und Oberflächengüte von heißgegossenen 3Y-TZP-Mikrobiegebalken während der thermischen Entbinderung.

Tabelle 4.2: Im Herstellungsprozess durchgeführte Material- und Prozessparametervariationen in Bezug auf die verwendeten Standardwerte.

Parameter	Standardwert	Variationen
Dispergatorkonzentration m_{disp}	-	1,6 / 2,0 / 2,4 / 2,8 / 3,2 mgm^{-2}
Entbinderungsunterlage	poröse Al_2O_3-Unterlage	Glasunterlage
Formgebungsdauer t_P	3 min	30 min
Formgebungstemperatur T_M	120°C	80°C
Abkühlgeschwindigkeit der Silikonform nach der Formgebung	Umgebungs-bedingungen	Quenchen in Wasser
Vorbehandlung (Reinigung) der Silikonformen	Modellierwachs	Druckluft
Grünkörperlagerung	keine Lagerung (Entbinderung unmittelbar nach Formgebung)	Exsikkator (0 % rF) / Luft (30 % rF) / Wasser
Feuchtigkeit* der Entbinderungsatmosphäre Λ_E	30 % rF	0 / 10 / 60 / 95 % rF
* bezogen auf eine relative Luftfeuchtigkeit bei Raumtemperatur (25°C)		

4.2.1 Dispergatorkonzentration der Formmasse

In **Abbildung 4.15** sind lichtmikroskopische Aufnahmen von entbinderten Mikrosäulenarrays mit variierender Dispergatorkonzentration dargestellt. Im Gegensatz zum Standardwert der Luftfeuchtigkeit von 30 % rF beträgt die Feuchtigkeit in diesem Fall 60 % rF. Die Aufnahmen wurden jeweils an identischen Stellen der Arrays durchgeführt, um eine Veränderung der Oberfläche der Proben zunächst qualitativ zu erfassen. Hierzu wurden Mikrosäulen mit charakteristischen Oberflächenfehlern in Form von Unebenheiten (Riefen) ausgewählt, die auf Fertigungsfehler beim Mikrofräsen der Urform zurückzuführen sind.

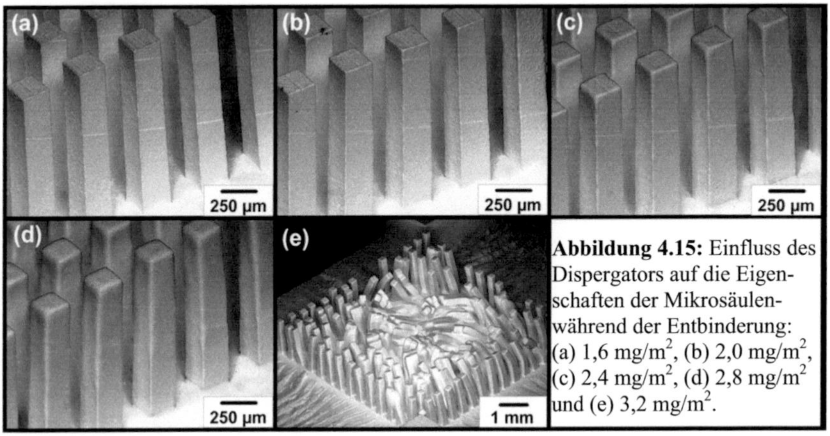

Abbildung 4.15: Einfluss des Dispergators auf die Eigenschaften der Mikrosäulen während der Entbinderung: (a) 1,6 mg/m^2, (b) 2,0 mg/m^2, (c) 2,4 mg/m^2, (d) 2,8 mg/m^2 und (e) 3,2 mg/m^2.

In **Abbildung 4.15** ist sehr gut zu erkenn, dass die Oberflächenfehler mit einer zunehmenden Dispergatorkonzentration weniger ausgeprägt und teilweise nicht mehr zu sehen sind. Weiterhin ist erkennbar, dass mit zunehmender Dispergatorkonzentration die Formstabilität der Mikrosäulen abnimmt und die Tendenz zur Kantenverrundung zunimmt. Die Kantenverrundung findet aber nicht gleichmäßig über die gesamte Höhe der Balken statt. Sie ist im oberen Bereich der Balken ausgeprägter. Im Extremfall ist die Formänderung so stark, dass die Mikrobalken deformieren und unter ihrem Eigengewicht kollabieren. Mit Hilfe der Lichtmikroskopie wurde der Oberflächenzustand der Mikrosäulen im gesinterten Zustand genauer untersucht. In **Abbildung 4.16** sind Reliefbilder der Zugseitenoberflächen von Mikrosäulen bei verschiedenen Vergrößerungen dargestellt. Darin ist die Verbesserung des Oberflächenzustands mit zunehmendem Dispergatorgehalt auch zu erkennen. Die Oberfläche der Mikrobiegebalken erscheint wesentlich glatter.

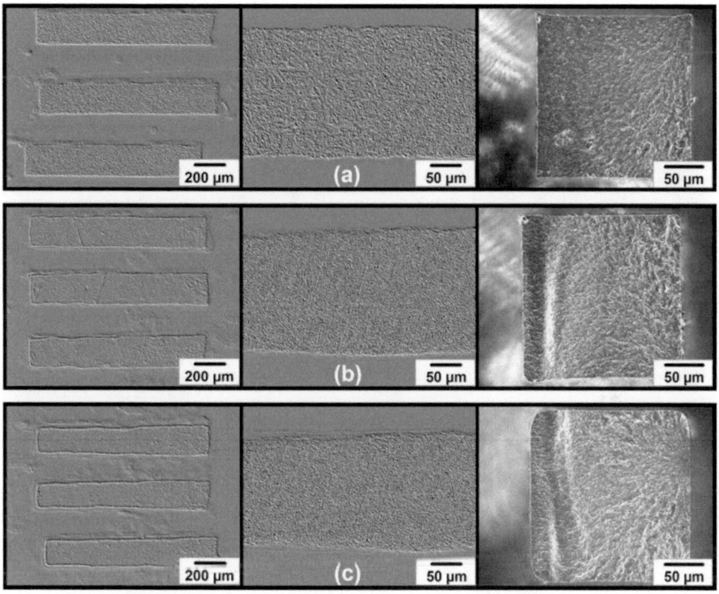

Abbildung 4.16: Lichtmikroskopische Reliefbilder der Zugseiten von gesinterten Mikrosäulen (linke und mittlere Spalte) und Aufnahmen von Bruchflächen (rechte Spalte); die Mikroproben wurden aus Formmassen mit Dispergatormengen m_{disp} von (a) 1,6 mg/m^2, (b) 2,4 mg/m^2 und (c) 2,8 mg/m^2 hergestellt.

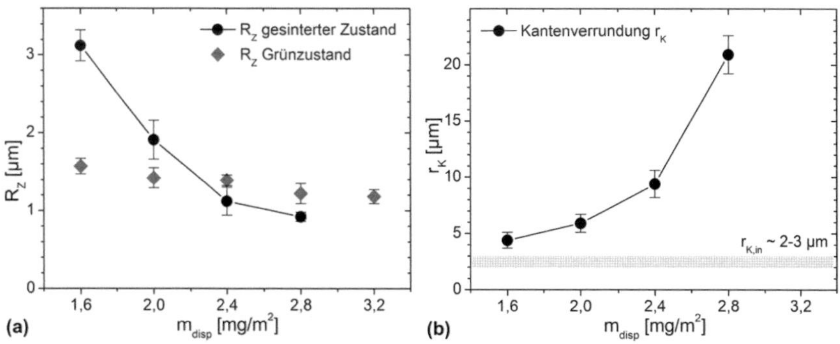

Abbildung 4.17: (a) Oberflächenrauhigkeit R_Z von gesinterten Mikroproben und Mikroproben im Grünzustand in Abhängigkeit von der Dispergatorkonzentration m_{disp}; (b) entsprechende Kantenverrundungswerte r_K.

In **Abbildung 4.17** sind die gemessenen Rauhigkeitswerte R_Z und Kantenverrundungen r_K von gesinterten Mikrobiegeproben dargestellt. Zum Vergleich sind auch die R_Z-Werte von Mikroproben im Grünzustand abgebildet. Dabei fällt auf, dass die Rauhigkeitswerte der thermisch behandelten Mikrosäulen mit einer Dispergatorkonzentration $\leq$ 2,0 mg/m^2 höher liegen, als die Proben im Grünzustand. Für $m_{disp} \geq$ 2,4 mg/m^2 ergeben sich jedoch niedrigere R_Z-Werte. Die Kantenverrundung nimmt mit zunehmender Dispergatorkonzentration zu. Dabei ist zu beachten, dass eine minimale Kantenverrundung $r_{K,in}$ von etwa 2-3 µm existiert, die auf die Ausgangsgeometrie der mittels Mikrofräsen hergestellten Urform zurückzuführen ist. Mit Hilfe von Momentaufnahmen wurden die Vorgänge, die während der thermischen Entbinderung stattfinden, zeitlich aufgelöst erfasst (**Abbildung 4.18**).

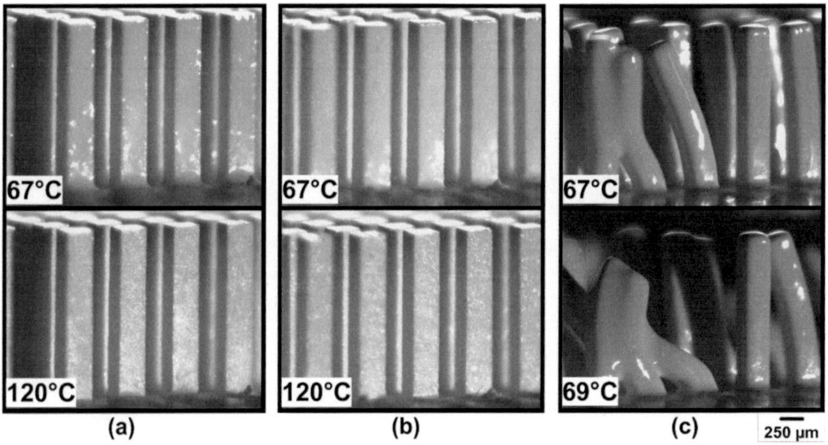

Abbildung 4.18: Momentaufnahmen von Mikrosäulenarrays während der Entbinderung ($\Lambda_E \approx$ 95 % rF); Formmassenzusammensetzungen mit m_{disp} von (a) 1,6 mg/m^2, (b) 2,4 mg/m^2 und (c) 3,2 mg/m^2.

Unabhängig vom Dispergatorgehalt bildet sich auf der Oberfläche der Mikrosäulen nach dem Aufschmelzen des Binders ein ausgeprägter Oberflächenbinderfilm, der aus der thermischen Volumenausdehnung des Paraffinwachses herrührt („Ausschwitzvorgang" während der Phase I der thermischen Entbinderung, siehe **Abbildung 2.11**). Der Oberflächenbinderfilm kann für eine kurze Zeit beibehalten werden und errechnet sich im Fall der untersuchten Formmassenzusammensetzungen entsprechend der Gleichung **(2.24)** zu etwa 14 % (bezogen auf den gesamten Binderanteil in der Formmasse). Dabei fällt auf, dass der Binderfilm bei einer Dispergatorkonzentration $\leq$ 2,4 mg/m^2 und zunehmender Temperatur weitestgehend durch die Absorptionswirkung der Entbinderungsunterlage entfernt wird. Dies lässt die Balkenoberfläche rauh erscheinen (**Abbildung 4.18-a** und **Abbildung 4.18-b**). Im Gegensatz dazu wurde bei den Balken mit dem höchsten Dispergatorgehalt von 3,2 mg/m^2 bereits vor Erreichen einer Temperatur von 70°C eine Deformation beobachtet (**Abbildung 4.18-c**). Besonders auffällig ist dabei das Auftreten einer stark ausgeprägten Kantenverrundung.

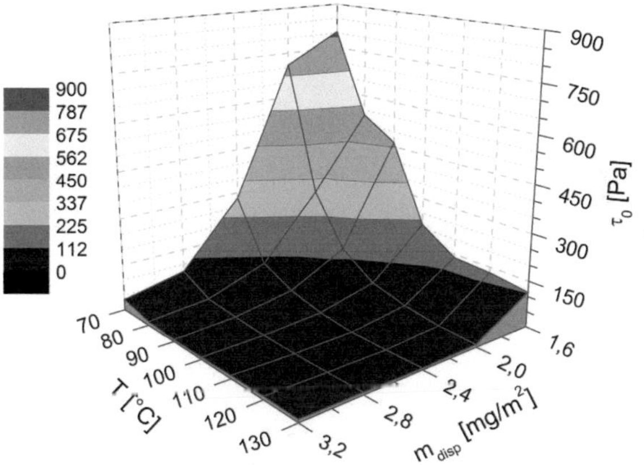

Abbildung 4.19: Abhängigkeit der Fließgrenze τ_0 von der Temperatur T und der Dispergatorkonzentration m_{disp}.

Die Verringerung der Oberflächenrauhigkeit der Mikroproben während der thermischen Entbinderung wird auf die Erhöhung der Mobilität der Pulverpartikel im schmelzflüssigen Zustand zurückgeführt. Nach dem Wiederaufschmelzen des Binders können sich oberflächennahe Pulverpartikel in der schmelzflüssigen Bindermatrix umlagern, wodurch eine Nivellierung von Oberflächenfehlern, wie zum Beispiel Unebenheiten und Riefen, erfolgt. Die Mobilität der Pulverpartikel setzt allerdings eine ausreichende Fließfähigkeit und niedrige Fließgrenze der Formmassen voraus. Sowohl die Fließgrenze als auch die Fließfähigkeit der ZrO_2-Paraffinwachs-Formmassen nehmen mit einer zunehmenden Dispergatorkonzentration (**Abbildung 4.1** und **Abbildung 4.5**) und Temperatur (**Abbildung 4.7** und **Abbildung 4.8**) signifikant ab. In **Abbildung 4.19** ist die Abhängigkeit der Fließgrenze τ_0 von der Dispergatorkonzentration m_{disp} und der Temperatur T zusammenfassend dargestellt. Es ist erkennbar, dass oberhalb des Schmelzpunkts des Binders in einem engen Temperaturbereich von 70°C bis 80°C die Abhängigkeit der Fließgrenze von der Dispergatorkonzentration besonders stark ausgeprägt ist. In diesem Temperaturbereich ermöglichen die geringen Fließgrenzen und die hohe

Fließfähigkeit der Formmassen für $m_{disp} \geq 2{,}4$ mg/m^2 maßgeblich die Umlagerung von oberflächennahen Partikeln und führen daher zu einer Verringerung der Oberflächenrauhigkeit. Im Gegensatz dazu stellen die hohen Fließgrenzen für $m_{disp} < 2{,}4$ mg/m^2 zwischen 70°C und 80°C eine vergleichsweise hohe Schwelle dar, die überschritten werden muss, damit eine Partikelumlagerung stattfinden kann. Daher erfolgt in diesem Fall keine Verringerung der Oberflächenrauhigkeit. Im Vergleich zu den Rauhigkeitswerten der Grünkörper findet sogar eine Verschlechterung des Oberflächenzustands statt. Dies ist auf den besonderen Einfluss der Luftfeuchtigkeit während der thermischen zurückzuführen und wird in **Kapitel 4.2.6** gesondert vorgestellt. Oberhalb von 100°C können die niedrigen Fließgrenzenwerte für $m_{disp} < 2{,}4$ mg/m^2 allerdings nicht zu einer Formänderung führen. Der Grund liegt darin, dass der Binder bereits bei niedrigen Temperaturen in die Unterlage extrahiert wurde (**Kapitel 4.2.2**).

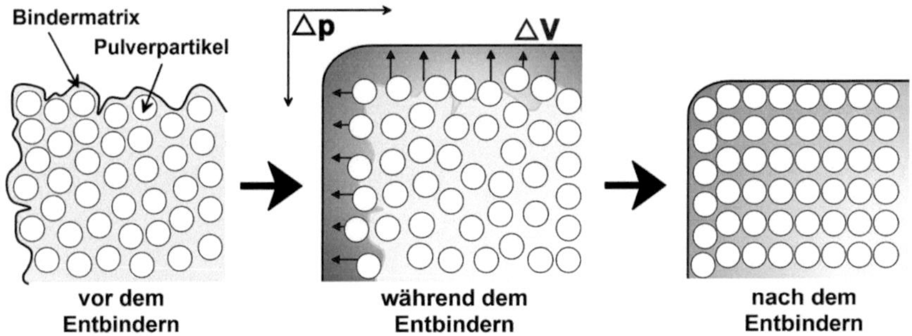

Abbildung 4.20: Schematische Darstellung der Oberflächendefektausheilung und Kantenverrundung: Oberflächenzustand und Kantengeometrie eines Balkens im Querschnitt vor, während und nach der Entbinderung.

$$\Delta p = \frac{2\chi}{r} \qquad \textbf{(4.3)}$$

Mit zunehmender Dispergatorkonzentration findet neben der Verringerung der Oberflächenrauhigkeit auch eine Verrundung von Kanten statt. Es muss daher eine Triebkraft vorhanden sein, die zusätzlich zur zunehmenden Mobilität der oberflächennahen Pulverpartikel zur Kantenverrundung führt. Das Eigengewicht einer Mikrosäule von etwa 400 µg führt lediglich zum Einstürzen der Mikrokörper. Als entscheidende Triebkraft wirkt die Oberflächenspannung des ausgeschwitzten Binderfilms. Sie führt im Kantenbereich zur Umlagerung von oberflächennahen Partikeln und dadurch zur Verrundung von Kanten. In **Abbildung 4.20** ist der Effekt der Oberflächendefektausheilung und Kantenverrundung schematisch dargestellt. Während der thermischen Entbinderung erreicht der Binder am Phasenübergang den schmelzflüssigen Zustand. Dabei verursacht die Oberflächenspannung des ausgeschwitzten Binders innerhalb des Binderfilms eine Druckdifferenz Δp, die mit Hilfe der Young-Laplace-Gleichung **(4.3)** beschrieben werden kann [**Mei03**]. Dabei stehen χ für die Oberflächenspannung des Binders und r für den Krümmungsradius der Binderschicht über der Kante. Für den Fall einer hinreichend niedrigen Fließgrenze und einer ausreichend hohen Fließfähigkeit der Formmasse, führt die im inneren des Binderfilms vorherrschende Druckdifferenz zu einer Umlagerung der Pulverpartikel. Dies äußert sich letztlich sowohl in der Nivellierung von Oberflächenfehlern als auch in der Verrundung von Kanten.

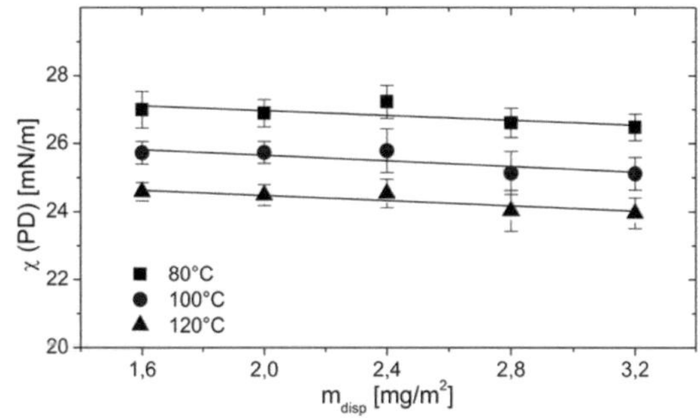

Abbildung 4.21: Oberflächenspannung χ (PD, pendant drop) der verwendeten Wachs-Dispergator-Mischungen in Abhängigkeit von der Dispergatorkonzentration und Temperatur.

Um den Einfluss der Oberflächenspannung χ des Binders auf die Vorgänge während der Entbinderung besser beurteilen zu können, wurden unter Verwendung der PD-Methode temperaturabhängige Tropfenkonturanalysen von Paraffinwachstropfen mit variierender Dispergatorkonzentration durchgeführt (**Abbildung 4.21**). Bei einer gleich bleibenden Temperatur nimmt die Oberflächenspannung des Binders über den untersuchten Konzentrationsbereich von 1,6 mg/m^2 bis 3,2 mg/m^2 nur sehr leicht ab. Gemäß der Eötvös-Regel [**Doe94**] besitzen die Oberflächenspannungswerte der Paraffinwachs-Dispergator-Mischungen eine ausgeprägte Temperaturabhängigkeit und nehmen mit zunehmender Temperatur ab. Die Oberflächenspannung des Binders ist dabei oberhalb des Binderschmelzpunkts bis 80°C betragsmäßig am größten. Im Vergleich dazu weisen die Fließgrenzen der Heißgießmassen jedoch eine wesentlich stärker ausgeprägte Abhängigkeit von der Dispergatorkonzentration und der Temperatur auf (**Abbildung 4.19**). Unter der Wirkung der Oberflächenspannung des Binders kommt es nach dem Aufschmelzen der Grünkörper daher erst dann zu einer entscheidenden Erhöhung der Partikelmobilität, wenn für die Herstellung der Heißgießmassen Dispergatormengen verwendet wurden, die oberhalb eines kritischen Dispergatorgehalts $m_{disp,krit}$ liegen. Dieser Zusammenhang zwischen der Oberflächenspannung des Binders und den rheologischen Eigenschaften der Heißgießmassen sowie deren Einfluss auf die Formänderung und Defektausheilung während der Entbinderung ist in **Abbildung 4.22** skizziert. Aufgrund der hohen inneren Strukturkräfte findet unterhalb eines kritischen Dispergatorkonzentrationsbereiches $m_{disp,krit}$ keine nennenswerte Defektausheilung und Formänderung statt. Im Gegensatz dazu sind die Fließaktivierungsenergien und Fließgrenzen der Formmassen oberhalb von $m_{disp,krit}$ so gering, dass die Umlagerungsvorgänge der oberflächennahen Pulverpartikel unter dem Einfluss der Oberflächenspannung des Binders effektiv stattfinden können.

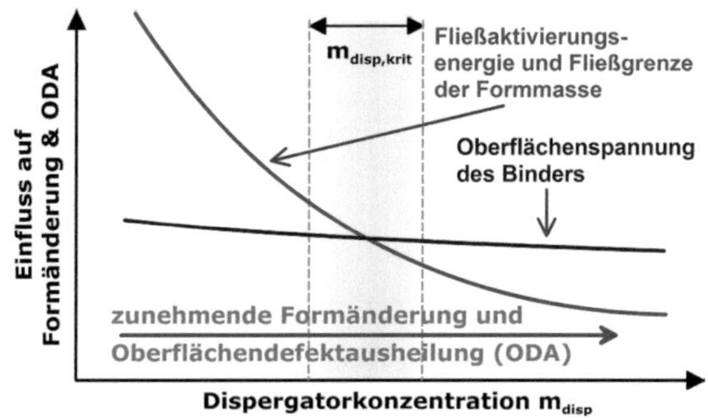

Abbildung 4.22: Modellhafte Darstellung des Einflusses der rheologischen Eigenschaften der Heißgießmassen und der Oberflächenspannung des Binders auf die Oberflächendefektausheilung und Formänderung der Mikrobiegebalken während der thermischen Entbinderung.

4.2.2 Absorptionsfähigkeit der Entbinderungsunterlage für den Binder

Um den Einfluss der Saugfähigkeit der Entbinderungsunterlage auf die Vorgänge während der thermischen Entbinderung zu bewerten, wurden alternativ zu den porösen, saugfähigen Al_2O_3-Unterlagen nicht saugfähige Glasunterlagen verwendet. In **Abbildung 4.23** sind Momentaufnahmen von der Entbinderung von Mikrosäulenarrays mit einer Dispergatorkonzentration von 1,6 mg/m^2 dargestellt, die sich in der Art der Entbinderungsunterlage unterscheiden. Im Gegensatz zum Standardwert der Feuchtigkeit der Entbinderungsatmosphäre von 30 % rF beträgt in diesem Fall die Feuchtigkeit der Entbinderungsluft 0 % rF. Unabhängig von der Saugfähigkeit der Entbinderungsunterlage ist oberhalb des Binderschmelzpunktes ein ausgeprägter Binderfilm zu beobachten. Bei Verwendung einer porösen Unterlage wird der Binder mit steigender Temperatur aus dem Grünkörper entfernt (**Abbildung 4.23-a**). Im Gegensatz dazu erfolgt bei Verwendung einer Glasunterlage kein Abtransport des Binders. Infolge der hohen Wärmeausdehnung dehnt sich der Binder mit zunehmender Temperatur aus und führt zur Bildung von flüssigen Binderbrücken zwischen den Mikrosäulen (**Abbildung 4.23-b**). Die Kapillarwirkung führt zu einem weiteren Anstieg der Flüssigkeitsbrücken und damit zu einer vollständigen Benetzung der Mikrosäulen, wodurch es schließlich zum Kollabieren der Mikrostrukturen kommt.

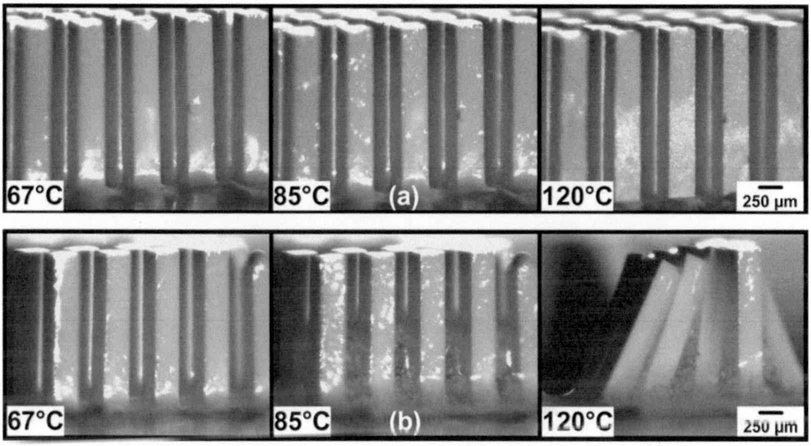

Abbildung 4.23: Mikrosäulenarrays mit einem Dispergatorgehalt von 1,6 mg/m^2 während der Entbinderung auf (a) einer saugfähigen, porösen Entbinderungsunterlage und (b) auf einer Glasunterlage.

In **Abbildung 4.24** ist der Einfluss einer Glasunterlage auf das Entbinderungsverhalten von Mikrosäulen bei Vorliegen von höheren Dispergatorkonzentrationen m_{disp} dargestellt. Für $m_{disp} \geq 2{,}0$ mg/m^2 wurde der gleiche Effekt, wie bei einem Dispergatorgehalt von 1,6 mg/m^2, nicht beobachtet (**Abbildung 4.23-b**). Allerdings ist erkennbar, dass die Flüssigkeitsmenisken, die am Übergang der Säulen zur Sockelplatte durch den ausgeschwitzten Binder gebildet werden, mit zunehmender Dispergatorkonzentration weniger ausgeprägt und teilweise nicht mehr zu erkennen sind. Bei zunehmender Entbinderungstemperatur kann der in der Sockelplatte noch befindliche Binder nicht weiter abtransportiert werden. Bei Temperaturen oberhalb von 200°C setzt der Abtransport des Binders über die Gasphase sein, so dass in der Sockelplatte Poren und Rissen entstehen, was schließlich zur Zerstörung des gesamten Grünkörpers samt Mikrostrukturen führt. Vergleicht man die Mikrosäulen aus **Abbildung 4.24-d** mit den aus

Abbildung 4.18-c, die sich lediglich in der Art der Entbinderungsunterlage unterscheiden, so fällt auf, dass bei Verwendung einer Glasunterlage im unteren Temperaturbereich keine Deformation stattgefunden hat. In diesem Fall muss darauf hingewiesen werden, dass die thermische Behandlung der Mikrosäulen aus **Abbildung 4.18** bei 95 % rF erfolgte, während die Proben in **Abbildung 4.23** und **Abbildung 4.24** in trockener Luft (0 % rF) behandelt wurden. Diese Beobachtungen stellen ein wichtiges Indiz für den Einfluss der Luftfeuchtigkeit dar, der in **Kapitel 4.2.6** ausführlich vorgestellt wird.

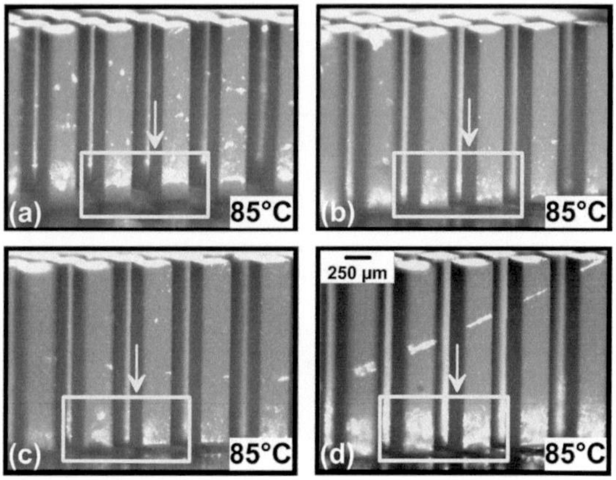

Abbildung 4.24: Mikrosäulenarrays mit m_{disp} von (a) 2,0 mg/m^2, (b) 2,4 mg/m^2, (c) 2,8 mg/m^2 und (d) 3,2 mg/m^2 während der Entbinderung auf einer Glasunterlage.

Die in **Abbildung 4.23-a** beobachtete Migration des Binders aus den Mikrosäulen ist auf die Saugfähigkeit der porösen Entbinderungsunterlagen zurückzuführen. Die Grünkörper weisen nach der Entbinderung bei 500°C im Durchschnitt eine offene Restporosität κ_{br} von ca. 46 % und einen mittleren Porendurchmesser d_{pore} < 0,1 µm auf. Mit einer offenen Porosität von ca. 36 % und einem mittleren Porendurchmesser von etwa 1 µm üben die verwendeten Al_2O_3-Unterlagen daher nur eine vergleichsweise schwache Kapillarwirkung auf den flüssigen Binder im Grünkörper aus. Die Permeabilität der Unterlage ist aber immerhin ausreichend, um eine Migration des Binders aus dem Porennetzwerk des Grünkörpers in die Unterlage zu ermöglichen. Die Porengrößenverteilung der Grünkörper und der verwendeten porösen Entbinderungsunterlage sind in **Abbildung 4.25** schematisch dargestellt. Neben der Kapillardruckdifferenz zwischen der porösen Struktur des Grünkörpers und der Entbinderungsunterlage beeinflussen außerdem die mit zunehmender Temperatur abnehmende Viskosität des Binders, die Gravitationskraft sowie die Benetzung des Binders mit der Unterlage die Migration des Binders aus dem Grünkörper.

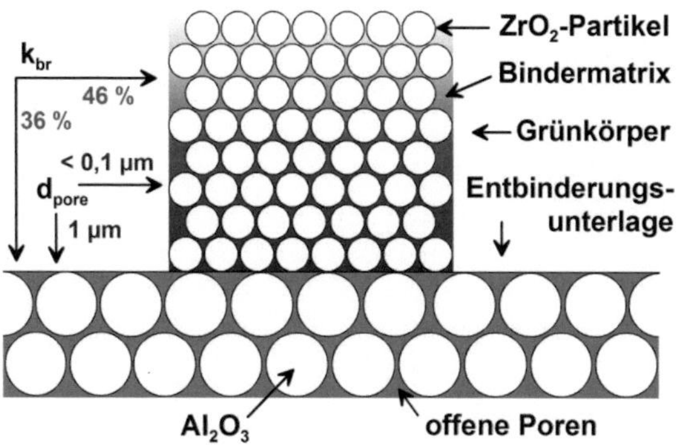

Abbildung 4.25: Schematische Darstellung der offenen Porosität κ_{br} und Porengröße d_{pore} der untersuchten Grünkörper und Entbinderungsunterlagen.

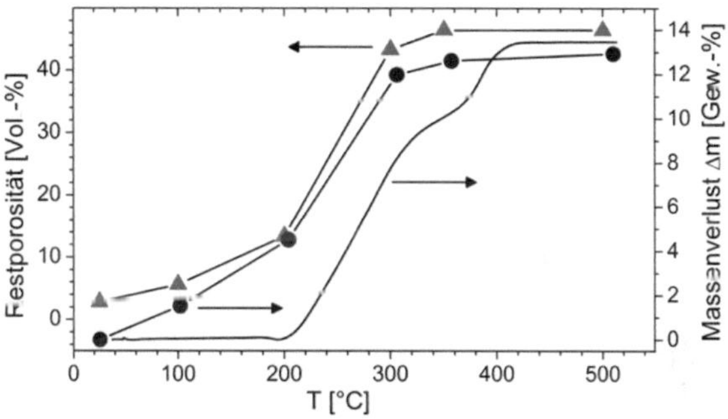

Abbildung 4.26: Entwicklung des Massenverlusts und der offenen Porosität von heißgegossenen Proben in Abhängigkeit von der Temperatur; im Vergleich: Massenverlust derselben Formmasse mittels TGA-Analyse.

Für eine bessere Bewertung der Bindermigration wurde die Entbinderung von heißgegossenen zylindrischen Probekörpern mit einer Dispergatorgkonzentration von 2,4 mg/m^2 auf porösen Entbinderungsunterlagen untersucht. Der Entbinderungsprozess wurde mit der üblichen Heizrate von 0,5 K/min durchgeführt und nach festgelegten Temperaturen abgebrochen. Anschließend wurde der Massenverlust und die offene Porosität der Probekörper bestimmt (**Abbildung 4.26**). Zum Vergleich erfolgte auch eine Bestimmung des Massenverlusts mittels TGA. Bei der Entbinderung der zylindrischen Proben wurde ein mit der Temperatur zunehmender und oberhalb von 200°C sprunghafter Anstieg des Massenverlusts und der Porosität festgestellt. Im Vergleich dazu wurde bei der Analyse mittels TGA ein Massenverlust erst ab 200°C beobachtet, der mit steigender Temperatur einen ähnlich sprunghaften Anstieg erkennen ließ. Aus diesen Ergebnissen lassen sich zwei Rückschlüsse ziehen. Zum einen erfolgt im unteren Temperaturbereich infolge der Wirkung der saugfähigen Entbinderungsunterlage bereits ein Abtransport des Binders. Zum anderen deutet der sprunghafte Anstieg der Porosität und des Massenverlusts darauf hin, dass bereits ab einer Temperatur von 200°C der Binder über die Gasphase abtransportiert wird. Aufgrund der fehlenden Wirkung einer saugfähigen Unterlage können daher die Ergebnisse aus den TG-Messungen lediglich zur Beurteilung des Massenverlusts in der letzten Phase der thermischen Entbinderung herangezogen werden, um Verdampfungs- und Zersetzungsvorgänge des Binders zu bewerten.

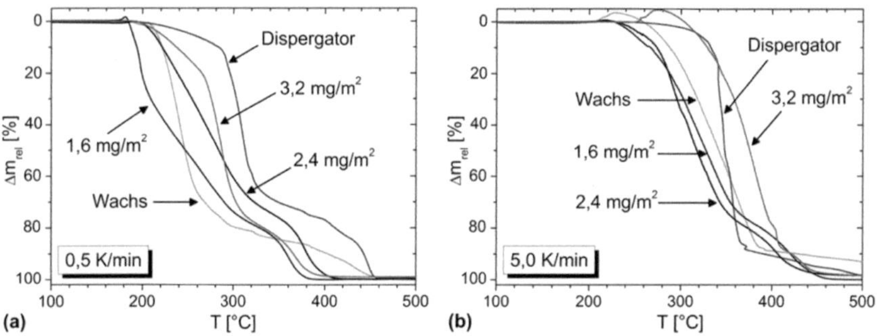

Abbildung 4.27: TGA-Kurven von Formmassen und Binderbestandteilen bei einer Heizrate von 0,5 K/min und 5,0 K/min in synthetischer Luft.

Mit Hilfe von TG-Analysen der Formmassen und Binderbestandteile wurden die Vorgänge in der letzten Phase der Entbinderung genauer untersucht (**Abbildung 4.27**). Hierzu wurden die TGA-Kurven der Formmassen auf den Massenverlust relativ zur Gesamtmasse des Binders (Δm_{rel}) normiert, um eine vergleichende Darstellung mit den Kurven der Binderkomponenten zu ermöglichen. Wie bereits dargestellt, findet der Massenverlust der Formmassen über die Gasphase erst ab einer Temperatur von ca. 200°C statt. Betrachtet man die Binderkomponenten einzeln, so fällt auf, dass im Vergleich zum Paraffinwachs der Massenverlust des Dispergators später einsetzt. Mit zunehmender Dispergatorkonzentration setzt der Massenverlust der Formmassen daher auch bei höheren Temperaturen ein. Den wesentlichen Grund hierfür stellen die verschiedenen Molekulargewichte der Binderbestandteile dar. Während es sich bei dem verwendeten Wachs um niedermolekulare Alkane mit einem Molekulargewicht von 460 g/mol handelt, besteht der Dispergator aus wesentlich größeren

Fettsäuremolekülen mit einem Molekulargewicht von 1414 g/mol. Die Dispergatormoleküle benötigen daher höhere Aktivierungsenergien, damit Zersetzungsreaktionen und Verdampfungsvorgänge stattfinden und die Moleküle in die Gasphase überführt werden können. Bei den Formmassen fällt dabei besonders auf, dass der Massenverlust bei 1,6 mg/m^2 bereits ab 180°C einsetzt (**Abbildung 4.27-a**). Dies wird auf die katalytische Wirkung der Pulvers zurückgeführt [**Liu99c, Mas89**]. Im Gegensatz setzt der Massenverlust der Formmassen mit einem höheren Dispergatorgehalt infolge des hohen Molekulargewichts des Dispergators später ein. Bei höheren Heizraten von 5,0 K/min (**Abbildung 4.27-b**) herrschen ähnliche Verhältnisse wie bei einer Heizrate von 0,5 K/min. Im Allgemeinen ist ein Massenverlust jedoch erst ab Temperaturen von 220°C zu beobachten, was auf eine Veränderung der Verdampfungs- und Zersetzungskinetik der Binderbestandteile zurückzuführen ist [**New60, Shu89, Sch10**]. Die Beobachtung einer verbesserten Migration des Binders aus den Grünkörpern mit zunehmendem Dispergatorgehalt der Heißgießmassen (Vergleich von **Abbildung 4.23-b** und **Abbildung 4.24**) lässt sich mit dem Benetzungsverhalten des Binders mit dem ZrO_2-Pulver erklären. Es wurde bereits gezeigt, dass sich die Benetzung von ZrO_2 mit zunehmendem Dispergatorgehalt des Binders verbessert (siehe **Abbildung 4.2**). Entsprechend der Gleichung **(2.25)** nimmt der Kapillardruck in einer porösen Struktur zu (vorausgesetzt bei gleich bleibender Porengröße und Oberflächenspannung der benetzenden Flüssigkeit), wenn der Benetzungswinkel zwischen Flüssigkeit und Festkörperoberfläche abnimmt. Infolge dessen besitzt der Binder in der Porenstruktur des Grünkörpers eine verbesserte Fließfähigkeit. Unter dem Einfluss der Schwerkraft kann er daher wesentlich besser aus den Mikrosäulen abtransportiert werden. Die verbesserte Benetzung des Binders mit der Glasoberfläche (im Falle einer porösen Unterlage mit der Al_2O_3-Oberfläche) bei zunehmender Dispergatorkonzentration fördert die Migration des Binders zusätzlich. Mit zunehmenden Dispergatorgehalt nimmt zudem der interpartikuläre Abstand innerhalb des Pulverpartikelgerüsts des Grünkörpers zu, der auf eine verbesserte sterische Stabilisierung der Heißgießmassen zurückgeführt werden kann. Die zunehmende Dispergatorkonzentration führt daher zu größeren Poren und zu einer geringfügigen Zunahme der Abmessungen der Mikrosäulen (**Tabelle 4.3**). Obwohl eine Erhöhung der Porengröße entsprechend der Gleichung **(2.25)** theoretisch zu einer Verringerung des Kapillardrucks führen müsste, wird angenommen, dass entsprechend der Gleichung **(2.27)** allerdings auch eine verbesserte Permeabilität des Pulvergerüsts vorliegt. Für den Fall einer niedrigen Dispergatorkonzentration (z.B. 1,6 mg/m^2) ist die Migration des Binders aus der Porenstruktur des Grünkörpers daher so stark eingeschränkt, dass infolge der fehlenden Kapillarwirkung der Entbinderungsunterlage kein Abfließen des Binders mehr erfolgen kann (**Abbildung 4.23-b**).

Tabelle 4.3: Querschnittsabmessungen gesinterter Mikrobiegebalken in (Breite *b* x Höhe *h*) und mittlerer Porendurchmesser d_{pore} von entbinderten Grünkörpern in Abhängigkeit vom Dispergatorgehalt der Formmassen.

	b [µm]	**h [µm]**	**d_{pore} [nm]**
1,6 mg/m^2	206 ± 2	198 ± 3	14
2,4 mg/m^2	210 ± 2	203 ± 2	56
3,2 mg/m^2	210 ± 2	205 ± 2	96

4.2.3 Wachsaufnahme durch die Silikonform

Die Wechselwirkung zwischen den Silikonformen und dem Binder stellt einen bislang nicht untersuchten Effekt dar. In den bisherigen Arbeiten zum Heißgießen keramischer Mikrobauteile wurde zwar durch den Silikonwerkstoff eine Binderaufnahme beobachtet, die bei der Formgebung während des Kontakts der schmelzflüssigen Heißgießmassen mit den Silikonformen stattfindet. Allerdings wurden hierzu bisher keine systematischen Untersuchungen durchgeführt. Um herauszufinden, ob eine Korrelation zwischen der Binderaufnahme und den Eigenschaften der Mikroteile existiert, wurde die Wechselwirkung zwischen dem Binder und dem Silikonwerkstoff genauer untersucht. Dabei wurde festgestellt, dass das Silikon eine selektive Aufnahmefähigkeit für das Paraffinwachs besitzt, welche die Formänderung und Oberflächenrauhigkeit der untersuchten Mikrobiegebalken während der thermischen Entbinderung entscheidend beeinflusst. Zur Verdeutlichung der Wachsaufnahme wurden zunächst zeitabhängige lichtmikroskopische Aufnahmen von Silikonformen gemacht, bei denen nur die Kavität mit Paraffinwachs gefüllt wurde. In **Abbildung 4.28** ist zu erkennen, dass die Penetration des Wachses in das Silikon anhand der Farbveränderung verfolgt werden kann. In **Abbildung 4.29** sind weitere Aufnahmen bei unterschiedlichen Vergrößerungen dargestellt. Außerdem sind Wachskristalle sichtbar, die sich nach dem Abkühlen der Form gebildet haben. Für eine genaue Beschreibung der Wachsaufnahme wurden quaderförmige Silikonkörper mit Abmessungen von ca. (45 x 45 x 10) mm^3 bei 100°C in Paraffinwachs, Dispergator und in einer Mischung aus beiden Flüssigkeiten ausgelagert. Anschließend wurde die Massenzunahme des Silikons in Abhängigkeit von der Auslagerungszeit bestimmt. Zum Vergleich wurde die Massenzunahme einer üblichen Form ermittelt, bei der lediglich die Kavität mit Wachs befüllt wurde (**Abbildung 4.30**). Bei den Quadern, die vollständig in der jeweiligen Substanz ausgelagert wurden, erfolgte im Fall des Dispergators keine auffällige Massenzunahme (max. 0,1 %). Die Messungen wurden daher nach 12 h abgebrochen.

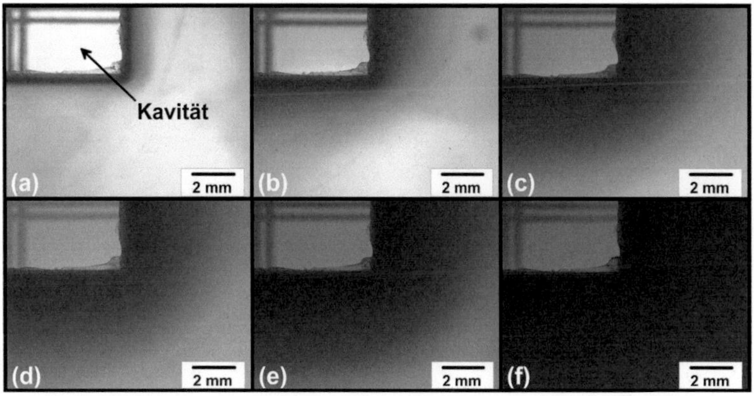

Abbildung 4.28: Lichtmikroskopische Aufnahmen einer Silikonform in Gegenlicht (Draufsicht) nach Befüllen der Kavität mit Wachs und einer Kontaktzeit von (a) 1 min, (b) 3 min, (c) 10 min, (d) 1 h, (e) 2 h und (f) 12 h jeweils bei einer Temperatur von 100°C.

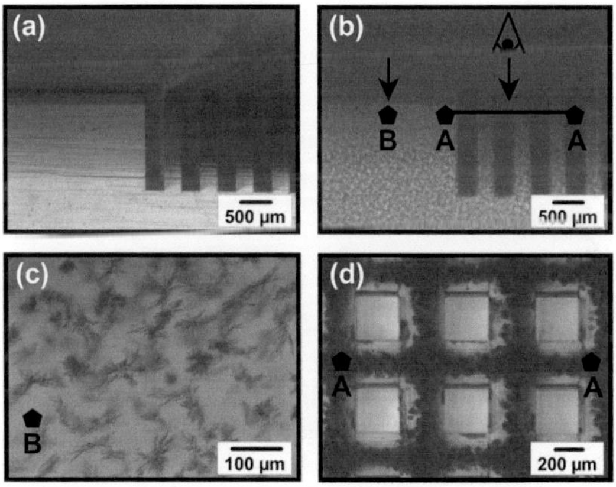

Abbildung 4.29: Lichtmikroskopische Aufnahmen in Gegenlicht einer (a) neuen, unbehandelten Silikonform (Kavitäten in Seitenansicht) und (b) nach einer Kontaktzeit von 10 min mit Wachs bei 100°C; in (c) und (d) unterschiedliche Vergrößerungen (Draufsicht), bei denen die Wachskristalle erkennbar sind.

Im Gegensatz dazu besitzt das Silikon eine ausgeprägte Aufnahmefähigkeit für das Paraffinwachs. Dabei wurde eine Massenzunahme von 4,3 % in Paraffinwachs und 4,2 % in der Mischung aus Wachs und Dispergator festgestellt. Für den Fall, dass nur die Kavität der Silikonform mit Wachs befüllt wurde, wurde infolge der vergleichsweise kleinen Kontaktfläche zwischen dem Wachs und der Silikonform eine entsprechend geringere Massenzunahme ermittelt. Daher sind die Werte in **Abbildung 4.30** nicht als absolut, sondern nur relativ zu sehen. Die aufgenommene Wachsmenge wird im Wesentlichen durch die Temperatur und die Verweildauer der Formmasse in der Form beeinflusst. Daher wurden drei Prozessparameter definiert, mit denen die von der Form aufgenommene Wachsmenge während der Herstellung beeinflusst werden kann: die Formgebungstemperatur T_M, die Formgebungsdauer t_P (Kontaktzeit zwischen schmelzflüssiger Formmasse und Silikonform während der Formgebung) und die Abkühlgeschwindigkeit der Form nach der Formgebung.

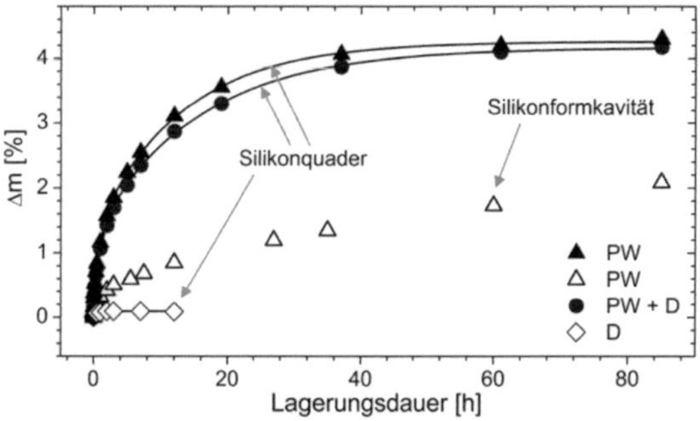

Abbildung 4.30: Massenzunahme *Δm* eines Silikonquaders nach Auslagerung bei 100°C in Wachs (▲ bzw. △ PW), Dispergator (◇ D) und einer Mischung aus beiden (● PW + D) mit einem Mischungsverhältnis äquivalent zu 2,4 mg/m^2.

Formgebungstemperatur

Um die Wachsmenge, die aus der schmelzflüssigen Formmasse in das Silikon diffundiert, zu begrenzen, wurde die Standard-Formgebungstemperatur T_M von 120°C auf 80°C reduziert. In **Abbildung 4.31** sind lichtmikroskopische Aufnahmen von entbinderten Mikrosäulenarrays dargestellt, die aus Formmassen mit Dispergatorkonzentrationen von 2,8 mg/m^2 und 3,2 mg/m^2 bei 120°C und 80°C hergestellt worden sind. Es ist erkennbar, dass eine Reduzierung von T_M im Allgemeinen zu einer Verringerung der Kantenverrundung und zu einer besseren Formstabilität der Proben geführt hat. Dabei ist eine über die Balkenhöhe gleichmäßige Kantenverrundung zu beobachten. Auch bei Formmassen mit einer niedrigen Fließgrenze, wie im Fall einer Dispergatorkonzentration von 3,2 mg/m^2, wird die Deformation der Mikrosäulen bei einer Verarbeitungstemperatur von 80°C verhindert. Die Reduzierung der Formgebungstemperatur bewirkt nahezu keine Veränderung der Oberflächenrauhigkeit. Sie ermöglicht aber eine deutliche Begrenzung der Kantenverrundung (**Abbildung 4.32**).

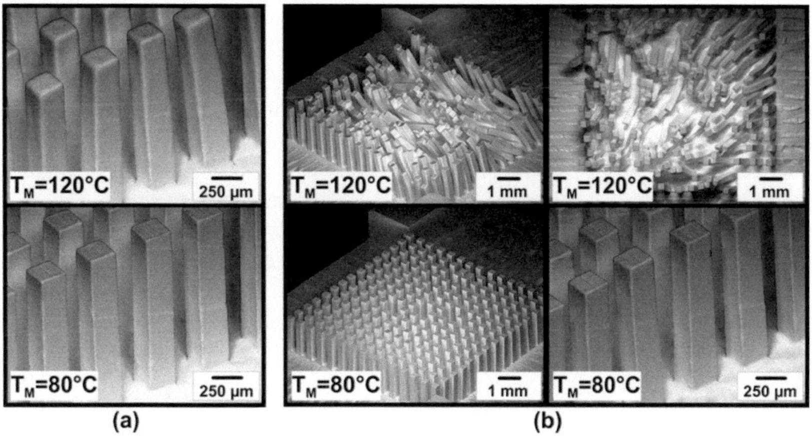

Abbildung 4.31: Einfluss der Formgebungstemperatur T_M auf die Formstabilität von Mikrosäulenarrays mit m_{disp} von (a) 2,8 mg/m^2 und (b) 3,2 mg/m^2 während der Entbinderung.

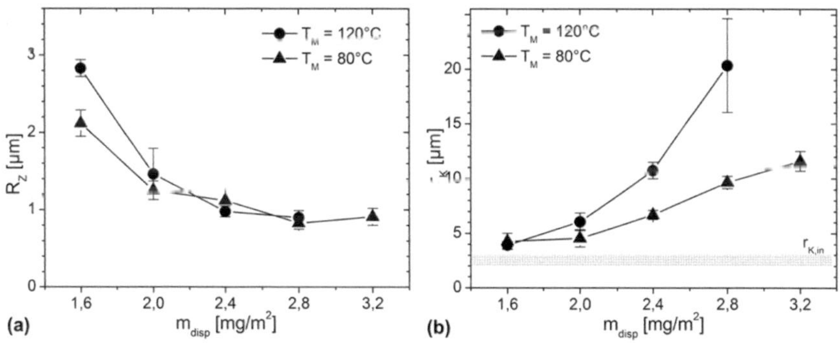

Abbildung 4.32: (a) R_Z-Werte von gesinterten Mikroproben, die mit unterschiedlichen Formgebungstemperaturen T_M hergestellt wurden; (b) entsprechende Kantenverrundungswerte r_K in Abhängigkeit vom Dispergatorgehalt m_{disp}.

Formgebungsdauer

Der wesentliche Vorteil des manuellen Heißgießens besteht in der Möglichkeit, Prototypen und Kleinserien keramischer Mikrobauteile unter Anwendung von zahlreichen Formmassenzusammensetzungen und geringen Ausgangsmengen im Labormaßstab beschleunigt herzustellen und zu untersuchen. Dem steht eine umständlichere Formgebung als prozesstechnischer Nachteil gegenüber.

So schließt sich bei der üblicherweise praktizierten Vorgehensweise dem manuellen Heißgießen das Klopfen der gefüllten Silikonform auf einer festen Unterlage an, um eine vollständige Befüllung der Mikrokavitäten zu erreichen. Danach wird die befüllte Form einem vakuumgestützten Vibrationsprozess bei der entsprechenden Temperatur T_M unterworfen, um eingeschlossene Luftblasen aus der schmelzflüssigen Heißgießmasse zu entfernen. Aufgrund der manuellen Prozessschritte ist es daher möglich, dass die gesamte Formgebungsdauer t_P, beginnend mit der Formfüllung bis hin zum Ende des Vibrationsprozesses, von Grünkörper zu Grünkörper, insbesondere bei verschiedenen Operateuren, variiert. Daher wurde die Formgebungsdauer t_P gezielt zwischen 3 min (Standard) und 30 min variiert, um herauszufinden, ob dieser Prozessparameter einen Einfluss auf die Eigenschaften der Mikroproben besitzt.

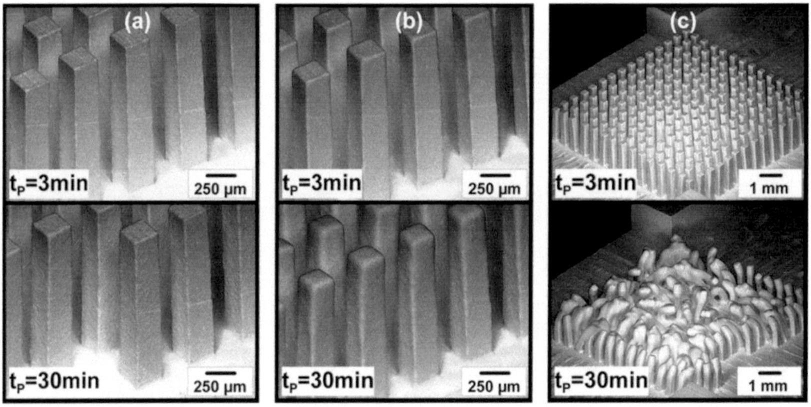

Abbildung 4.33: Einfluss der Formgebungsdauer t_P auf die Formstabilität und Oberflächengüte der Mikrosäulenarrays mit (a) 2,0 mg/m^2, (b) 2,4 mg/m^2 und (c) 2,8 mg/m^2.

In **Abbildung 4.33** sind lichtmikroskopische Aufnahmen von entbinderten Mikrosäulenarrays zu sehen. Es hat sich herausgestellt, dass die Erhöhung der Formgebungsdauer mit einer Zunahme der Oberflächenrauhigkeit verbunden ist (**Abbildung 4.34-a**). Außerdem wurde eine zunehmende Tendenz zur Formveränderung und Kantenverrundung beobachtet (**Abbildung 4.34-b**), die im Extremfall zur Deformation der Mikrosäulen führte. Auffällig ist zudem eine inhomogene Verrundung der Kanten über die Höhe der Säulen, die im oberen Bereich der Säulen besonders stark ausgeprägt ist.

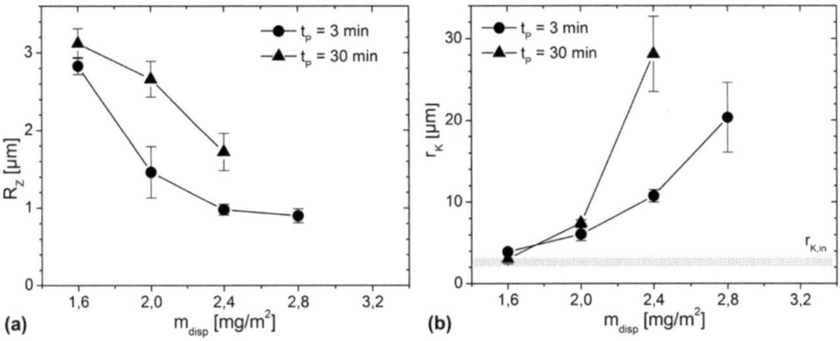

Abbildung 4.34: (a) R_Z-Werte von gesinterten Mikroproben, die mit unterschiedlichen Formgebungsdaueren t_P hergestellt wurden; (b) entsprechende Kantenverrundungswerte r_K in Abhängigkeit vom Dispergatorgehalt m_{disp}.

Abkühlgeschwindigkeit der Silikonform nach der Formgebung

Üblicherweise wird eine befüllte Silikonform nach der Formgebung abgestellt, bis die Heißgießmasse auf Raumtemperatur abkühlt. Während dieser Phase ist die schmelzflüssige Formmasse in den Mikrokavitäten weiterhin in Kontakt mit der Silikonform. Infolge dessen erfolgt auch weiterhin eine Wachsaufnahme durch das Silikon, jedoch mit einer abnehmenden Diffusionsgeschwindigkeit. Um die Wachsdiffusion aus der Formmasse ausschließlich auf die Formgebungsdauer t_P zu beschränken, wurden die befüllten Formen im Anschluss an die Formgebung in einen Behälter mit Wasser abgestellt. Dadurch erfolgte eine Abschreckung (Quenchen) von 120°C auf ca. 20°C. Es hat sich gezeigt, dass das Quenchen im Allgemeinen zu einer verbesserten Formstabilität während der Entbinderung geführt hat (**Abbildung 4.35**). Nach der Entbinderung weisen die gequenchten Proben niedrigere oder zumindest ähnliche Rauhigkeiten auf wie die Proben, die nach der Formgebung bei Umgebungsbedingungen abgekühlt wurden (**Abbildung 4.36-a**). Auch bei hohen Dispergatormengen ist eine Formtreue der Arrays mit einer maximalen Verrundung von ca. 8 µm zu beobachten, die übrigens über die gesamte Balkenhöhe gleichmäßig ausfällt (**Abbildung 4.36-b**). Nach dem Entformen weisen die bei verschiedenen Temperaturen T_M und Formgebungsdauern t_P hergestellten Mikrosäulenarrays zunächst keine messbaren Unterschiede zueinander auf. Erst während der Entbinderung wird der Einfluss der Prozessparametervariation erkennbar. Die Beobachtungen zum Einfluss der Variation von T_M und t_P sowie der Abkühlgeschwindigkeit auf die Probenzustände lassen sich mit den Folgen der Wachsdiffusion in die Silikonformen erklären. Während der Formgebung findet eine selektive Wachsaufnahme durch das Silikon statt, die zu einer lokalen Erhöhung der Dispergatorkonzentration an der Oberfläche der Mikrosäulen führt. In den Bereichen, in denen eine Anreicherung des Dispergators stattfindet, erfolgt eine Verflüssigung des Pulver-Binder-Gemisches. Infolge der erhöhten Fließfähigkeit ist in diesen Bereichen die Partikelmobilität wesentlich stärker ausgeprägt. Dies führt zu einer Erhöhung des Formänderungsvermögens während der Entbinderung. Aufgrund der Temperatur- und Zeitabhängigkeit von Diffusionsvorgängen [**Ask96**] ist die Dispergatoranreicherung an der Probenoberfläche umso stärker ausgeprägt, je schneller die Wachsmoleküle aus den schmelzflüssigen Mikrosäulen in die Silikonform diffundieren und je länger die Diffusion dauert. In **Abbildung 4.37** ist eine Modellvorstellung skizziert, die den Zusammenhang zwischen der Wachsdiffusion und der Dispergatoranreicherung in der oberen Hälfte der Mikrosäulen beschreibt.

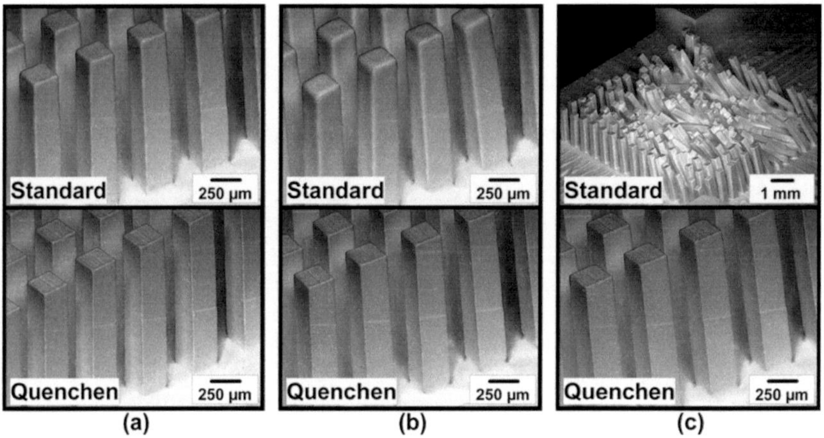

Abbildung 4.35: Einfluss der Abkühlgeschwindigkeit der Silikonform nach der Formgebung auf die Formstabilität der Mikrosäulenarrays während der Entbinderung mit (a) 2,4 mg/m^2, (b) 2,8 mg/m^2 und (c) 3,2 mg/m^2.

In **Abbildung 4.38** sind die zur Verflüssigung führenden möglichen Vorgänge im quasi-stationären Zustand (ausreichend lange Kontaktzeit zwischen schmelzflüssiger Formmasse und Silikonform) vereinfacht dargestellt. Bei niedrigen Dispergatorgehalten ($m_{disp,A}$) ist die Menge des Dispergators nicht ausreichend, um eine vollständige Oberflächenbelegung der Pulverpartikel erreichen. Daher sind die interpartikulären Abstände vergleichsweise gering und die sterische Stabilisierung schwach ausgeprägt (**Abbildung 4.38-a**).

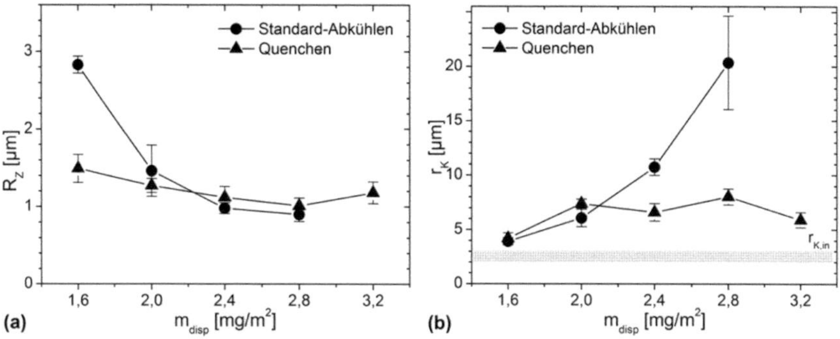

Abbildung 4.36: (a) R_Z-Werte von gesinterten Mikroproben, die nach der Formgebung unterschiedlich schnell abgekühlt wurden; (b) entsprechende Kantenverrundungswerte r_K in Abhängigkeit vom Dispergatorgehalt m_{disp}.

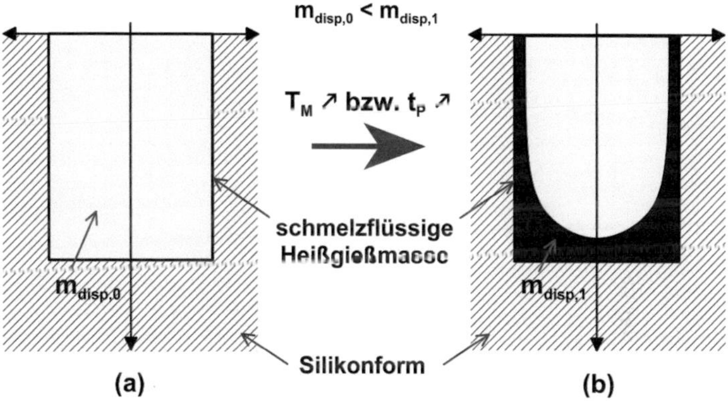

Abbildung 4.37: Schematische Darstellung der Dispergatoranreicherung in der oberen Hälfte der Mikrosäulen während der Formgebung: (a) homogene Dispergatorverteilung unmittelbar nach dem Heißgießen, (b) Anreicherung an der Säulenoberfläche (abhängig von T_M und t_P).

Infolge der Wachsdiffusion von der Oberfläche der schmelzflüssigen Säulen in die Silikonform erfolgt eine Anreicherung des Dispergators an der Oberfläche der Säulen. Die Anreicherung führt zur Anlagerung von weiteren Dispergatormolekülen an der Pulveroberfläche und damit zu einer lokalen Verflüssigung (Verringerung der Fließgrenze und Erhöhung der Fließfähigkeit) des Pulver-Binder-Gemisches (**Abbildung 4.38-b**). Der Bereich, in dem eine Anreicherung stattfindet, ist allerdings auf die unmittelbare Oberfläche der Säulen begrenzt. Bei der Verwendung von Formmassen mit einem niedrigen Dispergatorgehalt von weniger als 2,0 mg/m^2 reicht die Verflüssigung daher nicht aus, um eine

Oberflächendefektausheilung und Kantenverrundung herbeizuführen. Im Gegensatz dazu findet bei der Entbinderung von Grünkörpern mit einem niedrigen Dispergatorgehalt sogar eine Erhöhung der Oberflächenrauhigkeit statt. Dies wird darauf zurückgeführt, dass die Verflüssigung an der Oberfläche der Mikrostrukturen besonders stark ausgeprägt ist und dadurch bereits eine Destabilisierung des Pulverpartikelnetzwerkes erfolgt. In diesem Fall wird eine starre, unbewegliche Schicht an Pulverpartikeln über einer Schicht aus mobilen Partikeln vermutet, die wiederum über einem unverflüssigten, vergleichsweise starren Partikelnetzwerk liegt. In der Grenzflächenschicht kann eine Partikelumlagerung ungehindert stattfinden, während sie in den angrenzenden, darüber bzw. auch darunter liegenden immobilen Schichten nur gehemmt erfolgen kann. Dies würde die vorwiegend pergamentartigen bzw. kraterförmigen Probenoberflächen nach der Entbinderung erklären (**Abbildung 4.33-a**).

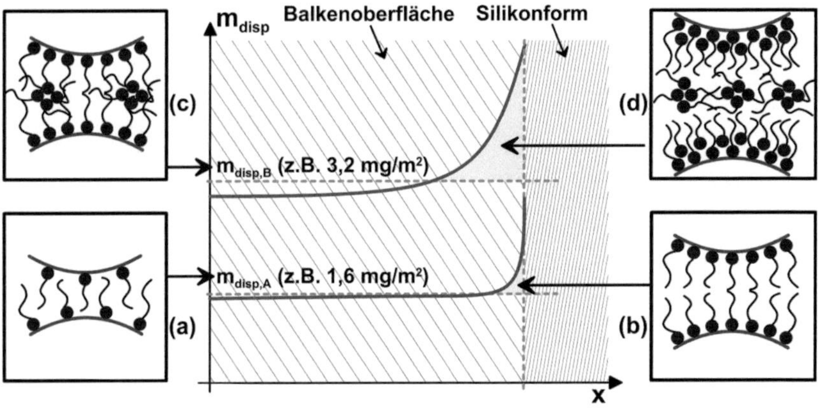

Abbildung 4.38: Modellvorstellung von den bei Dispergatoranreicherung entstehenden Konzentrationsgradienten und interpartikulären Abständen an der Balkenoberfläche (quasistationärer Zustand $t_P >> t_0$).

Bei einer hohen Dispergatorkonzentration ($m_{disp,B}$) sind die Pulverpartikeloberflächen vollständig mit den Dispergatormolekülen belegt. Es liegt sogar ein Überschuss an Dispergatormolekülen vor, der auch mit der Bildung von Mizellen verbunden sein kann. Aufgrund der verbesserten sterischen Stabilisierung sind die interpartikulären Abstände besonders groß (**Abbildung 4.38-c**). Findet nun eine Dispergatoranreicherung statt, so führt dies zu einem stark ausgeprägten Verflüssigungseffekt. Die Anzahl der Dispergatormoleküle zwischen den Pulverpartikeln nimmt zu, wodurch eine zusätzliche Erhöhung der interpartikulären Abstände erfolgt (**Abbildung 4.38-d**). Der Bereich, in dem eine Anreicherung stattfindet, ist in diesem Fall breiter. Bei der Verwendung von Formmassen mit einem höheren Dispergatorgehalt $\geq$ 2,4 mg/m^2 führt die Verflüssigung daher zu einer auffälligen Erhöhung der Partikelmobilität und damit zu einer zunehmenden Formveränderung während der Entbinderung. Allerdings findet dabei auch eine Erhöhung der Rauhigkeit statt, wenn zum Beispiel hohe Formgebungsdauern angewendet werden (**Abbildung 4.33-b**). Der pergamentartige bzw. kraterförmige Oberflächenzustand der Balken wird auch in diesem Fall auf gehemmte Umlagerungsvorgänge der Pulverpartikel, insbesondere in der obersten Schicht der verflüssigten Bereiche, zurückgeführt.

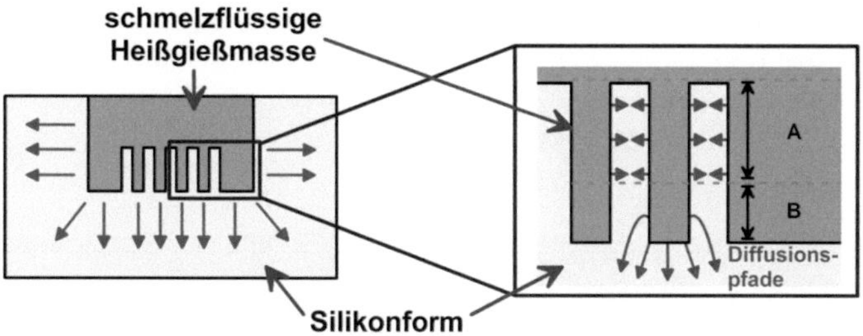

Abbildung 4.39: Schematische Darstellung der Diffusionspfade der Wachsmoleküle aus einer Mikrokavität der Silikonform, die mit schmelzflüssiger Heißgießmasse gefüllt ist.

Die ungleichmäßige Verrundung der Kanten über die Balkenhöhe wird auf eine lokal begrenzte Aufnahmekapazität der Silikonformen zurückgeführt (**Abbildung 4.39**). In der Nähe des Übergangsbereichs der Balken zur Sockelplatte (Bereich A) ist die Wachsaufnahme durch das Silikon eingeschränkt. Die Verflüssigung ist in diesem Bereich vergleichsweise schwach ausgeprägt. Daher findet in der unteren Hälfte der Säulen während der Entbinderung nur eine sehr geringe bis keine Kantenverrundung statt. Im oberen Bereich der Säulen (Bereich B) existieren verhältnismäßig mehr Diffusionspfade, wodurch es zu einer deutlich stärkeren Wachsdiffusion in das Silikon kommt. Die Verflüssigung ist in diesen Regionen daher besonders stark ausgeprägt.

4.2.4 Silikonformvorbehandlung

Das Modellierwachs Freeman 6549-D NYC-Pink wurde bereits in früheren Arbeiten erfolgreich dazu verwendet, um die Mikrokavitäten der Silikonformen nach der Formgebung zu reinigen. Dabei werden die an den Kavitätswänden haftenden Rückstände entfernt, die in der Regel beim Entformen entstehen und zu Oberflächenfehlern der Mikrosäulen im gesinterten Zustand führen können. Beim Reinigungsschritt wird das Modellierwachs üblicherweise bei 120°C in die vorgewärmten Silikonformen gegossen und eingebrachte Luftblasen mittels

Vakuum entfernt. Anschließend wird die befüllte Form auf Raumtemperatur abgekühlt und das erstarrte Wachs manuell entformt. Es hat sich herausgestellt, dass das Modellierwachs, ähnlich wie das Paraffinwachs, von der Silikonform aufgenommen wird. Zum Vergleich wurde auch in diesem Fall die Massenzunahme von unbenutzten, identischen Silikonquadern in Abhängigkeit von der Auslagerungszeit bei 100°C bestimmt (wie in **Kapitel 4.2.3**). Die Massenzunahme war identisch zu der des Paraffinwachses (ca. 4,3 %). Außerdem wurde beobachtet, dass die Silikonformen und die Grünkörper nach der Entformung eine leichte pinkfarbene Verfärbung in der Farbe des Modellierwachses aufwiesen. Um zu prüfen, ob während der Formgebung eine Wechselwirkung zwischen dem Modellierwachs und den Mikrosäulen erfolgt, wurden im Vergleich zum Standardprozess Proben hergestellt, für deren Herstellung unbehandelte Silikonformen verwendet wurden. Die Reinigung erfolgte in diesem Fall ausschließlich mittels Druckluft.

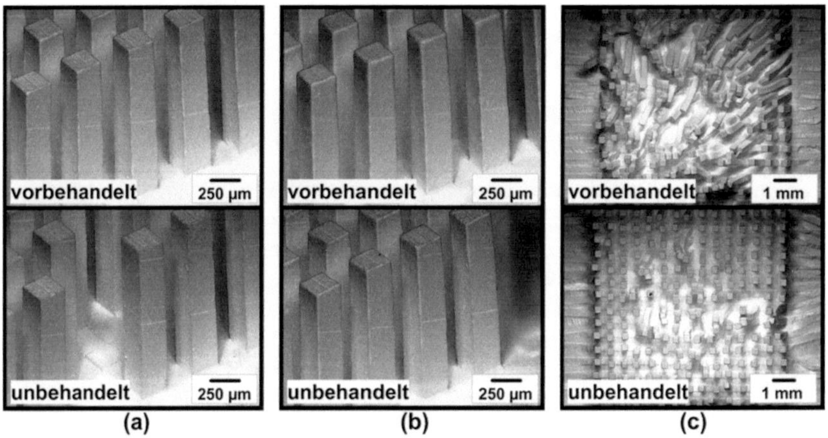

Abbildung 4.40: Einfluss der Silikonformvorbehandlung auf die Formstabilität der Mikrosäulen mit (a) 2,0 mg/m^2, (b) 2,4 mg/m^2 und (c) 3,2 mg/m^2 während der Entbinderung.

In **Abbildung 4.40** ist erkennbar, dass das Heißgießen mit Hilfe von unbehandelten Silikonformen zu einer verbesserten Formstabilität der Mikrosäulenarrays während der Entbinderung führt. Im Vergleich zu vorbehandelten Silikonformen ist die Oberflächenrauhigkeit der Proben bei Verwendung von unbehandelten Formen etwas höher (**Abbildung 4.41-a**) und die Kantenverrundung für manche Formmassenformulierungen geringer (**Abbildung 4.41-b**). Diese Beobachtungen werden auf eine Beschichtung der Mikrosäulen mit dem Modellierwachs bzw. mit den darin enthaltenen grenzflächenaktiven Additiven zurückgeführt. Während des Reinigungsschritts diffundiert das Modellierwachs in das Silikon. Allerdings wird davon ausgegangen, dass die Diffusion ausschließlich auf die wachsbasierte Hauptkomponente beschränkt ist und eine Diffusion von grenzflächenaktiven Additiven in die Silikonform nicht erfolgt. Möglicherweise führt dies zur Beschichtung der Silikonformkavitäten mit grenzflächenaktiven Komponenten des Modellierwachses, die wiederum während des Heißgießens zu einer Oberflächenbeschichtung der Mikrostrukturen führen. Die Beschichtung der Mikrostrukturen während der Formgebung könnte demnach eine Verflüssigung der Grünkörperoberfläche ähnlich zur Dispergatoranreicherung bewirken, woraus sich die Verbesserung des Oberflächenzustands sowie die erhöhte Tendenz zur Kantenverrundung während der Entbinderung ergeben. All dies setzt natürlich voraus, dass das Modellierwachs grenzflächenaktive Komponenten beinhaltet.

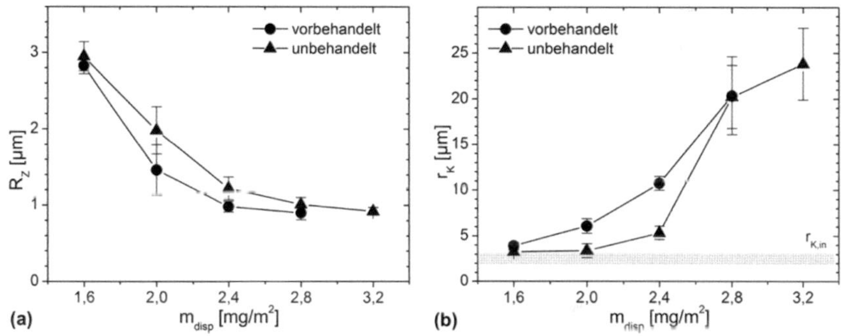

Abbildung 4.41: (a) R_Z-Werte von gesinterten Mikroproben, die mit vorbehandelten und unbehandelten Silikonformen hergestellt wurden; (b) entsprechende Kantenverrundungswerte r_K in Abhängigkeit vom Dispergatorgehalt m_{disp}.

Die Verfärbung der Grünkörper stellt einen wichtigen Hinweis für eine Oberflächenbeschichtung mit dem Modellierwachs dar. Mit FT-IR-ATR Vergleichsmessungen konnte nachgewiesen werden, dass es sich bei der Verfärbung nicht nur um den Farbstoff des Modellierwachses handelt, sondern tatsächlich um eine Beschichtung der Mikroproben mit einzelnen bzw. mehreren Komponenten des Modellierwachses. Zunächst wurde das IR-Referenzspektrum des Modellierwachses ermittelt. Anschließend wurde das Differenzspektrum zwischen einem beschichteten und unbeschichteten Grünkörper bestimmt und mit dem Referenzspektrum gegenübergestellt (**Abbildung 4.42-a**). Das Differenzspektrum weist im Wellenzahlbereich zwischen 3000 cm^{-1} und 2800 cm^{-1} die gleichen Absorbanzmaxima auf, wie das Referenzspektrum. Die beiden Maxima bei 2916 cm^{-1} und 2849 cm^{-1} sind auf charakteristische (C-H)-Streckschwingungen von Methylgruppen zurückzuführen [**Gue03**], die für Alkanketten kennzeichnend sind, woraus grenzflächenaktive Substanzen, aber auch Wachse, hauptsächlich bestehen. Das Maximum im unteren Wellenzahlbereich bei 1461 cm^{-1} geht ferner von (C-H)-Deformationsschwingungen von Methylengruppen aus [**Liu11**]. Besonders auffällig ist, dass sich die Referenz- und Differenzspektren im Fingerprintbereich zwischen 1400 cm^{-1} und 600 cm^{-1} ähneln. Das Fehlen von einigen charakteristischen Peaks innerhalb des Fingerprintbereichs des Differenzspektrums im Vergleich zum Referenzspektrum deutet möglicherweise darauf hin, dass eine Beschichtung nur mit einzelnen Komponenten des Modellierwachses erfolgt. Die Absorptionspeaks in dem mit (▾) gekennzeichneten Bereich ist auf die atmosphärische Inkompensation von CO_2 während der Messung zurückzuführen [**Gue03**].

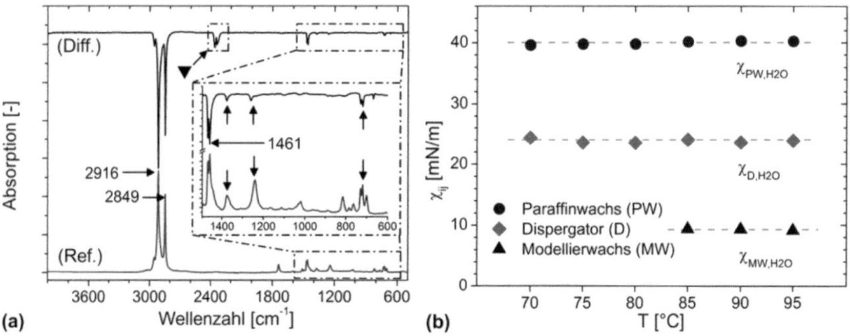

Abbildung 4.42: (a) IR-Absorptionsspektrum vom Modellierwachs (Ref.) und Differenzspektrum zwischen einem beschichteten und unbeschichteten Grünkörper (Diff.); (b) temperaturabhängige Grenzflächenspannungen zwischen dem Paraffinwachs (●), Dispergator (◆), Modellierwachs (▲) und Wasser.

Des Weiteren konnte nachgewiesen werden, dass das Modellierwachs tatsächlich grenzflächenaktive Komponenten beinhaltet. Entsprechend der Methode des hängenden Tropfens (PD-Methode) wurden temperaturabhängige Tropfenkonturanalysen von Wassertropfen im Modellierwachs durchgeführt. Daraus wurde die Grenzflächenspannung $\chi_{MW,H2O}$ zwischen dem Wachs und Wasser bestimmt (**Abbildung 4.42-b**). Als Modellsubstanz wurde Wasser gewählt, da es sich als polare Flüssigkeit für den Nachweis von grenzflächenaktiven Substanzen besonders gut eignet. Zum Vergleich wurden die Grenzflächenspannungen zwischen Paraffinwachs $\chi_{PW,H2O}$ bzw. Dispergator $\chi_{D,H2O}$ und Wasser ermittelt. Während für das unpolare Paraffinwachs eine vergleichsweise hohe Grenzflächenspannung $\chi_{PW,H2O}$ von 40,0 ± 0,3 mN/m ermittelt wurde, weisen die Grenzflächenspannunswerte des Dispergators $\chi_{D,H2O}$ und des

Modellierwachses $\chi_{MW,H2O}$ deutlich niedrigere Werte von 23,9 ± 0,3 mN/m bzw. 9,3 ± 0,1 mN/m auf (eine Temperaturabhängigkeit der Grenzflächenspannung entsprechend der Eötvös-Regel [**Doe94**] konnte in diesem Fall nicht nachgewiesen werden). Daraus lässt sich schließen, dass die im Modellierwachs vorhandenen grenzflächenaktiven Additive den Dispergator in seiner tensidischen Wirkung sogar übertreffen. Die Vorbehandlung bzw. Reinigung der Silikonformen mit dem Modellierwachs wurde somit als Möglichkeit erkannt, den Oberflächenzustand und die Kantenverrundung der Mikrostrukturen während der thermischen Entbinderung in einem gewissen Umfang zu beeinflussen.

4.2.5 Lagerungsbedingungen für Grünkörper

Die Anwesenheit von Wasser führt im Allgemeinen zu einer Veränderung der rheologischen Eigenschaften von keramischen Heißgießmassen. So verursacht die Zugabe von Wasser zu Al_2O_3-Wachs-Heißgießmassen eine signifikante Zunahme der Fließgrenze und Viskosität [**Nov97**]. Auch bei einer Auslagerung von erstarrten Heißgießmassen in Wasser erfolgt eine Erhöhung der Fließgrenze und Viskosität [**Nov00**]. Um zu prüfen, welchen Einfluss Wasser bzw. feuchte Luft während der Lagerung der Grünkörper auf die Formstabilität der Mikrosäulenarrays bei der Entbinderung hat, wurden die heißgegossenen Mikrostrukturen nach der Formgebung unterschiedlich gelagert.

Abbildung 4.43: Einfluss der Lagerungsbedingung für Grünkörper (Auslagerung für 48 h in Wasser bei Raumtemperatur) auf die Formstabilität der Mikrosäulenarrays mit (a) 2,8 mg/m^2 und (b) 3,2 mg/m^2.

In **Abbildung 4.43** sind lichtmikroskopische Aufnahmen von entbinderten Mikrosäulenarrays mit einem Dispergatorgehalt von 2,8 mg/m² bzw. 3,2 mg/m² dargestellt. Im Gegensatz zum Standardwert von 30 % rF wurde in diesem Fall die Entbinderung bei einer Luftfeuchtigkeit von 60 % rF durchgeführt. Es hat sich herausgestellt, dass eine Grünkörperlagerung in Wasser generell zu einer deutlich besseren Formstabilität der Mikrosäulenarrays führt. Auch nach einer Auslagerung der Grünkörper bei Laborbedingungen (ca. 30 % rF) wurde eine verbesserte Formstabilität der Mikrosäulen während der Entbinderung beobachtet (**Abbildung 4.44**). Bezüglich der Oberflächenrauhigkeit konnten allerdings keine nennenswerten Veränderungen ermittelt werden.

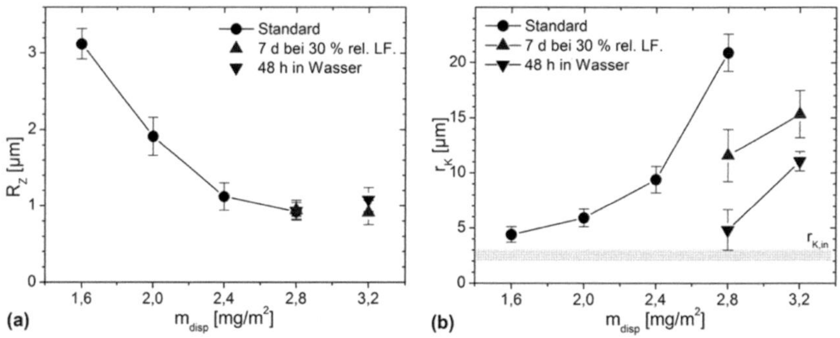

Abbildung 4.44: (a) R_Z-Werte von gesinterten Mikroproben, die im Grünzustand unterschiedlich gelagert wurden; (b) entsprechende Kantenverrundungswerte r_K in Abhängigkeit vom Dispergatorgehalt m_{disp}.

Die Erhöhung der Formstabilität der Mikrosäulen während der Entbinderung wird auf die Diffusion von Wassermolekülen in die Grünkörper zurückgeführt. Dabei ist davon auszugehen, dass die Wassermoleküle bevorzugt an die Oberfläche der Pulverpartikel diffundieren und die Dispergatormoleküle, soweit diese an der Pulveroberfläche nur physiosorbiert sind, verdrängen bzw. in ihrer Wirkung behindern [**Nov04**]. Dies führt zu einer Destabilisierung des Pulverpartikelnetzwerkes und somit zu einer Erhöhung der Fließgrenze, weshalb es während der thermischen Entbinderung zu einer verbesserten Formstabilität der Grünkörper kommt. Im Vergleich dazu kann mit dem Einsatz eines Ausgangspulvers, das mit dem verwendeten Dispergator thermisch vorbehandelt wurde, die Erhöhung der Fließgrenze und Viskosität verhindert werden [**Nov00**]. Mit dieser Vorbehandlung wird eine Beschichtung des Pulvers erreicht, indem eine chemische Bindung (Chemisorption) der Dispergatormoleküle mit der Pulveroberfläche erfolgt. Infolge dessen kann die verdrängende bzw. behindernde Wirkung der Wassers auf den Dispergator vermieden werden. Dies stellt einen wichtigen Hinweis auf die Diffusion von Wasser in heißgegossene keramische Grünkörper aus Paraffinwachs-Formmassen und auf eine Wechselwirkung der Wassermoleküle mit der Oberfläche der Pulverpartikel. Dieser Effekt wurde bislang nicht genau untersucht. Eine mögliche Wechselwirkung zwischen Wasser und Dispergator ist bisher auch nicht bekannt. Daher wurden weitere Untersuchungen durchgeführt, um die Vorgänge, die während der Lagerung der Grünkörper in Wasser bzw. an feuchter Luft stattfinden, besser zu verstehen.

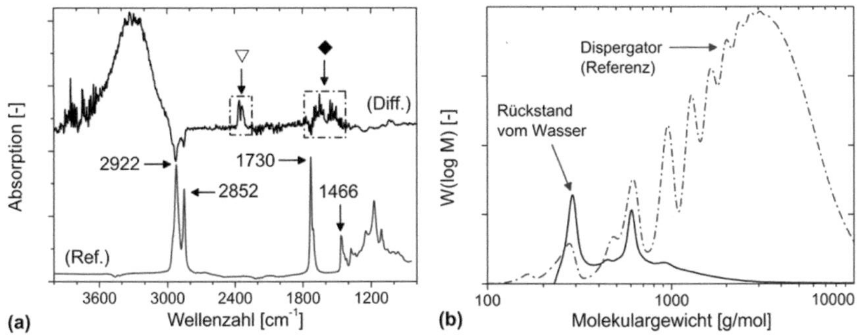

Abbildung 4.45: (a) IR-Absorptionsspektrum vom Dispergator (Ref.) und Differenzspektrum (Diff.) zwischen destilliertem Wasser und dem Wasser, in dem der Grünkörper gelagert wurde; (b) GPC-Analyse vom Dispergator und von dem Rückstand im Wasser, in dem der Grünkörper gelagert wurde.

In **Abbildung 4.45 a** ist das IR-Referenzspektrum (Ref.) des verwendeten Dispergators dargestellt. Die Absorbanzmaxima bei 2922 cm^{-1} und 2852 cm^{-1} sind auf (C-H)-Streckschwingungen der unpolaren Fettsäureketten zurückzuführen. Die Peaks bei 1730 cm^{-1} und 1466 cm^{-1} werden hingegen durch (C=O)-Streckschwingungen von Carbonylgruppen und (C-H)-Deformationsschwingungen von Methylengruppen verursacht [**Liu11**]. Die unterschiedlichen Absorptionsbanden innerhalb des Fingerprintbereichs zwischen 1100 cm^{-1} und 1400 cm^{-1} sind in den für langkettige Fettsäuren charakteristischen twisting und rocking-Schwingungen trans-orientierter CH_2-Gruppen begründet [**Gue03**]. Vergleicht man nun das Referenzspektrum (Ref.) des Dispergators mit dem Differenzspektrum (Diff.) zwischen destilliertem Wasser und dem Wasser, in dem ein Grünkörper für mehrere Tage gelagert wurde, so fällt auf, dass das Differenzspektrum ebenfalls charakteristische (C-H)-Streckschwingungen im Bereich von 2900 cm^{-1} besitzt (**Abbildung 4.45-a**). Aufgrund der sehr geringen Konzentration des Rückstands im Wasser, in dem der Grünkörper gelagert wurde, sind die charakteristischen Peaks des Differenzspektrums innerhalb des Fingerprintbereichs sehr schwach ausgeprägt. Daher werden die Absorbanzmaxima im Differenzspektrum bei 1730 cm^{-1} und 1466 cm^{-1} beispielsweise durch die Störbande von unkompensierter feuchter Spektrometeratmosphäre (mit ◆ gekennzeichnet) überlagert [**Gue03**]. Der mit (▽) gekennzeichnete Bereich ist auf eine atmosphärische Inkompensation von CO_2 während der Messung zurückzuführen [**Gue03**]. Die Ergebnisse aus den IR-Messungen deuten darauf hin, dass bei der Wasserlagerung möglicherweise geringe Mengen an Dispergator aus den Grünkörpern herausgelöst werden. Um diesen Hinweis mit einer physikalisch divergenten Analysemethode zu prüfen, wurde der Rückstand in dem Lagerwasser zusätzlich mittels GPC untersucht (**Abbildung 4.45-b**). Es wurde festgestellt, dass die Molekulargewichtsverteilungen vom Dispergator und vom Rückstand übereinstimmen. Diese Ergebnisse bestärken den Verdacht, dass es sich bei dem Rückstand im Lagerwasser tatsächlich um den verwendeten Dispergator handelt. Es ist allerdings anzunehmen, dass die Dispergatormoleküle im Rückstand wesentlich kürzere Ketten besitzen, als in ihrem ursprünglichen Zustand. Dies deutet darauf hin, dass die Moleküle nur partiell aus dem Grünkörper herausgelöst werden.

In den IR-Differenzspektren zwischen zwei Grünkörpern, von denen der eine bei 0 % rF und der andere in Wasser gelagert wurde, wurden Absorptionsbanden zwischen 3000 cm^{-1} und 3500 cm^{-1} festgestellt, die auf (OH)-Störschwingungen von chemisch gebundenem Wasser [**Gue03**] zurückgeführt wurden. Um zu prüfen, ob während der Wasserlagerung tatsächlich eine chemische Bindung (Chemisorption) von Wassermolekülen in den Grünkörpern erfolgt, wurden die Proben außerdem mittels TG-FT-IR-Kopplung analysiert. In **Abbildung 4.46-a** sind temperaturabhängige Absorptionsspektren des bei 0 % rF gelagerten Grünkörpers im charakteristischen Wellenzahlenbereich von 3000-3500 cm^{-1} zu sehen. Für die bei 0 % rF gelagerte Probe sind in dem charakteristischen Bereich keine Absorptionsbanden zu erkennen. Das Verhalten der Absorptionskurven bei 200°C bzw. 250°C wird durch das zunehmende thermische Hintergrundrauschen während der Messung bedingt. Im Vergleich dazu weisen die Spektren des in Wasser gelagerten Grünkörpers im charakteristischen Wellenzahlenbereich Absorptionsmaxima auf, die auch oberhalb von 100°C nachgewiesen werden konnten (**Abbildung 4.46-b**). Dies ist ein wichtiger Hinweis darauf, dass in dem Grünkörper chemisch gebundenes Wasser vorhanden sein könnte, was die Vermutungen aus der Literatur [**Nov00**] zusätzlich bestärkt. Die Erhöhung der Formstabilität von Grünkörpern, die in Wasser gelagert werden, kann zusammenfassend durch folgende Vorgänge erklärt werden:

- Diffusion von Wasser in den Grünkörper
- Partielles Herauslösen des Dispergators aus dem Grünkörper
- Chemisorption von Wasser im Grünkörper

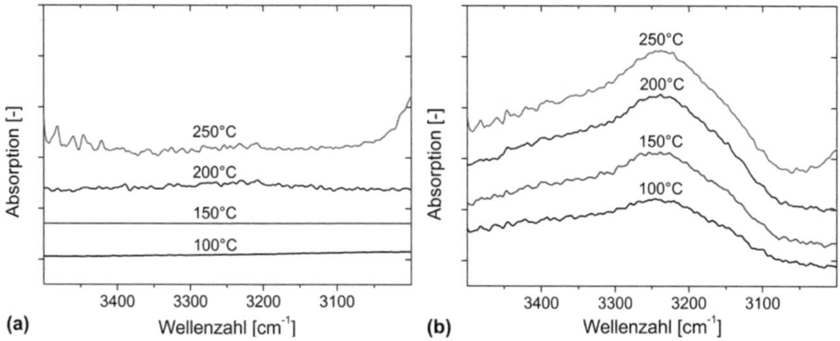

Abbildung 4.46: Charakteristische TG-FT-IR-Kopplungsspektren von Grünkörpern, die bei (a) 0 % rF in einem Exsikkator bzw. (b) in Wasser gelagert wurden.

Tabelle 4.4: Kantenverrundungswerte r_K von Mikrosäulen im gesinterten Zustand (Heißgießmassen mit einem Dispergatorgehalt von 2,8 mg/m^2 und 3,2 mg/m^2) in Abhängigkeit von der Art der Grünkörperlagerung.

	r_K [µm] für 2,8 mg/m^2	**r_K [µm] für 3,2 mg/m^2**
Standardrezeptur (keine Lagerung)	21,5 ± 3,5	(Deformation)
Lagerung: 7 d bei 0% rF	14,4 ± 2,2	20,9 ± 2,0
Lagerung: 7 d bei 30 % rF	11,6 ± 2,4	15,3 ± 2,1
Lagerung: 48 h in Wasser	4,8 ± 1,8	11,1 ± 0,9

Bisher wurden die Untersuchungen zur Lagerung von Grünkörpern in Wasser vorgestellt. Es hat sich allerdings herausgestellt, dass auch eine Lagerung für mehrere Tage bei Umgebungsbedingungen (ca. 30 % rF) zu einer verbesserten Formstabilität während der Entbinderung führt (**Abbildung 4.44-b**). Ein bislang ungeklärter Effekt führt dazu, dass Grünkörper, die für mehrere Tage in trockener Luft (Exsikkator mit Trocknungsmittel und 0 % rF) gelagert wurden, auch eine verbesserte Formstabilität besitzen. So führt die Entbinderung von Mikrosäulenarrays mit einer hohen Dispergatorkonzentration von 3,2 mg/m^2, die für 7 Tage im Exsikkator gelagert wurden, zu einer vollständigen Formstabilität der Mikrosäulen mit einer Kantenverrundung von 20,9 µm (**Tabelle 4.4**). Im Vergleich dazu führt die Entbinderung am selben Tag der Grünkörperherstellung zur Deformation der Mikrostrukturen (**Abbildung 4.43-b**). Ähnlich verhält es sich bei den Grünkörpern mit einem geringeren Dispergatorgehalt von 2,8 mg/m^2. Trotz einer Lagerung bei 0 % rF findet eine Stabilisierung der

Grünkörper statt. Infolge des Einflusses von Wasser (Diffusion und Chemisorption) fällt diese Stabilisierung allerdings umso höher aus, je höher die Feuchtigkeit der Umgebungsluft ist. Im Fall einer Lagerung in Wasser ist die Stabilisierung, wie bereits vorgestellt wurde, besonders stark ausgeprägt. Der Grund für diese Art von „Stabilisierung" trotz Abwesenheit von Wasser bzw. Feuchtigkeit konnte im Rahmen dieser Arbeit nicht ermittelt werden. Auch mit Hilfe einer Variation der Lagerungstemperatur zwischen -25°C und 50°C konnte keine eindeutige Korrelation zwischen der Stabilisierung und einer Lagerung bei 0 % rF gefunden werden. Allerdings existieren Hinweise zur begrenzten Löslichkeit des Dispergators (bei Raumtemperatur flüssig) im Paraffinwachs (Schmelzpunkt bei ca. 64,5°C). Nach einer mehrtägigen Lagerung von Mischungen aus Paraffinwachs und Dispergator (in identischen Mischungsverhältnissen wie bei der Formmassenherstellung) wurden tropfenförmige Ausscheidungen des Dispergators auf der Oberfläche der erstarrten Masse beobachtet. Es ist denkbar, dass sich Ausscheidungen auch bei der Grünkörperlagerung bilden. Dies würde zu einer Destabilisierung des Pulverpartikelnetzwerks und somit zu einer Erhöhung der Fließgrenze führen, was schließlich die beobachtete Formstabilität der Proben während der Entbinderung bewirken würde. Um eine Reproduzierbarkeit der Formveränderung während der Entbinderung und damit eine Vergleichbarkeit der Ergebnisse zu gewährleisten, wurden die Grünkörper daher generell ungelagert bereits am Tag der Formgebung thermisch entbindert. Die bislang ungeklärte Stabilisierung stellt einen prozesstechnisch wichtigen Punkt bezüglich der Reproduzierbarkeit der Probeneigenschaften dar. Aus diesem Grund sind weitere Untersuchungen zur Aufklärung dieses Phänomens notwendig.

4.2.6 Feuchtigkeit der Entbinderungsatmosphäre

Der Einfluss der Luftfeuchtigkeit auf die Formänderung der heißgegossenen keramischen Mikrostrukturen während der thermischen Entbinderung stellt eine wesentliche Erkenntnis dieser Arbeit dar. Anhand der Kontrolle der Luftfeuchtigkeit im Entbinderungsofen Λ_E ist es möglich, die Kantenverrundung der Mikrobiegebalken gezielt zu beeinflussen. In **Abbildung 4.47** sind Mikrosäulenarrays mit einem Dispergatorgehalt von 3,2 mg/m^2 dargestellt, die bei verschiedenen Luftfeuchtigkeiten entbindert wurden. Es ist erkennbar, dass die Formstabilität der Mikrosäulen mit abnehmender Luftfeuchtigkeit zunimmt. Trotz des Einflusses von Faktoren, die eine Formveränderung begünstigen, kann die Formstabilität der Mikrobiegeproben bei einer Entbinderung in trockener Luft (0 % rF) vollständig beibehalten und die Kantenverrundung unterdrückt werden. So führte die Entbinderung von Mikrosäulenarrays in trockener Luft, die beispielsweise mit einer erhöhten Formgebungsdauer t_P von 30 min hergestellt wurden, zu keiner Deformation bzw. Kantenverrundung (**Abbildung 4.48**). Im Gegensatz dazu verursachte die Entbinderung von identischen Proben bei einer Feuchtigkeit von 60 % rF bzw. 95 % rF das Zerlaufen der Mikrostrukturen.

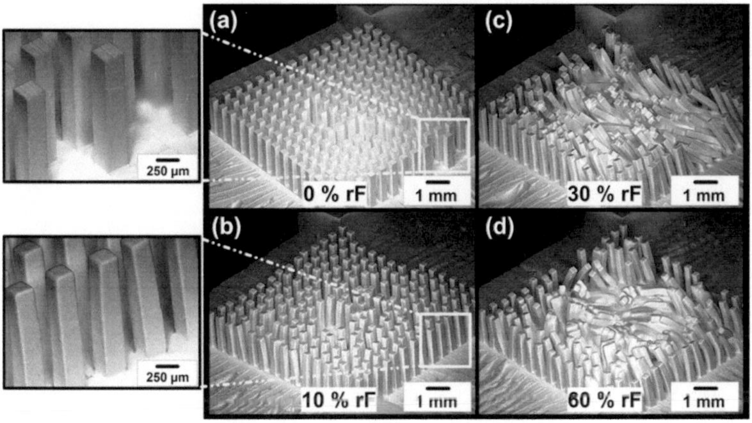

Abbildung 4.47: Einfluss der Luftfeuchtigkeit Λ_E während der Entbinderung auf die Formstabilität von Mikrosäulenarrays (m_{disp} = 3,2 mg/m^2 und t_P = 3 min) bei Λ_E von (a) 0 % rF, (b) 10 % rF, (c) 30 % rF und (d) 60 % rF.

Abbildung 4.48: Einfluss der Luftfeuchtigkeit Λ_E während der Entbinderung auf die Formstabilität von Mikrosäulenarrays mit m_{disp} = 3,2 mg/m^2 und t_P = 30 min.

Die Oberflächenrauhigkeiten der gesinterten Mikroproben, die bei 0 % rF entbindert wurden, weisen ähnliche Werte zu den Rauhigkeiten im Grünkörperzustand auf (**Abbildung 4.49-a**). Im Vergleich dazu liegen die R_Z-Werte der Proben mit niedrigen Dispergatorgehalten bei Entbinderung in feuchter Atmosphäre über den R_Z-Werten der Grünkörper und nehmen mit zunehmender Feuchtigkeit der Entbinderungsatmosphäre auch weiter zu. Die Kantenverrundung r_K ist bei 30 % rF bzw. 60 % rF vergleichbar. Im Gegensatz dazu nehmen die r_K-Werte mit abnehmender Luftfeuchtigkeit (10 % rF) ab. Bei der Entbinderung in trockener Luft (0 % rF) liegen diese sogar im Bereich der urformbedingten Verrundung $r_{K,in}$ von 2-3 µm (**Abbildung 4.49-b**).

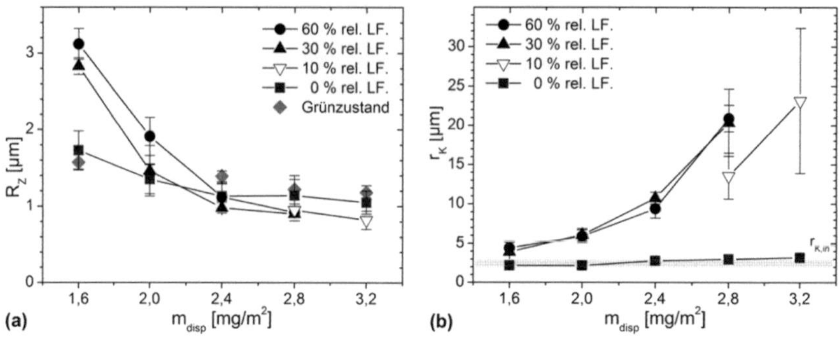

Abbildung 4.49: (a) R_Z-Werte von gesinterten Mikrobalkenproben, die bei verschiedenen Luftfeuchtigkeiten Λ_E entbindert wurden; (b) entsprechende Kantenverrundungswerte r_K in Abhängigkeit vom Dispergatorgehalt m_{disp}.

Mit Hilfe von Momentaufnahmen wurden die Vorgänge, die während der thermischen Entbinderung in trockener und feuchter Luft stattfinden, genauer untersucht. Zunächst wurden Grünkörper verwendet, die eine geringe Formstabilität besitzen. Unabhängig von der Luftfeuchtigkeit kann man auf den Mikroproben oberhalb des Schmelzpunktes des Binders einen Oberflächenbinderfilm erkennen (**Abbildung 4.50**). Bei hoher Luftfeuchtigkeit ist der Binderfilm allerdings wesentlich stärker ausgeprägt, als an trockener Luft. Bereits nach der Bildung des Binderfilms ist eine deutliche Tendenz zur Kantenverrundung und Deformation der Mikrosäulen erkennbar. Bei höheren Temperaturen fallen die Säulen schließlich unter ihrem Eigengewicht zusammen. Trotz Vorliegen einer sehr niedrigen Fließgrenze ist in trockener Entbinderungsluft hingegen keine Deformation der Mikrostrukturen zu beobachten. Stattdessen wird der Binderfilm durch den Einfluss der porösen Entbinderungsunterlage mit zunehmender Temperatur aus dem Grünkörper extrahiert. Betrachtet man das Entbinderungsverhalten von Mikrosäulenarrays mit einer wesentlich höheren Formstabilität, so kann ein unterschiedliches Migrationsverhalten des Binders in der porösen Struktur der Grünkörper festgestellt werden (**Abbildung 4.51**). Bei Entbinderung in feuchter Luft findet die Migration des Binders aus den Mikrosäulen offensichtlich langsamer statt, als in trockener Luft. Bei 0 % rF ist schon ab 90°C kein Oberflächenbinderfilm mehr zu erkennen, während bei 95 % rF auch bei 110°C noch ein dünner Binderfilm beobachtet werden kann.

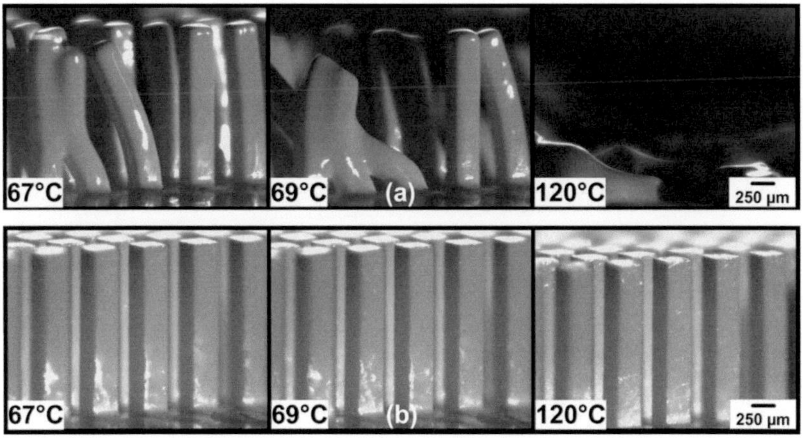

Abbildung 4.50: Mikrosäulenarrays (3,2 mg/m^2) während der thermischen Entbinderung in (a) feuchter Ofenatmosphäre (ca. 95 % rF) und (b) trockener Ofenatmosphäre (0 % rF).

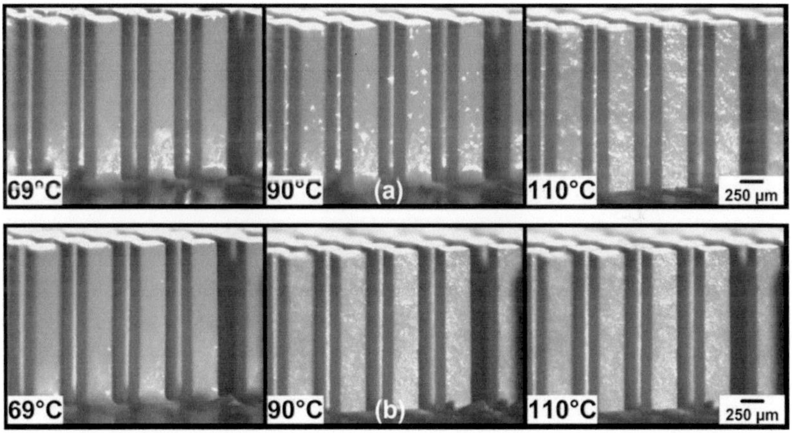

Abbildung 4.51: Mikrosäulenarrays (2,0 mg/m^2) während der thermischen Entbinderung in (a) feuchter Ofenatmosphäre (ca. 95 % rF) und (b) trockener Ofenatmosphäre (0 % rF).

Als Triebkraft für das erhöhte Formänderungsvermögen während der Entbinderung ist unter anderem die erhöhte Grenzflächenspannung zwischen dem Oberflächenbinderfilm und der feuchten Luft verantwortlich. Außerdem findet zu Beginn der Entbinderung (Aufheizphase bis zum Aufschmelzen des Binders) die Diffusion von Wassermolekülen aus der Luft in den Grünkörper statt. Dadurch kommt es zur Wechselwirkung zwischen den Wassermolekülen und der Oberfläche der Pulverpartikel. Dies verursacht eine mangelnde Benetzung des Pulvers mit dem Binder. Einerseits erhöht sich dadurch die Menge des ausgeschwitzten Binderfilms. Andererseits kann der Binder dadurch länger auf der Oberfläche beibehalten werden, was die Formänderung begünstigt.

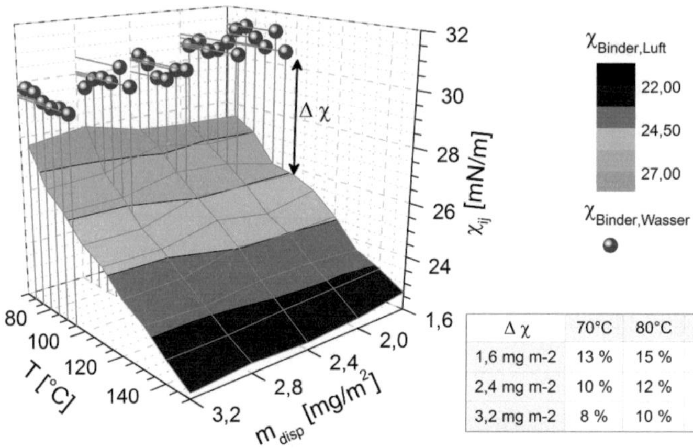

Δχ	70°C	80°C	90°C
1,6 mg m-2	13 %	15 %	19 %
2,4 mg m-2	10 %	12 %	16 %
3,2 mg m-2	8 %	10 %	14 %

Abbildung 4.52: Temperaturabhängige Grenzflächenspannungen zwischen Binder und trockener Luft $\chi_{Binder,Luft}$ sowie Binder und Wasser $\chi_{Binder,Wasser}$ bei variierendem Dispergatorgehalt des Binders.

Zur Bestimmung der Grenzflächenspannung zwischen Binder und feuchter Luft wurden zunächst temperaturabhängige Tropfenkonturanalysen entsprechend der Methode des hängenden Tropfens (PD-Methode) durchgeführt. Hierzu wurden Wachstropfen mit variierender Dispergatormenge in trockener und feuchter Atmosphäre (ca. 95 % rF) analysiert. Anschließend wurde daraus die Grenzflächenspannung des Binders berechnet. Es hat sich allerdings herausgestellt, dass diese Messungen nicht dazu geeignet sind, um eine höhere Triebkraft des Oberflächenbinderfilms zur Kantenverrundung in feuchter Luft nachzuweisen. Für die Grenzflächenspannung des Binders wurden sowohl in trockener als auch in feuchter Luft ähnliche Werte gemessen ($\chi_{Binder,Luft}$ in **Abbildung 4.52**). Um den unmittelbaren Einfluss von Wasser auf die Grenzflächenspannung des Binders zu bestimmen, wurden daher alternative Messungen durchgeführt. Dabei wurden hängende Wassertropfen im Binder analysiert und daraus die Grenzflächenspannung $\chi_{Binder,Wasser}$ zwischen Binder und Wasser ermittelt. Es wurde festgestellt, dass die Grenzflächenspannung $\chi_{Binder,Wasser}$ zwischen Binder und Wasser höher ist, als zwischen Binder und trockener Luft $\chi_{Binder,Luft}$ (**Abbildung 4.52**). Theoretisch ist es möglich, dass sich bereits eine leichte Veränderung der Grenzflächenspannung des Binders in signifikanter Weise auf die Höhe der Triebkraft zur Kantenverrundung auswirkt. Die Grenzflächenspannung einer Flüssigkeit (skaliert auf einen Wirkungsbereich von nur wenigen Mikrometern) beeinflusst einen in Kontakt stehen Festkörper in der Regel wesentlich stärker, als zum Beispiel Adhäsions- und Gravitationskräfte oder elektrostatische Kräfte [**Fea95, Men04**]. Der typische Einfluss der Grenzflächenspannung in der Mikrodimension wird in der MST beispielsweise für die Mikromanipulation und Selbstorganization von Mikrokomponenten genutzt [**Hos96, Sym03**].

Die Tropfenkonturanalyse von Wassertropfen im Binder stellt allerdings nur eine bedingt geeignete Methode dar, um den Einfluss der Luftfeuchtigkeit auf die Formveränderung während der Entbinderung vollständig zu erklären. Die Grenzflächenspannung in der Grenzfläche Binder-Wasser $\chi_{Binder,Wasser}$ bildet den Zustand, in dem sich der Binderfilm während der Entbinderung tatsächlich befindet, nur unzureichend ab. Die Mikroproben werden nicht in Wasser entbindert, sondern von Wassermolekülen in der Gasphase umgeben. Die bisher vorgestellten Messverfahren berücksichtigen außerdem nur die Zweiphasensysteme Binder-Luft bzw. Binder-Wasser. Im Realfall liegt allerdings das Dreiphasensystem ZrO_2-Binder-Luft mit variierender Luftfeuchtigkeit vor. Übrigens ist davon auszugehen, dass Diffusion von Wasser in die Grünkörper erfolgt und es dadurch zur Wechselwirkung zwischen den Wassermolekülen und der Pulveroberfläche kommt. Einen besseren Erklärungsansatz zum Einfluss der Feuchtigkeit auf die zunehmende Tendenz zur Formveränderung während der Entbinderung liefert daher die Betrachtung des Dreiphasensystems ZrO_2-Binder-Luft unter Berücksichtigung der Wechselwirkung zwischen Wasser und der Pulveroberfläche. Hierzu wurden die Kontaktwinkel von Paraffinwachstropfen mit variierendem Dispergatorgehalt auf einer dicht gesinterten PSZ-Oberfläche in trockener und feuchter Atmosphäre ermittelt. In der Regel bilden unpolare Flüssigkeitstropfen wie Wachs auf einer polaren Oberfläche wie PSZ nach Erreichen eines Gleichgewichtszustands einen stationären Kontaktwinkel. Infolge der grenzflächenaktiven Wirkung des Dispergators erfolgt bei einer Mischung aus Wachs und Dispergator jedoch eine vollständige Benetzung der Oberfläche. Daher ist in diesem Fall die Angabe eines stationären Kontaktwinkels nicht möglich, weshalb ein zeitabhängiger Kontaktwinkel angegeben wird. Vergleicht man nun das zeitabhängige Benetzungsverhalten der Bindertropfen miteinander, so fällt auf, dass der Binder in trockener Luft die PSZ-Oberfläche im Allgemeinen besser benetzt, als in feuchter Umgebung. In trockener Luft wurde eine umso bessere Benetzung der Oberfläche mit dem Binder festgestellt, je höher der Dispergatorgehalt gewählt wurde (die Bindertropfen spreiten besser auf der ZrO_2-Oberfläche), wie in **Abbildung 4.53-a** zu sehen ist. Im Gegensatz dazu wurde in feuchter Luft eine vergleichsweise schlechte Benetzung mit zunehmendem Dispergatorgehalt beobachtet (**Abbildung 4.53-b**).

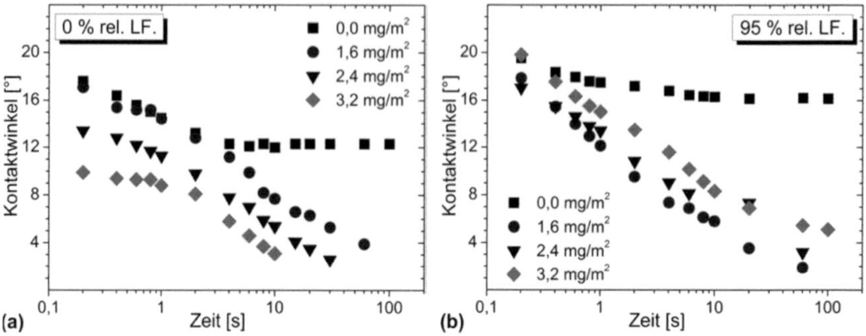

Abbildung 4.53: Zeitabhängiger Kontaktwinkel von Bindertropfen mit variierender Dispergatorkonzentration auf einer dicht gesinterten ZrO_2-Oberfläche bei (a) 30 % rF und (b) 95 % rel. LF sowie 90°C.

Das Benetzungsverhalten von Festkörperoberflächen mit Flüssigkeiten wird üblicherweise mit der Benetzungsspanung χ_B beschrieben, die mit Hilfe der Young-Laplace Gleichung **(4.4)** berechnet wird [**Doe94**]. Für den Fall einer Benetzung der ZrO_2-Oberfläche mit dem Binder stehen in Gleichung **(4.4)** $\chi_{ZrO2,Luft}$ bzw. $\chi_{Binder,Luft}$ für die Oberflächenspannungen des ZrO_2-Festkörpers bzw. des Binders, $\chi_{ZrO2,Binder}$ für die Grenzflächenspannung zwischen ZrO_2 und Binder und θ für den gemessenen Kontaktwinkel. Benutzt man die Kontaktwinkel bei einer exemplarischen Tropfenverweildauer von 1 s (Messung bei 90°C) aus **Abbildung 4.53** und die Oberflächenspannungswerte des Binders $\chi_{Binder,Luft}$ aus **Abbildung 4.52** bei der gleichen Temperatur, so lässt sich die Benetzungsspanung χ_B der Bindertropfen auf der ZrO_2-Oberfläche bestimmen. Demnach nimmt die Benetzungsspannung des Binders in trockener Atmosphäre mit einem zunehmenden Dispergatorgehalt zu (**Abbildung 4.54**). Im Vergleich dazu nimmt die Benetzungsspannung in feuchter Atmosphäre mit zunehmendem Dispergatorgehalt ab. Es wird darauf hingewiesen, dass die Werte für χ_B infolge der Zeitabhängigkeit des Kontaktwinkels nicht als absolut, sondern nur relativ zu sehen sind. Den Grund für eine abnehmende Tendenz zur Spreitung (entspricht einer niedrigeren Benetzungsspanung) bilden die Wassermoleküle in der feuchten Atmosphäre, die sich an die Festkörperoberfläche anlagern und eine Schicht zwischen den Flüssigkeitstropfen und der Oberfläche bilden [**Ber69, Sha67**]. In **Abbildung 4.55** ist dieser Effekt im Vergleich zum Zustand in trockener Luft schematisch dargestellt. Durch die adsorbierte Schicht an Wassermolekülen werden die für keramische Festkörperoberflächen typischerweise sehr hohen Oberflächenenergien (entsprechend $\chi_{ZrO2,Luft}$) abgesenkt, was schließlich zu einer niedrigeren Benetzungsspannung χ_B führt [**Bai68**].

$$\chi_B \equiv \chi_{ZrO2,Luft} - \chi_{ZrO2,Binder} = \chi_{Binder,Luft} \cos\theta \tag{4.4}$$

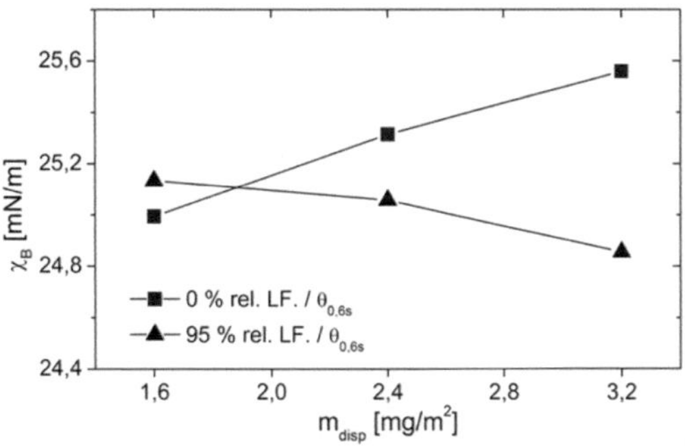

Abbildung 4.54: Rechnerisch ermittelte Benetzungsspanung χ_B von Bindertropfen mit variierender Dispergatorkonzentration m_{disp} auf einer dichten ZrO_2-Oberfläche in trockener und feuchter Atmosphäre bei 90°C und einer Tropfenverweildauer von 1 s.

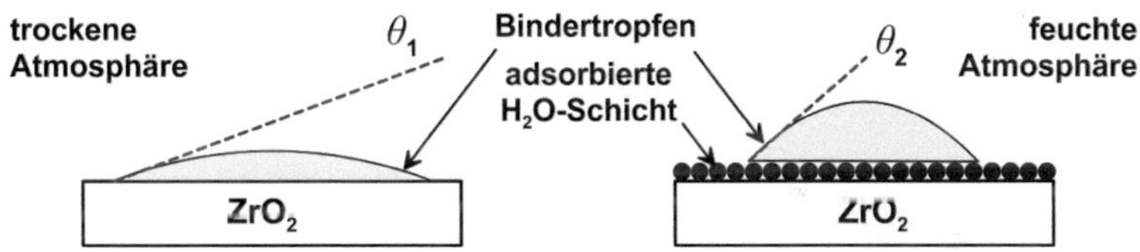

Abbildung 4.55: Schematische Darstellung des Benetzungsverhaltens einer ZrO_2-Festkörperoberfläche mit einem Bindertropfen in trockener und feuchter Atmosphäre.

Vorausgesetzt, dass zu Beginn der Entbinderung (Aufheizphase bis zum Aufschmelzen des Binders) in feuchter Entbinderungsatmosphäre die Diffusion einer hinreichenden Menge an Wasser in den Grünkörper erfolgt, ist anzunehmen, dass zwischen den Wassermolekülen und der Pulverpartikeloberfläche eine Wechselwirkung stattfindet. Die Wassermoleküle, die an die Oberfläche der ZrO_2-Partikel diffundieren, setzen die Benetzungsspannung des Binders herab. Infolge dessen wird zum einen die Menge des ausgeschwitzten Oberflächenbinderfilms erhöht (siehe **Abbildung 4.50**). Zum anderen vollzieht sich die Migration des Binders aus dem Grünkörper offensichtlich langsamer (siehe **Abbildung 4.51**). Entsprechend der Gleichung **(2.25)** nimmt der Kapillardruck des Binders innerhalb der porösen Grünkörperstruktur ab, wenn sich der Kontaktwinkel zwischen dem Binder und den Pulverpartikeln erhöht (d.h. die Benetzungsspannung des Binders nimmt ab). Bei einer unveränderten

Permeabilität führt dies entsprechend der Gleichung **(2.26)** zu einer Verringerung des Volumenstroms des Binders, der durch die poröse Struktur des Grünkörpers in die Entbinderungsunterlage fließt. Ein ähnlicher Zustand gilt auch für die Wechselwirkung zwischen dem Binder und der Entbinderungsunterlage. Infolge der feuchten Atmosphäre ist auch in diesem Fall eine schlechte Benetzung des Binders mit der porösen Struktur der Entbinderungsunterlage zu erwarten. Dies führt zu einer unzureichenden Aufnahme des Binders durch die Entbinderungsunterlage. Trotz unveränderter Permeabilität erscheint die Migration des Binders aus dem Grünkörper in feuchter Atmosphäre daher langsamer, als in trockener Atmosphäre. Mit zunehmender Temperatur nimmt die Viskosität des Binders allerdings so stark ab (um ca. 50 % zwischen 70°C und 100°C, siehe **Abbildung 4.7-b**), dass entsprechend der Gleichung **(2.26)** eine Zunahme des Volumenstroms bzw. der Migration des Binders aus dem Grünkörper in die Unterlage erfolgt. Die Vorgänge, die während der Entbinderung in feuchter Luft zu einer erhöhten Tendenz zur Kantenverrundung bzw. Formänderung und Oberflächendefektausheilung führen, sind in **Abbildung 4.56** schematisch dargestellt und können wie folgt zusammengefasst werden:

- Diffusion von Wasser in den Grünkörper in der Anfangsphase der Entbinderung
- Wechselwirkung zwischen den Wassermolekülen und der Oberfläche der Pulverpartikel und dadurch Verringerung der Benetzungsspannung des Binders
- Erhöhung der Menge des ausgeschwitzten Oberflächenbinderfilms und Beeinträchtigung der Migration des Binders aus dem Grünkörper in die Unterlage
- Höhere Grenzflächenspannung zwischen Binder und Wasser als zwischen Binder und Luft

Bei der Entbinderung in feuchter Luft führen die oben genannten Vorgänge insbesondere bei Mikroproben mit einer hohen Dispergatorkonzentration zu einer starken Kantenverrundung und effektiven Defektausheilung, die sich in einer niedrigen Oberflächenrauhigkeit äußert. Bei Grünkörpern mit geringer Dispergatorkonzentration erschwert die hohe Fließgrenze des Pulver-Binder-Gemisches allerdings die Beweglichkeit und damit die Umlagerungsprozesse der Pulverpartikel. Daher fällt die Kantenverrundung sehr gering aus (siehe **Abbildung 4.49-b**). Die Oberflächenrauhigkeit ist allerdings unerwarteterweise höher, als bei einer Entbinderung in trockener Luft. Die Rauhigkeit ist außerdem umso höher, je höher die Luftfeuchtigkeit während der Entbinderung ist (**Abbildung 4.49-a**). Auch in diesem Fall wird das Benetzungssverhalten des Binders mit dem Pulver bzw. mit der Entbinderungsunterlage beeinflusst und die Grenzflächenspannung des Binderfilms ist höher, als in trockener Luft. Wegen der hohen Fließgrenze ist jedoch anzunehmen, dass eine Partikelumlagerung kaum möglich bzw. nur auf die unmittelbare Probenoberfläche begrenzt ist. Die Umlagerungsvorgänge können daher nur in der obersten Partikelschicht und ausschließlich unter der Wirkung der Oberflächenspannung des Oberflächenbinderfilms stattfinden. In diesem Fall ist die Partikelmobilität stark gehemmt, wodurch es zur Erhöhung der Oberflächenrauhigkeit kommt. Bei der Entbinderung in trockener Luft ist der Einfluss des Wassers auf das Benetzungsverhalten und die Grenzflächenspannung des Binders nicht vorhanden. Es findet weder eine Kantenverrundung noch eine Verbesserung des Oberflächenzustands statt. Daher weisen die in trockener Luft entbinderten Mikroproben in der Regel ähnliche Oberflächenrauhigkeitswerte wie im Grünzustand auf.

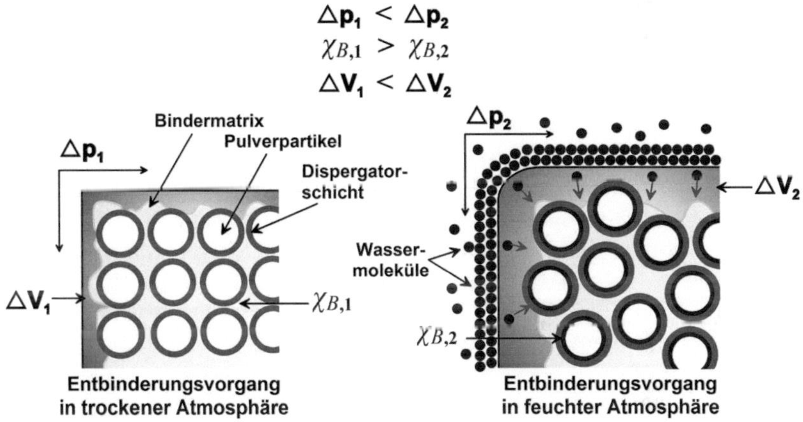

Abbildung 4.56: Modellvorstellung zum Einfluss der Luftfeuchtigkeit auf die Partikelmobilität und damit auf die Formveränderung (Kantenverrundung) während der thermischen Entbinderung .

Eine weitere Möglichkeit, den Einfluss der Luftfeuchtigkeit auf die Formänderung während der Entbinderung zu erklären, stellt die Berücksichtigung von Kapillarkräften zwischen den Pulverpartikeln dar, die eine besondere Rolle für die Fließeigenschaften von Suspensionen spielen können. Auch in diesem Fall wird davon ausgegangen, dass zu Beginn der Entbinderung Wasser in den Grünkörper eindiffundiert. Koos und Willenbacher **[Koo11a, Koo11b]** untersuchten die rheologischen Eigenschaften von fest-flüssig-flüssig Dreiphasensystemen verdünnter Suspensionen aus dispersen Metalloxidpulverpartikeln in verschiedenen organischen Flüssigkeiten. In die Suspensionen wurde Wasser als Zweitflüssigkeit zugegeben, die auf den Pulverpartikeln ein anderes

Benetzungsverhalten aufweist, als die organischen Hauptflüssigkeiten. In Abhängigkeit von der zugegebenen Menge führte die Zugabe von Wasser entweder zu einer Zunahme oder zu einer Abnahme der Suspensionsfließgrenze. Es ist denkbar, dass diese Beobachtung auch auf das untersuchte Dreiphasensystem ZrO_2-Binder-Wasser übertragen werden kann, dass allerdings wesentlich komplexer aufgebaut ist. In diesem Fall liegt ein System aus dispersen ZrO_2 Pulverpartikeln vor, die in einer Paraffinwachsmatrix von Fettsäuremolekülen sterisch stabilisiert werden und in Wechselwirkung mit Wasser stehen. Die mögliche Veränderung interpartikulärer Kapillarkräfte infolge der Wasserdiffusion bietet einen entscheidenden Erklärungsansatz, mit dem zum einen die Modellvorstellung in **Abbildung 4.56** gestützt werden kann. Zum anderen können damit auch die widersprüchlich erscheinenden Beobachtungen zum Einfluss von Wasser auf die Formstabilität der heißgegossenen Mikrostrukturen während der Entbinderung erklärt werden. Während eine Grünkörperlagerung in Wasser bzw. feuchter Umgebung zu einer Erhöhung der Formstabilität führt (siehe **Kapitel 4.2.5**), verursacht die Entbinderung in feuchter Luft eine Verringerung der Formstabilität. Diese Phänomene können möglicherweise auf die Menge an Wasser zurückgeführt werden, die während der Auslagerung in Wasser oder bei der Entbinderung in feuchter Luft in den Grünkörper diffundieren. Im Vergleich zu einer Grünkörperlagerung in Wasser bzw. feuchter Luft für mehrere Stunden oder Tage, ist die Menge an Wasser, die zu Beginn der Entbinderung bis zum Aufschmelzen des Binders (ca. 1,5 h bei 0,5 K/min) in den Grünkörper eindringen kann, deutlich gering. Eine geringe Menge an eingelagertem Wasser im Grünkörper führt demnach zu einer Abnahme der Formmassenfließgrenze. Wird die in den Grünkörper diffundierende Wassermenge aber erhöht, so könnte dies infolge der zunehmenden Wechselwirkung der Wassermoleküle mit der Pulveroberfläche eine Destabilisierung des Partikelnetzwerkes und damit auch eine Erhöhung der Fließgrenze verursachen.

4.2.7 Zusammenfassung

Während der thermischen Entbinderung von heißgegossenen ZrO_2-Mikrobiegebalken wurde unter bestimmten Umständen eine Verbesserung des Oberflächenzustands beobachtet. Für das Stattfinden dieser Oberflächendefektausheilung stellt die Bildung eines Oberflächenbinderfilms auf den Mikrostrukturen infolge der Wärmeausdehnung des Binders eine wesentliche Voraussetzung dar. Außerdem ist eine ausreichend hohe Beweglichkeit der Pulverpartikel in den aufgeschmolzenen Grünkörpern erforderlich. Die Partikelmobilität ist umso höher, je niedriger die Fließgrenze und je höher die Fließfähigkeit der

ZrO_2-Paraffinwachs-Heißgießmassen ist. Als entscheidende Triebkraft verursacht die Oberflächenspannung des Oberflächenbinderfilms die Umlagerung von mobilen, oberflächennahen Pulverpartikeln, was zu einer Abnahme der Oberflächenrauhigkeit führt. Dieser Vorgang ist allerdings auch mit einer Formänderung verbunden, die eine Verrundung von Kanten bewirkt. Liegt eine hohe Partikelmobilität vor, so besteht die Gefahr, dass unter dem Einfluss der Schwerkraft eine vollständige Deformation der Mikrostrukturen erfolgt.

Es wurden zahlreiche material- und prozessspezifische Herstellungsparameter identifiziert, welche die Entwicklung der Oberflächenrauhigkeit und Kantenverrundung während der thermischen Entbinderung wesentlich beeinflussen. Die Erhöhung der Dispergatorkonzentration m_{disp} führt im Allgemeinen zu verbesserten Fließeigenschaften der Heißgießmassen. Dies bewirkt eine Verringerung der Oberflächenrauhigkeit R_Z und eine Erhöhung der Kantenverrundung r_K. Die Migration des Binders aus dem Grünkörper wird durch die Aufnahmefähigkeit der Entbinderungsunterlage für den Binder entscheidend beeinflusst. Eine poröse Unterlage mit geringer Kapillarwirkung und gleichzeitig hinreichend hoher Permeabilität reicht in der Regel bereits aus, um die auf der voluminösen Sockelplatte befindlichen Mikrostrukturen unkompliziert und defektfrei zu entbindern. Während der Formgebung findet eine selektive Wachsaufnahme durch die Silikonformen statt, die in den oberflächennahen Bereichen der Grünkörper eine Dispergatoranreicherung verursacht und daher zu einer Verflüssigung führt. Dadurch werden die Partikelmobilität und entsprechend auch die Tendenz zur Kantenverrundung erhöht. Im Extremfall kommt es zu einer vollständigen Deformation der Mikrostrukturen. Die Verflüssigung lässt sich durch die Formgebungstemperatur T_M, die Formgebungsdauer t_P und die Abkühlgeschwindigkeit der Silikonformen nach der Formgebung beeinflussen. Der Verflüssigungseffekt kann begrenzt werden, indem T_M und t_P sowie die für das Abkühlen der heißgegossenen Grünkörper benötigte Dauer so gering wie möglich gewählt werden. In der Regel führt dies zu einer geringeren Kantenverrundung und Oberflächenrauhigkeit. Durch eine Vorbehandlung der Silikonformen mit einem speziellen Modellierwachs kann eine Beschichtung der Mikrostrukturen während der Formgebung erreicht werden. Die grenzflächenaktive Wirkung der im Modellierwachs enthaltenen Additive bewirkt eine Verflüssigung der Mikrosäulenoberflächen. Dies führt zur Verbesserung des Oberflächenzustands bei zunehmender Kantenverrundung. Die Auslagerung der Grünkörper in Wasser bzw. in feuchter Umgebung bewirkt auch eine Verringerung der Kantenverrundung, allerdings bei gleich bleibender Oberflächenrauhigkeit. Dies ist auf die Diffusion von Wasser in die Grünkörper zurückzuführen. Aufgrund der Wechselwirkung von Wasser mit der Oberfläche der Pulverpartikel sowie zusätzlich mit dem Dispergator findet eine Destabilisierung des Pulver-Binder-Gemisches statt, was sich in einer Erhöhung der

Fließgrenze und einer Verringerung der Fließfähigkeit der Heißgießmassen äußert. Aber auch die Auslagerung in trockener Umgebung führt zu einer höheren Formstabilität während der Entbinderung. Der Grund hierfür konnte allerdings bislang nicht bestimmt werden. Es wird angenommen, dass die begrenzte Löslichkeit des Dispergators in Paraffinwachs zu Ausscheidungen führt, die zu einer Destabilisierung des Pulver-Binder-Gemisches und damit zu einer Erhöhung der Fließgrenze führen.

Tabelle 4.5: Prinzipieller Einfluss von herstellungsbedingten Material- und Prozessparametern auf die Entwicklung der Kantenverrundung und Oberflächenrauhigkeit von heißgegossenen ZrO_2-Mikrobiegebalken während der thermischen Entbinderung.

Material- und Prozessparametervariation			**Kantenverrundung r_K**	**Oberflächenrauhigkeit R_Z**
Dispergatorkonzentration m_{disp}		⬆	↑↑	↓↓
Formgebungsdauer t_P		⬆	↑	↑
Formgebungstemperatur T_M		⬆	↑	↑
Abkühlgeschwindigkeit der Silikonform nach der Formgebung		⬆	↓	↓
Feuchtigkeit der Entbinderungsatmosphäre Λ_E		⬆	↑↑	↑* ↓**
Grünkörperlagerung	in Wasser	✓	↓	●
	bei hoher Luftfeuchtigkeit	✓	↓	●
	in trockener Luft	✓	↓	●
Vorbehandlung der Silikonformen mit Modellierwachs		✓	↑	↓

Einfluss: (⬆⬆) sehr hohe Zunahme, (⬆) Zunahme, (●) keine Veränderung, (⬇) Abnahme, (⬇⬇) sehr hohe Abnahme
* bei niedriger Dispergatorkonzentration
** bei hoher Dispergatorkonzentration

Eine zentrale Erkenntnis stellt der Einfluss der Luftfeuchtigkeit der Entbinderungsatmosphäre Λ_E auf die Eigenschaften der heißgegossenen Mikroteile dar. Bei der Entbinderung in trockener Luft weisen die Proben ähnlich hohe R_Z- und r_K-Werte auf, wie die Proben im Grünzustand. Im Gegensatz führt die Entbinderung in feuchter Luft in der Regel zu einer Verbesserung des Oberflächenzustands und zur Verrundung von Kanten, und im Extremfall zur Deformation der Mikroteile. Der Einfluss der Feuchtigkeit lässt sich durch die Diffusion von Wassermolekülen in die Grünkörper erklären, die bereits vor Beginn der

Entbinderung in feuchter Luft erfolgt. Im Vergleich zu einer mehrstündigen bzw. mehrtätigen Lagerung der Grünkörper in Wasser bzw. in feuchter Umgebung ist die Menge an Wasser, die in dieser Zeit in die Grünkörper diffundieren kann, sehr gering. Die Wechselwirkung zwischen den Wassermolekülen und der Pulveroberfläche führt zu einer Veränderung des Benetzungsverhaltens des Binders mit dem Pulver und damit auch zu einer Veränderung der interpartikulären Kapillarkräfte im schmelzflüssigen Zustand. Infolge dessen erhöht sich die Menge des ausgeschwitzten Oberflächenbinders. Liegt zudem eine niedrige Fließgrenze vor, so bewirkt die höhere Grenzflächenspannung zwischen dem Binderfilm und der feuchten Luft eine zunehmende Kantenverrundung und Ausheilung von Oberflächendefekten. Ein besonderes Merkmal der Luftfeuchtigkeit als Prozessparameter ist, dass es sich dabei um eine übergeordnete Einflussgröße handelt. Trotz des Einflusses von Parametern, die eine Formänderung begünstigen, kann bei der Entbinderung in trockener Luft die Formstabilität der Mikroteile vollständig beibehalten werden. Eine Übersicht zum Einfluss relevanter Parameter auf die Kantenverrundung und Oberflächenrauhigkeit der Mikrostrukturen ist in **Tabelle 4.5** zusammengefasst.

4.3 Mechanische Eigenschaften von 3Y-TZP-Mikrobiegebalken

In diesem Kapitel werden die mechanischen Eigenschaften von heißgegossenen 3Y-TZP-Mikrobiegebalken vorgestellt. Zunächst werden die aus der Literatur bisher bekannten Eigenschaften zusammengefasst (**Kapitel 4.3.1**). Anhand von Literaturwerten wird anschließend die Anwendbarkeit des Weibull-Größeneffekts auf die Abschätzung der Biegefestigkeit der Mikrobiegebalken dargestellt (**Kapitel 0**). Schließlich erfolgt die Vorstellung und Diskussion der Ergebnisse zu den Festigkeitsuntersuchungen, die anhand unterschiedlicher Herstellungsbedingungen hergestellt wurden (**Kapitel 4.3.3-4.3.5**).

4.3.1 Typische Probeneigenschaften und Festigkeitswerte

Das Festigkeitsverhalten von heißgegossenen 3Y-TZP-Mikrobiegebalken wurde bereits mehrfach untersucht [**Auh06, Kas08, Mue07**]. Dabei wurde eine Korrelation zwischen der Oberflächenrauhigkeit, dem Kantenradius und der Biegebruchfestigkeit festgestellt. Bei Probenchargen mit großen Kantenradien und geringen Rauhigkeiten wurden in der Regel die höchsten Festigkeiten ermittelt (**Abbildung 4.57**). Diese Beobachtung wurde auf die Oberflächendefektausheilung während der thermischen Entbinderung zurückgeführt, die sich durch eine Verringerung der Oberflächenrauhigkeit und eine Erhöhung der Kantenverrundung äußert (**Abbildung 4.58**).

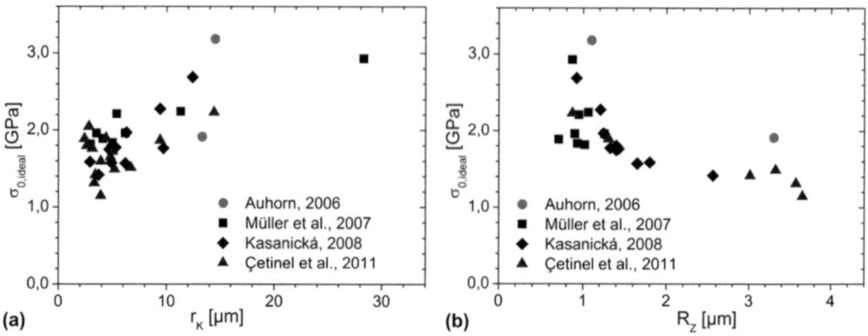

Abbildung 4.57: Charakteristische Drei-Punkt-Biegefestigkeitswerte in Abhängigkeit von (a) dem Kantenradius r_K und (b) der Oberflächenrauhigkeit R_Z; die Datenpunkte repräsentieren Messungen an je 20-30 Biegeproben und stammen aus [**Auh06**, **Kas08**, **Mue07**] bzw. aus eigenen Untersuchungen [**Cet11**].

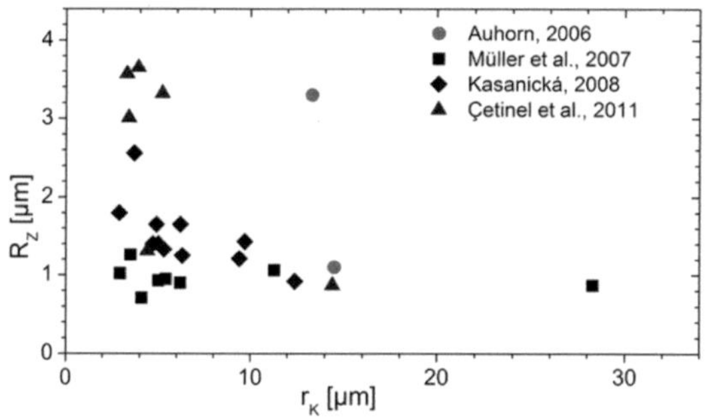

Abbildung 4.58: Zusammenhang zwischen Oberflächenrauhigkeit R_Z und Kantenradius r_K.

Aufgrund der fehlenden Kenntnis herstellungsbedingter Einflussfaktoren war es allerdings bislang nicht möglich, die Veränderung von Probeneigenschaften und Festigkeitsverhalten gezielt zu steuern. Auch bei den eigenen Arbeiten gab es zunächst Schwierigkeiten, die Probeneigenschaften zu reproduzieren [**Cet11**].

4.3.2 Abschätzung des Festigkeitsverhaltens

Mit Hilfe des Weibull-Größeneffekts (**Kapitel 2.4.1**) ist es möglich, die Festigkeit von Mikrobiegeproben ausgehend von den Festigkeiten von Makrobiegeproben abzuschätzen. Hierzu sind neben der charakteristischen Festigkeit $\sigma_{0,makro}$ die effektiven Oberflächen S_{eff} bzw. Volumina V_{eff} der Makro- und Mikroproben notwendig. Für die charakteristische Vier-Punkt-Biegefestigkeit von 3Y-TZP-Makroproben im unbehandelten Zustand (as-sintered) kann in etwa 600 MPa (Weibull-Modul $m \approx 8$) angenommen werden [**Tse99b**]. Mit Hilfe der Gleichung **(2.45)** lässt sich dieser Wert in eine Drei-Punkt-Biegefestigkeit $\sigma_{0,makro}$ von ca. 700 MPa (m ≈ 8) umrechnen, der in den weiteren Berechnungen als Referenzwert für $\sigma_{0,makro}$ verwendet. In **Tabelle 4.6** sind die effektiven Oberflächen und Volumina für verschiedene Probengrößen und Weibull-Moduln zwischen 8 und 16 aufgeführt. Die Berechnung von S_{eff} und V_{eff} erfolgt nach [**Qui03**] entsprechend den Gleichungen **(4.5)** und **(4.6)**.

$$V_{eff} = \frac{V}{2\,(m+1)^2} \quad \textbf{(4.5)} \qquad S_{eff} = L_A \frac{h + b\,(m+1)}{(m+1)^2} \quad \textbf{(4.6)}$$

Damit lassen sich für gegebenen Festigkeiten $\sigma_{0,makro}$ die Werte $\sigma_{0,mikro}$ von Mikrobiegeproben abschätzen **(Abbildung 4.59)**. Die Prognose erfolgt unter der Voraussetzung, dass das Versagen entweder ausschließlich durch Oberflächendefekte oder Volumendefekte bestimmt wird. Bei Verwendung des Referenzwertes $\sigma_{0,makro}$ von 700 MPa ergeben sich für die Mikrobiegeproben Festigkeiten zwischen 1000-1600 MPa bzw. 1200-2200 MPa, wenn die Bruchursache ausschließlich auf Oberflächendefekte bzw. Volumendefekte zurückzuführen ist. Da das Oberflächen-zu-Volumen-Verhältnis (S_{eff}/V_{eff}) von Mikroproben im Vergleich zu Makroproben in etwa 17-fach größer ist (**Tabelle 4.6**), ist davon auszugehen, dass das Bruchversagen überwiegend von Oberflächendefekten bestimmt wird (**Abbildung 4.59-a**). Anhand der statistischen Auswertung von über 400 Mikroproben-Bruchflächen konnte festgestellt werden, dass nur in etwa 3 % der Fälle Volumendefekte, wie zum Beispiel Poren oder Agglomerate, die Versagensursache darstellten.

Tabelle 4.6: Effektive Oberflächen und Volumina von Makro- und Mikrobiegeproben für unterschiedliche Weibull-Moduln *m*.

	Weibull-Modul m	**Effektive Oberfläche S_{eff}* [mm²]**	**Effektives Volumen V_{eff}* [mm³]**	**S_{eff} / V_{eff} [mm⁻¹]**
Makrobiegprobe 3 x 4 x 40 mm³	8	12,96	2,22	5,8
	12	8,70	1,07	8,2
Auflagerabstand L_A = 30 mm	16	6,54	0,62	10,5
Mikrobiegprobe 0,2 x 0,2 x 1,2 mm³	8	$1{,}98 \times 10^{-2}$	$1{,}98 \times 10^{-4}$	100
	12	$1{,}33 \times 10^{-2}$	$9{,}47 \times 10^{-5}$	140
Auflagerabstand L_A = 0,8 mm	16	$9{,}97 \times 10^{-3}$	$5{,}54 \times 10^{-5}$	180

* Berechnung von S_{eff} und V_{eff} entsprechend den Gleichungen **(4.5)** und **(4.6)**

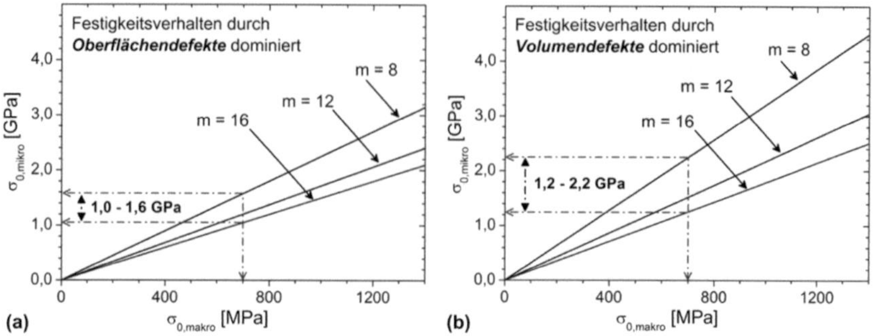

Abbildung 4.59: Zusammenhang zwischen der Drei-Punkt-Biegefestigkeit von Makrobiegeproben $\sigma_{0,makro}$ und der Festigkeitsprognose für Mikrobiegeproben $\sigma_{0,mikro}$, die unter Anwendung des Weibull-Größeneffekts und den Werten aus

Tabelle 4.6 für Weibull-Moduln zwischen 8 und 16 berechnet wurden.

Die Verwendung des Weibull-Größeneffekts zur Festigkeitsprognose keramischer Körper führt bei sehr kleinen Prüfvolumina allerdings zu äußerst unzuverlässigen Ergebnissen. Für Proben mit effektiven Prüfvolumina $V_{eff} < 10^{-4}$ mm³ führt die Weibull-Theorie zu einer Überschätzung der Festigkeitswerte [**Dan06**]. In **Abbildung 4.60** ist der Zusammenhang zwischen der geschätzten Festigkeit und der effektiven Oberfläche bzw. des effektiven Volumens in Abhängigkeit vom Weibull-Modul *m* dargestellt. Für sehr kleine Proben (20 x 20 x 330 µm³, Auflagerabstand L_A = 114 µm, $V_{eff} \approx 10^{-7}$ mm³) [**Ant09b**] liegen die experimentell bestimmten Festigkeitswerte $\sigma_{0,mikro}$ mit 2390 MPa (*m* = 6,3) tatsächlich deutlich unter dem durch den Größeneffekt abgeschätzten Festigkeitsniveau (für *m* = 6). Die mittels Heißgießen hergestellten 3Y-TZP-Mikroproben (200 x 200 x 1200 µm³, Auflagerabstand L_A = 800 µm, effektives Volumen $V_{eff} \approx 10^{-4}$ mm³) weisen allerdings charakteristische Festigkeiten auf, die in der Regel über dem abgeschätzten Festigkeitsniveau liegen. Dies liegt einerseits daran, dass die untersuchten Proben nicht bzw. nicht erheblich unter dem kritischen effektiven Probenvolumen von 10^{-4} mm³ liegen. Zum anderen weisen die heißgegossenen Mikroproben sehr gute Oberflächenzustände auf (R_Z < 2 µm, siehe **Abbildung 4.57-b**). Dies lässt darauf zurückschließen, dass sowohl die Anzahl als auch die Größe der Oberflächendefekte der heißgegossenen Mikroproben wesentlich geringer bzw. kleiner ist, als mit dem Größeneffekt für den Referenzwert $\sigma_{0,makro}$ von 700 MPa abgeschätzt wird. Im Vergleich dazu ist die Defektgröße- und dichte bei raueren Proben (R_Z >> 2 µm) so hoch, dass in diesem Fall die gemessenen Festigkeiten sogar überschätzt werden (siehe $\sigma_{0,mikro}$ für m = 9,1 [**Cet11**] in **Abbildung 4.60**).

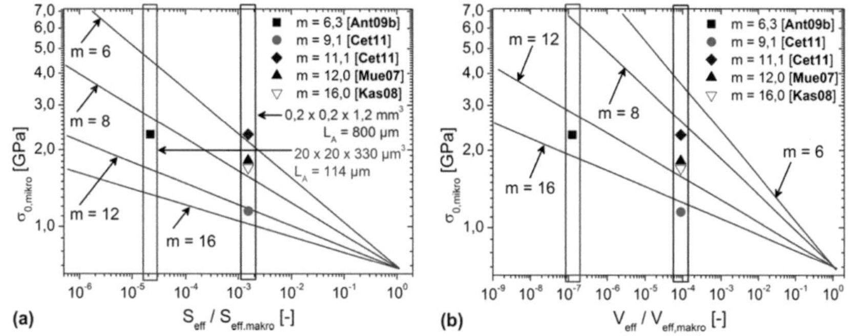

Abbildung 4.60: Festigkeitsprognose (bezogen auf eine Drei-Punkt-Biegefestigkeit $\sigma_{0,makro}$ von 700 MPa für gesinterte 3Y-TZP-Makroproben im as-fired Zustand [**Tse99b**]) in Abhängigkeit von (a) der effektiven Oberflächen S_{eff} und (b) dem effektiven Volumen V_{eff} (die Datenpunkte repräsentieren Messwerte aus der Literatur).

$$\sigma_{0,real} = \alpha_1 + \alpha_2 r_K + \alpha_3 R_Z + \alpha_4 \kappa_{\sin} \qquad \textbf{(4.7)}$$

Tabelle 4.7: Parameter der multiplen Regression aus [**Kas08**].

α_1 [MPa]	α_2 [MPa/µm]	α_3 [MPa/µm]	α_4 [MPa/%]
1711	92	-154	-160

Kasanická [**Kas08**] entwickelte ein Regressionsmodell, mit dem eine Abschätzung der Festigkeit heißgegossener 3Y-TZP-Mikrobiegebalken in Abhängigkeit von den Probeneigenschaften ermöglicht werden soll. Das Modell beruht auf der multiplen Regressionsanalyse von Messergebnissen aus insgesamt sieben Probenchargen mit je 30 Proben. Entsprechend der Gleichung **(4.7)** beschreibt das Modell die Korrelation zwischen der Drei-Punkt-Biegefestigkeit $\sigma_{0,real}$ mit dem Kantenradius r_K, der Oberflächenrauhigkeit R_Z und der Porosität κ_{sin} der gesinterten Proben. Die anhand des Modells ermittelten Parameter sind in **Tabelle 4.7** aufgeführt. Die maximale Abweichung zwischen den berechneten und experimentell ermittelten charakteristischen Festigkeiten wird zu ± 5 % angegeben [**Kas08**].

4.3.3 Festigkeitsuntersuchungen an den Probenchargen S01-S06 (übergeordneter Parameter Λ_E = 0 % rF)

An insgesamt sechs Probenchargen (S01-S06) mit ca. 30 Biegeproben je Charge wurden die Drei-Punkt-Biegefestigkeiten ermittelt und mit Hilfe der Weibull-Statistik ausgewertet. Es erfolgte eine gezielte Variation der material- und prozessspezifischen Parameter, um eine Korrelation zwischen den Herstellungsbedingungen und den Eigenschaften der Proben zu ermitteln. Als übergeordneter Prozessparameter wurde Λ_E zu 0 % rF festgelegt. Je Charge wurden maximal zwei weitere Parametern variiert. In **Tabelle 4.8** sind die relevanten Herstellungsbedingungen und die daraus resultierenden Rauhigkeiten R_Z bzw. R_V, die Kantenradien r_K und die entsprechenden Festigkeitswerte $\sigma_{0,real}$ bzw. $\sigma_{0,ideal}$, sowie die Weibull-Moduln $m_{k,real}$ bzw. $m_{k,ideal}$ aufgelistet.

Tabelle 4.8: Bei der Herstellung der Chargen S01-S06 angewandte Material- und Prozessparametervariationen und daraus resultierende Eigenschaften der gesinterten Mikrobiegebalken (ca. 30 Proben je Charge).

<table>
<tr><th rowspan="2">Charge</th><th rowspan="2">Relevanter Parameter Λ_E</th><th rowspan="2">1. Variation*</th><th rowspan="2">2. Variation m_{disp}</th><th rowspan="2">R_Z [µm]</th><th rowspan="2">$R_{Z,grün}$** [µm]</th><th rowspan="2">R_V [µm]</th><th rowspan="2">r_K [µm]</th><th>$\sigma_{0,real}$</th><th>$m_{k,real}$</th></tr>
<tr><th>$\sigma_{0,ideal}$ [MPa]</th><th>$m_{k,ideal}$ [-]</th></tr>
<tr><td rowspan="2">S01</td><td rowspan="12">0 % rF</td><td rowspan="10">Standard</td><td rowspan="2">1,6 mg/m²</td><td rowspan="2">1,73 ± 0,25</td><td rowspan="2">1,57 ± 0,10</td><td rowspan="2">1,02 ± 0,17</td><td rowspan="2">2,2 ± 0,3</td><td>1944</td><td>9,1</td></tr>
<tr><td>1862</td><td>9,3</td></tr>
<tr><td rowspan="2">S02</td><td rowspan="2">2,0 mg/m²</td><td rowspan="2">1,35 ± 0,19</td><td rowspan="2">1,42 ± 0,13</td><td rowspan="2">0,94 ± 0,22</td><td rowspan="2">2,2 ± 0,4</td><td>1978</td><td>6,8</td></tr>
<tr><td>1895</td><td>6,7</td></tr>
<tr><td rowspan="2">S03</td><td rowspan="2">2,4 mg/m²</td><td rowspan="2">1,13 ± 0,16</td><td rowspan="2">1,39 ± 0,07</td><td rowspan="2">0,76 ± 0,19</td><td rowspan="2">2,8 ± 0,3</td><td>2212</td><td>12,6</td></tr>
<tr><td>2099</td><td>12,5</td></tr>
<tr><td rowspan="2">S04</td><td rowspan="2">2,8 mg/m²</td><td rowspan="2">1,14 ± 0,26</td><td rowspan="2">1,22 ± 0,13</td><td rowspan="2">0,75 ± 0,20</td><td rowspan="2">3,0 ± 0,6</td><td>2328</td><td>12,1</td></tr>
<tr><td>2198</td><td>12,4</td></tr>
<tr><td rowspan="2">S05</td><td rowspan="4">3,2 mg/m²</td><td rowspan="2">1,05 ± 0,15</td><td rowspan="4">1,18 ± 0,09</td><td rowspan="2">0,73 ± 0,19</td><td rowspan="2">3,2 ± 0,4</td><td>2369</td><td>14,7</td></tr>
<tr><td>2232</td><td>14,7</td></tr>
<tr><td rowspan="2">S06</td><td rowspan="2">t_P = 30 min</td><td rowspan="2">1,14 ± 0,13</td><td rowspan="2">0,74 ± 0,11</td><td rowspan="2">4,0 ± 0,8</td><td>2316</td><td>18,8</td></tr>
<tr><td>2153</td><td>17,5</td></tr>
</table>

* Prozessparameter sind in **Tabelle 4.2** erläutert

** Rauheitskenngröße R_Z der Mikrobiegbalken im Grünzustand

Mit zunehmender Dispergatorkonzentration m_{disp} (Chargen S01-S05) nimmt die Oberflächenrauhigkeit R_Z der Biegeproben von 1,73 µm auf 1,05 µm ab, während die Zunahme des Kantenradius r_K von 2,2 µm auf 3,2 µm vernachlässigbar ist (**Tabelle 4.8**). Dabei erfolgt eine Steigerung der charakteristischen Festigkeit $\sigma_{0,real}$ von 1944 MPa auf 2369 MPa (**Abbildung 4.61**). Die Verringerung der Oberflächenrauhigkeit ist mit der Annahme verbunden, dass dadurch eine Reduzierung der Anzahl und Größe von Oberflächendefekten erfolgt. Das Festigkeitsverhalten der Biegeproben wird im Wesentlichen von Oberflächendefekten bestimmt. Daher führt eine Verringerung der Anzahl und Größe von kritischen Oberflächendefekten zu einer Festigkeitssteigerung. Die Verbesserung der Zuverlässigkeit äußert sich zudem in einer Erhöhung der Weibull-Moduln $m_{k,real}$ von 9,1 (Charge S01) auf 14,7 (Charge S05) (**Tabelle 4.8**).

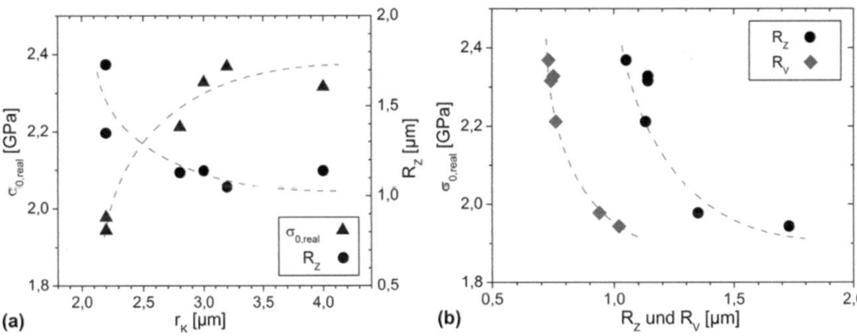

Abbildung 4.61: Zusammenhang zwischen der Biegebruchfestigkeit $\sigma_{0,real}$, dem Kantenradius r_K und den Rauheitswerten R_Z und R_V für die Chargen S01-S06.

Der Zusammenhang zwischen der Verringerung der Rauhigkeit und der Reduzierung der kritischen Oberflächendefektgröße lässt sich durch eine Gegenüberstellung der Rauheitskenngröße R_V und der berechneten kritischen Fehlergröße a_c verdeutlichen (**Abbildung 4.62**). Nach DIN EN ISO 4287 [**DIN10**] beschreibt die Rauheitskenngröße R_V die Tiefe des größten gemessenen Profiltales. Aus **Abbildung 4.62** folgt, dass sich der R_V-Wert relativ gut mit einem scharfen, kritischen Anfangsriss der Länge a_c senkrecht zur Zugseitenfläche vergleichen lässt. Dieser Zusammenhang ist allerdings nicht selbstverständlich, da R_V die gemittelte Rauhigkeit für die gesamte Zugseite aus drei Linienmessungen von je 1 mm Messlänge darstellt. Im Vergleich dazu beschreibt a_c einen kritischen, ideal scharfen Riss im Bereich des höchsten Biegemoments in der Mitte der Biegeprobe (für die Vorgehensweise zur Berechnung von a_c wird auf **Kapitel 2.4.1** verwiesen). Eine verhältnismäßig gute Korrelation zwischen gemessenem R_V-Wert und berechnetem a_c-Wert gibt daher einen wichtigen

Hinweis darauf, dass die gemittelte Rauhigkeit aus den drei Linienmessungen auch für den Bereich der maximalen Beanspruchung als charakteristisch gesehen werden kann (**Abbildung 4.63**). Eine Abweichung von der idealen Korrelation zwischen R_V und a_c tritt insbesondere dann ein, wenn hohe R_V-Werte vorwiegend außerhalb des Bereichs der Maximalbeanspruchung gemessen werden. Es ist aber auch möglich, dass die kritische Defektart nicht durch eine scharfe Kerbe senkrecht zur Zugseite in der Probenmitte beschrieben werden kann und der Geometriefaktor Y von der Gleichung **(3.5)** abweicht. In diesen Fällen ist mit einer starken Abweichung der Messpunkte von der linearen R_V-a_c-Korrelation zu rechnen, wie beispielsweise für die Charge S01 festgestellt werden konnte (siehe **Abbildung 4.62**).

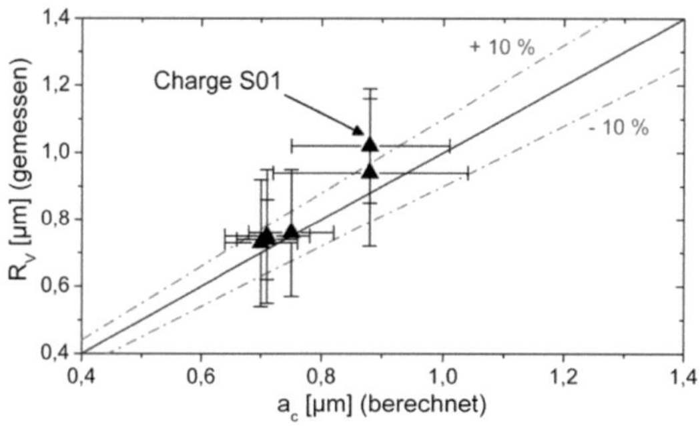

Abbildung 4.62: Gegenüberstellung der Rauheitskenngröße R_V und der berechneten kritischen Defektgröße a_c.

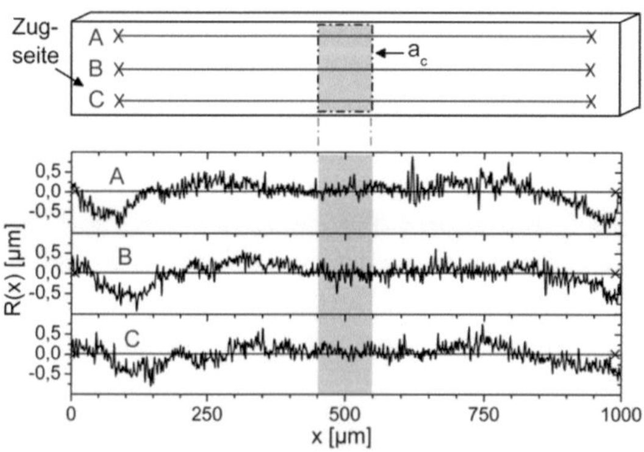

Abbildung 4.63: Vergleich von gemessenen Rauhheitsprofilen R(x) an einer Biegeprobe der Charge S05 und der tatsächlichen Lage eines kritischen Defekts mit der Länge a_c.

Aufgrund der trockenen Entbinderungsatmosphäre (Λ_E = 0 % rF) kann die Reduzierung der Oberflächenrauhigkeit jedoch in diesem Fall nicht auf eine Ausheilung von Oberflächendefekten zurückgeführt werden. Betrachtet man die $R_{Z,grün}$-Werte der Proben im Grünzustand, so fällt auf, dass sie mit einer zunehmenden Dispergatorkonzentration in nahezu gleichem Maße abnehmen, wie die R_Z-Werte der gesinterten Proben (**Tabelle 4.8**). Dies liegt an der verbesserten Homogenität und Fließfähigkeit der Formmassen mit zunehmendem Dispergatorgehalt (siehe **Kapitel 4.1.1**). Je fließfähiger eine Formmasse ist, umso höhere Replikationsqualitäten können dadurch erreicht werden. Infolge der niedrigen Formmassenviskosität werden vergleichsweise glatte und defektarme Oberflächen erzeugt und selbst sehr feine Strukturen im Mikrometerbereich detailgetreu abgebildet. Bei der Charge S06 führt dagegen die erhöhte Formgebungsdauer erwartungsgemäß zu einer Zunahme der Oberflächenrauhigkeit. Dies bewirkt eine leichte Festigkeitsabnahme von 2369 MPa (Charge S05) auf 2316 MPa (Charge S06), allerdings bei einem auffällig hohen Weibull-Modul $m_{k,real}$ von 18,8. In **Abbildung 4.64** sind die Weibull-Diagramme der Chargen S01-S06 mit den Vertrauensbereichen (90%) und den entsprechenden Vertrauensintervallen der charakteristischen Festigkeiten und Weibull-Moduln dargestellt. Die Festigkeitsverteilungen der Chargen S01-S06 lassen sich recht gut über Geraden annähern.

Tabelle 4.9: Bestimmtheitsmaß R^2_{linear}, korrigierter Weibull-Modul $m_{k,real,linear}$ und charakteristisches Bestimmtheitsmaß R^2_{char} nach [**Tir09**] bei Verwendung der Methode der linearen Regression im Vergleich zum korrigierten Weibull-Modul $m_{k,real}$ entsprechend der Maximum-Likelihood Methode.

Charge	R^2_{linear} [-]	R^2_{char} [-]	$m_{k,real,linear}$ [-]	$m_{k,real}$ [-]
S01	0,9650	0,9132	7,7	9,1
S02	0,9837	0,9132	6,3	6,8
S03	0,9779	0,9132	11,9	12,6
S04	0,9789	0,9132	11,8	12,1
S05	0,9911	0,9132	13,1	14,7
S06	0,9758	0,9117	15,9	18,8

Nach [**Tir09**] liegt eine Weibull-Verteilung vor, wenn das Bestimmtheitsmaß der linearen Regression einer Festigkeitsverteilung R^2_{linear} größer ist als das charakteristische Bestimmheitsmaß R^2_{char} entsprechend der Gleichung **(2.44)**. Dieses Kriterium ist für alle Chargen S01-S06 erfüllt (**Tabelle 4.9**). Betrachtet man die Weibull-Moduln ($m_{k,linear}$), die mittels linearer Regression unter Verwendung der Schätzfunktion nach Gleichung **(2.38)** bestimmt worden sind, so fällt auf, dass sie in der Regel niedriger liegen, als die Werte, die mit Hilfe der Maximum-Likelihood Methode ($m_{k,real}$) ermittelt wurden. Im Vergleich zur Maximum-Likelihood Methode werden die Weibull-Moduln m durch die lineare Regression häufig unterschätzt [**Amb11**]. Die Verwendung von $m_{k,linear}$ ist aus ingenieurwissenschaftlicher Sicht für die Auslegung von zuverlässigen Bauteilen daher besser geeignet, falls die Bedingung $R^2_{linear} > R^2_{char}$ erfüllt ist.

Tabelle 4.10: Art, Position und Häufigkeit der bruchauslösenden Defekte für die Chargen S01-S06.

<table>
<tr><th rowspan="2">Charge</th><th rowspan="2">Anzahl Proben</th><th colspan="6">Häufigste Defektart</th><th colspan="4">Zweithäufigste Defektart</th></tr>
<tr><th>Art*</th><th>Σ</th><th>Ort*</th><th>Σ</th><th>Ort*</th><th>Σ</th><th>Art*</th><th>Σ</th><th>Ort*</th><th>Σ</th></tr>
<tr><td>S01</td><td>28</td><td rowspan="6">OD-X</td><td>21</td><td>Z</td><td>14</td><td>K</td><td>3</td><td>OD-G</td><td>4</td><td>K</td><td>4</td></tr>
<tr><td>S02</td><td>28</td><td>21</td><td>Z</td><td>14</td><td>K</td><td>3</td><td>OD-G</td><td>4</td><td>K</td><td>4</td></tr>
<tr><td>S03</td><td>26</td><td>16</td><td>K</td><td>10</td><td>Z</td><td>6</td><td>OD-G</td><td>5</td><td>K</td><td>5</td></tr>
<tr><td>S04</td><td>28</td><td>20</td><td>K</td><td>13</td><td>Z</td><td>6</td><td>OD-G</td><td>4</td><td>K</td><td>4</td></tr>
<tr><td>S05</td><td>27</td><td>22</td><td>K</td><td>18</td><td>Z</td><td>4</td><td>OD-G</td><td>3</td><td>K</td><td>3</td></tr>
<tr><td>S06</td><td>29</td><td>20</td><td>K</td><td>14</td><td>Z</td><td>5</td><td>OD-G</td><td>4</td><td>K</td><td>4</td></tr>
<tr><td colspan="12">* Abkürzungen sind der Tabelle 3.8 zu entnehmen</td></tr>
</table>

In **Tabelle 4.10** sind die häufigsten und zweithäufigsten bruchauslösenden Defektarten sowie deren Positionen und Häufigkeiten aufgeführt. Wie erwartet, wird das Bruchversagen im Wesentlichen von Oberflächendefekten (OD-X) bestimmt, die in ihrer Art allerdings nicht genauer spezifiziert werden konnten. Als zweithäufigste Defektart wurden Grate (OD-G) festgestellt. Der Grund für eine Formabweichung in Form von Graten wird auf die hohe Wärmeschrumpfung und Nachgiebigkeit der Silikonformen beim Abkühlen der Grünkörper nach der Formgebung zurückgeführt. Dabei entstehen eingefallene Seitenflächen, die in scharfen, gratartigen Kanten resultieren. Infolge der fehlenden Kantenverrundung bei der Entbinderung in trockener Luft können diese auch nicht ausgeheilt werden. Bei der Biegebeanspruchung führen gratartige Kanten auf den Auflagern zu einem Punktkontakt und nicht zu einem Linienkontakt. Die sich daraus ergebenden Spannungserhöhungen verursachen dann ein frühzeitiges Bruchversagen. Zwischen den Rauhigkeits- und Festigkeitswerten (**Tabelle 4.8**) sowie dem Ort der häufigsten Defektart (**Tabelle 4.10**) ist eine Korrelation erkennbar. Während bei den niedrigfesten Chargen (S01-S02) das Versagen vorwiegend durch Defekte an der Zugseitenfläche (Z) verursacht wurde, ging das Versagen bei den höherfesten Chargen (S03-S06) mit entsprechend niedrigeren R_Z-Werten hauptsächlich von den Kanten aus.

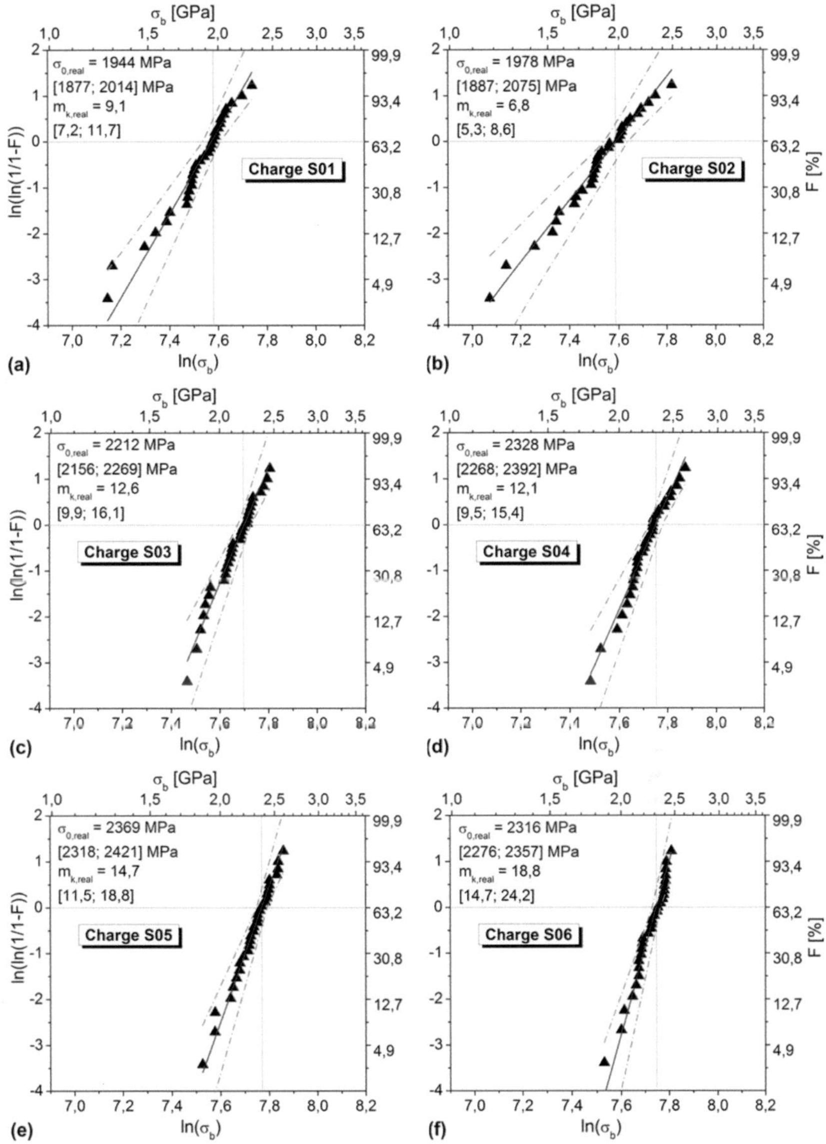

Abbildung 4.64: Weibull-Diagramme der Probenchargen S01-S06.

Dies lässt sich dadurch erklären, dass die an der zugbeanspruchten Seite vorliegenden Defekte im Vergleich zu identischen Defekten an scharfen Kanten gewöhnlich zu einer stärkeren lokalen Spannungserhöhung führen [**Auh06**]. Daher versagen Proben mit rauer Oberfläche vorwiegend an der Zugseite. Wird die Anzahl und Größe der kritischen Defekte auf den Seitenflächen allerdings reduziert, wie bei den Chargen S03-S06, so erhöht sich dadurch die Wahrscheinlichkeit, dass sich auch Defekte an den Kanten festigkeitsbegrenzend auswirken. In diesem Fall ist davon auszugehen, dass Oberflächendefekte (OD-X) an den Kanten (K), die nicht genau identifiziert werden konnten, vorwiegend auf sehr kleine Unebenheiten zurückzuführen sind. Betrachtet man die Weibull-Diagramme der Chargen S01-S03, so fällt auf, dass sie sich die Messpunkte im Vergleich zu den Chargen S04-S06 in bestimmten Bereichen weniger gut an die eingezeichneten Geraden anpassen (**Abbildung 4.64**). Dies deutet darauf hin, dass das Versagen auf mehr als nur eine Defektart zurückzuführen ist [**Dan07a**]. Aus dem Weibull-Diagramm der Charge S01 ist erkennbar, dass sich die niedrigfesten Proben von der Festigkeitsverteilung der mittel- und hochfesten Proben etwas unterscheiden (**Abbildung 4.64-a**). So wurden bei der Biegeprobe mit dem niedrigsten Festigkeitswert ein Porendefekt von etwa 5 µm als Bruchursache festgestellt (**Abbildung 4.65-a**). Den Grund hierfür stellt die erhöhte Heißgießmassenviskosität dar, die oftmals zu unbefriedigenden Formfüllungsqualitäten und damit vermehrt zu Oberflächendefekten führt (siehe **Kapitel 4.3.5**). Im Vergleich dazu führte bei der Probe mit der höchsten Festigkeit eine Unebenheit auf der Zugseite zum Versagen (**Abbildung 4.65-b**). Allerdings sind die Defekte bei den hochfesten Proben selten größer als etwa 1 µm und daher kaum erkennbar. Ein ähnlicher Zusammenhang wurde auch für die Charge S02 beobachtet.

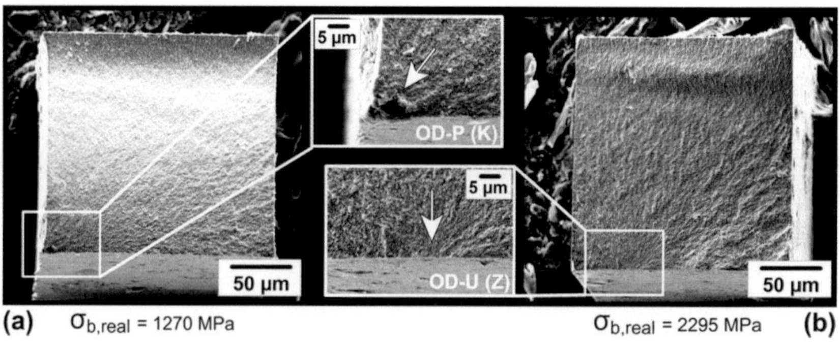

Abbildung 4.65: REM-Bruchflächenbilder von Mikrobiegeproben (a) mit der niedrigsten und (b) mit der höchsten Bruchfestigkeit $\sigma_{b,real}$ innerhalb der Charge S01.

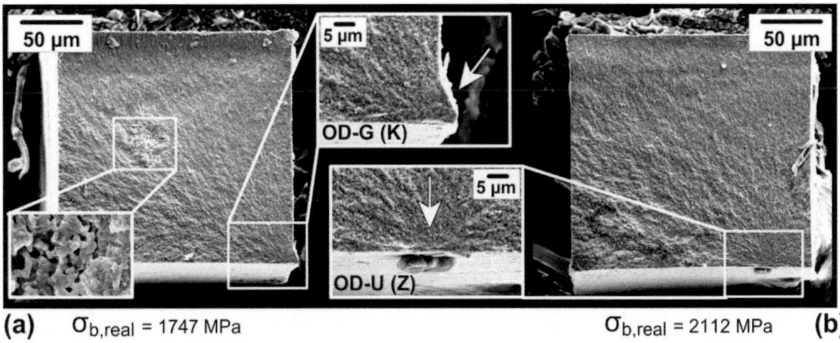

Abbildung 4.66: REM-Bruchflächenbilder von Mikrobiegeproben (a) mit der niedrigsten und (b) mit der mittleren Bruchfestigkeit $\sigma_{b,real}$ innerhalb der Charge S03.

Die Festigkeitsverteilung der Charge S03 (**Abbildung 4.64-c**) lässt erahnen, dass eine Annäherung der Datenpunkte über mehrere Geraden möglich ist und das Bruchverhalten der Biegeproben sehr wahrscheinlich von mehreren Defektarten bestimmt wird. So waren gratbehafteten Kanten für das Versagen der Probe mit der niedrigsten Festigkeit verantwortlich (**Abbildung 4.66-a**). Ferner wurden auch Volumendefekte in Form von Agglomeraten beobachtet, die allerdings keine kritischen Fehler darstellten. Anhand lichtmikroskopischer Aufnahmen von durchscheinend beleuchteten Biegeproben konnte festgestellt werden, dass die Anzahl und Größe dieser Agglomerate im Probevolumen mit zunehmender Dispergatorkonzentration abnimmt (**Abbildung 4.67**).

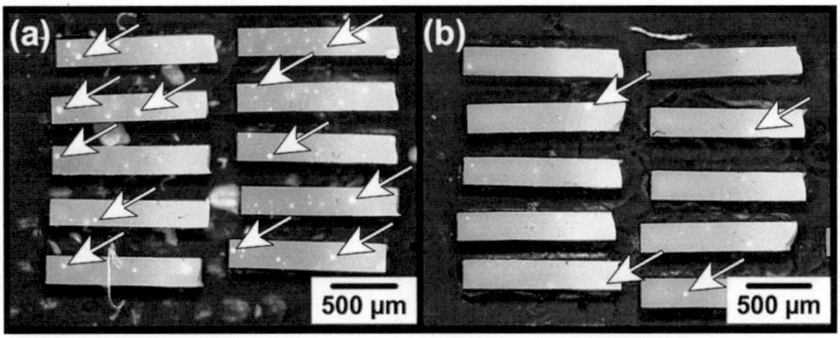

Abbildung 4.67: Lichtmikroskopische Bilder gesinterter 3Y-TZP-Mikrobiegeproben, die aus Heißgießmassen mit einer Dispergatorkonzentration von (a) 1,6 mg/m^2 und (b) 3,2 mg/m^2 hergestellt wurden; die mit Pfeilen gekennzeichneten „milchigen“ Punkte kennzeichnen Agglomerate im Probenvolumen.

Das Zustandekommen dieser Agglomerate wurde bereits in **Kapitel 4.1.3** angesprochen und mit einer mangelnden Oberflächenbelegung der Pulverpartikel durch den Dispergator während der Formmassenherstellung begründet. Die Ursache für das Versagen der Probe mit der mittleren Festigkeit von 2112 MPa war kein Grat, sondern die bei mittel- und hochfesten Proben typischen Unebenheiten auf der Oberfläche der Zugseite (**Abbildung 4.66-b**). Der in diesem Fall als kritischer Defekt identifizierte Fremdkörper auf der Probenoberfläche wird auf pulverförmige Grünkörperreste zurückgeführt, die beim Abtragen der Sockelplatte des Grünkörpers nach der Entformung entstanden ist und sich möglicherweise während des Schleifvorgangs auf den Mikroproben angelagert hat. Im Vergleich zu den Chargen S01-S03 lässt sich die Festigkeitsverteilung der Charge S05 deutlich besser über eine Gerade annähern (**Abbildung 4.64-e**). Die Bruchflächen aus den niedrig- und hochfesten Bereichen weisen identische Defektarten auf. So führten sowohl bei der niedrigfesten als auch bei der hochfesten Probe Unebenheiten (OD-U) auf der Zugseite (Z) bzw. im Übergangsbereich von der Kante zur Seitenfläche (KS) zum Versagen (**Abbildung 4.68**). Dies könnte einen wichtigen Hinweis auf das Vorliegen von nur einer Defektart darstellen. Eine eindeutige Aussage ist allerdings nur mit einer vollständigen fraktographischen Analyse der Bruchflächen aller Biegeproben möglich. Trotz einer scheinbar guten Linearisierung der Datenpunkte wurden beispielsweise bei der Charge S04 mehr als nur eine Defektart festgestellt(Porendefekt bei der niedrigfesten und Unebenheit bei der hochfesten Biegeprobe). Die verhältnismäßig gute Anpassung der Festigkeitswerte an eine Gerade stellt daher noch keine hinreichende Bedingung für das Vorliegen einereinzigen Defektart dar.

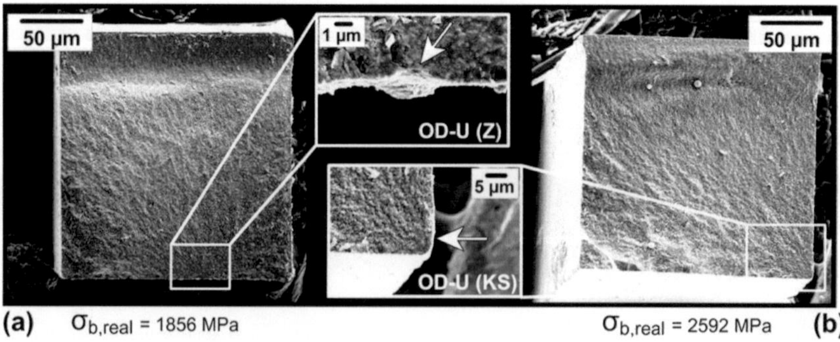

Abbildung 4.68: REM-Bruchflächenbilder von Mikrobiegeproben (a) mit der niedrigsten und (b) mit der höchsten Bruchfestigkeit $\sigma_{b,real}$ innerhalb der Charge S05.

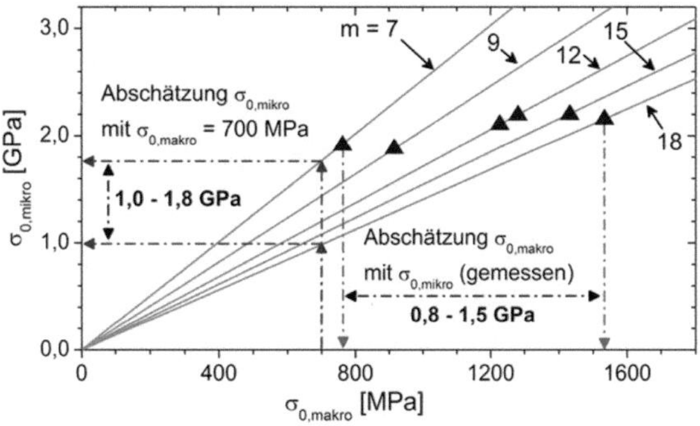

Abbildung 4.69: Zusammenhang zwischen den mittels Weibull-Größeneffekt abgeschätzten (——) und den tatsächlich gemessenen Drei-Punkt-Biegefestigkeitswerten (▲).

Die gemessenen charakteristischen Mikrofestigkeiten der Chargen S01-S06 liegen im Allgemeinen über dem Festigkeitsniveau von 1000-1800 MPa, das mit Hilfe des Größeneffekts (Referenzwert für die Biegefestigkeit von Makrobiegeproben $\sigma_{0,makro}$ = 700 MPa) für Weibull-Moduln zwischen 7 und 18 berechnet wurde (**Abbildung 4.69**). Die deutlich höheren experimentell ermittelten Mikrofestigkeiten deuten darauf hin, dass die untersuchten Biegeproben geringere Defektdichten und -größen besitzen, als durch den Größeneffekt für die Festigkeit der Mikrobiegebalken abgeschätzt wird. Der Weibull-Größeneffekt kann aber auch dazu benutzt werden, um die Festigkeit von Makrobiegeproben ausgehend von den gemessenen Mikrofestigkeitswerten und den jeweiligen Weibull-Moduln abzuschätzen. Im Fall der untersuchten Chargen S01-S06 hat sich herausgestellt, dass die Referenzwerte $\sigma_{0,makro}$ der Makrobiegebalken etwa zwischen 800 MPa und 1500 MPa liegen müssten, um die tatsächlich gemessenen Mikrobiegefestigkeiten $\sigma_{0,mikro}$ annähernd gut vorherzusagen. Für gesinterte und oberflächlich nachbearbeitete 3Y-TZP-Makrobiegebalken gibt der Pulverhersteller typische Drei-Punkt-Biegefestigkeiten von ca. 1200 MPa an [**Tos11**]. Für die maximal erreichbare Festigkeit von dicht gesinterten 3Y-TZP-Makroproben, die besonders hohe Oberflächenqualitäten aufweisen, finden sich in der Literatur Werte von bis zu 1800 MPa [**Net87, Swa86**]. Die aus den experimentell ermittelten Mikrobiegefestigkeiten abgeschätzten Werte für die Festigkeit von Makrobiegeproben liegen somit in einem realistischen Festigkeitsbereich (**Abbildung 4.69**).

Überträgt man die Verbesserung der mechanischen Eigenschaften zwischen Charge S01 und Charge S05 mit Hilfe des Größeneffekts auf Makroproben mit identischen Weibull-Moduln, so würde dies einer Festigkeits-steigerung von ca. 900 MPa auf etwa 1400 MPa entsprechen. Eine derartige Festigkeitssteigerung von Makrobiegeproben wäre ohne eine Oberflächennachbearbeitung praktisch nicht realisierbar. Im Gegensatz dazu bewirkt allein schon die gezielte Variation der Dispergatorkonzentration eine vergleichbare Verbesserung der Zuverlässigkeit der Mikroproben, die infolge des übergeordneten Prozessparameters Λ_E von 0 % rF auch ohne den Effekt der Oberflächendefektausheilung stattfindet.

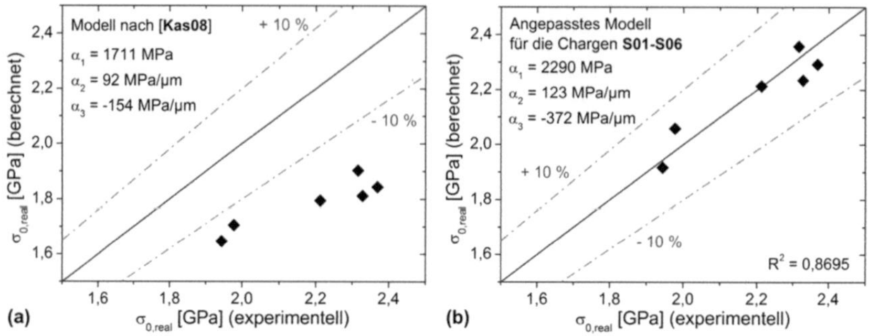

Abbildung 4.70: Vergleich der experimentell ermittelten und entsprechend der Gleichung **(4.7)** berechneten Festigkeitswerte (a) für das Modell nach [Kas08] und (b) für ein angepasstes Modell für die Chargen S01-S06.

Aufgrund der zahlreichen herstellungsbedingten Einflussfaktoren auf die Eigenschaften der Mikrobiegeproben überrascht es nicht, dass die Anwendung des Regressionsmodells nach [**Kas08**] zur Abschätzung der charakteristischen Festigkeitswerte der Chargen S01-S06 zu sehr großen Abweichungen führt (**Abbildung 4.70-a**). Es ist nicht möglich, ein allgemeingültiges Regressionsmodell zu formulieren, das den Einfluss von zahlreichen Freiheitsgraden während der Herstellung auf die Festigkeitseigenschaften von heißgegossenen 3Y-TZP-Mikrobiegebalken beschreibt. In **Abbildung 4.70-b** ist ein angepasstes Modell mit den jeweiligen Regressionsparametern für die Chargen S01-S06 dargestellt. Aufgrund einer Probenporosität im Bereich der Nachweisgrenze von kleiner als 1 % wurde der Parameter α_4 in der Gleichung **(4.7)** im Allgemeinen nicht berücksichtigt.

4.3.4 Festigkeitsuntersuchungen an den Probenchargen S07-S11 (übergeordneter Parameter Λ_E = 30 % rF)

In **Tabelle 4.11** sind die Herstellungsbedingungen für die Mikroproben aus den Chargen S07-S11 und die resultierenden Probeneigenschaften zusammengefasst. Erwartungsgemäß weisen die bei 30 % rF entbinderten Proben höhere Kantenverrundungen auf, als die Proben, die bei 0 % rF entbindert wurden. Das Quenchen der noch schmelzflüssigen Grünkörper nach der Formgebung ermöglicht es, hinreichend geringe Rauhigkeiten und Kantenradien auch aus Heißgießmassen mit hohen Dispergatorkonzentrationen zu erzielen. Die gequenchten Proben weisen nach der thermischen Behandlung im Vergleich zu den Proben im Grünkörperzustand niedrigere oder zumindest ähnlich hohe R_Z-Werte auf (Chargen S07, S08 und S10). Im Allgemeinen besitzen die Mikroproben mit zunehmendem Kantenradius und abnehmender Oberflächenrauhigkeit die Tendenz zu höheren Festigkeiten (**Abbildung 4.71**). Dies ist auf den Effekt der Oberflächendefektausheilung während der Entbinderung zurückzuführen. Die Verwendung einer niedrigeren Formgebungstemperatur T_M führte zu besonders niedrigen Rauhigkeiten bei akzeptablen Kantenradien im Bereich von 10 µm und gleichzeitig sehr hohen Bruchfestigkeiten (Charge S11). Allerdings lassen sich aus hohen r_K-Werten nicht immer auf niedrige Rauhigkeiten zurückschließen. Bei Charge S09 liegen zum Beispiel eine außergewöhnlich hohe Kantenverrundung und zugleich eine relativ hohe Rauhigkeit vor. Aufgrund des nachteiligen Effekts der Formgebungsdauer liegen die Rauhigkeiten im Vergleich zu den Proben im Grünzustand sogar höher (**Tabelle 4.11**).

Tabelle 4.11: Bei der Herstellung der Chargen S07-S11 angewandte Material- und Prozessparametervariationen und daraus resultierende Eigenschaften der gesinterten Mikrobiegebalken (ca. 30 Proben je Charge).

Charge	Relevanter Parameter Λ_E ***	1. Variation *	2. Variation m_{disp}	R_Z [µm]	$R_{Z,grün}$ ** [µm]	R_V [µm]	r_K [µm]	$\sigma_{0,real}$ $\sigma_{0,ideal}$ [MPa]	$m_{k,real}$ $m_{k,ideal}$ [ ]
S07	30 % rF	gequencht	1,6 mg/m²	1,49 ± 0,18	1,57 ± 0,10	0,94 ± 0,14	4,2 ± 0,5	2325 2145	12,8 12,8
S08			2,4 mg/m²	1,12 ± 0,14	1,39 ± 0,07	0,70 ± 0,13	6,6 ± 0,8	2510 2223	17,4 18,0
S09		t_P = 30 min		1,72 ± 0,24		1,12 ± 0,17	28,1 ± 4,6	2810 1929	11,1 11,5
S10		gequencht	3,2 mg/m²	1,18 ± 0,14	1,18 ± 0,09	0,65 ± 0,12	5,9 ± 0,7	2544 2285	16,1 15,5
S11		T_M = 80°C		0,91 ± 0,11		0,59 ± 0,13	11,6 ± 0,9	2960 2421	15,6 16,4

* Prozessparameter sind in **Tabelle 4.2** erläutert
** Rauheitskenngröße R_Z der Mikrobiegbalken im Grünzustand
*** bei Raumtemperatur (25°C)

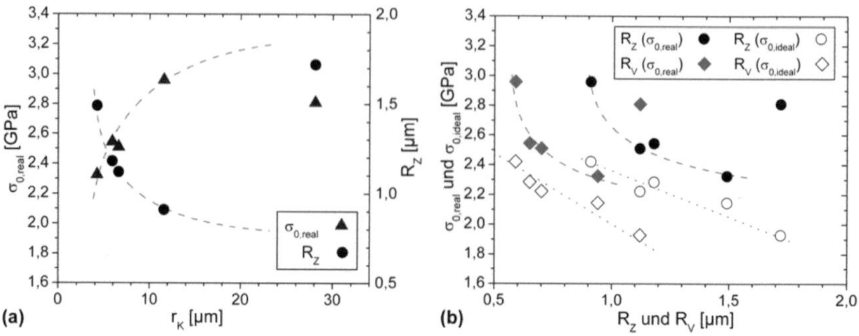

Abbildung 4.71: Zusammenhang zwischen der Biegebruchfestigkeit $\sigma_{0,real}$ (bzw. $\sigma_{0,ideal}$), dem Kantenradius r_K und den Rauheitswerten R_Z und R_V für die Chargen S07-S11.

Demzufolge wäre für die Charge S09 eine deutlich geringere Bruchfestigkeit zu erwarten. Mit 2810 MPa ist die charakteristische Bruchfestigkeit $\sigma_{0,real}$ der Charge S09 jedoch fast genauso hoch, wie die der Charge S11 mit dem niedrigsten R_Z-Wert. Die unerwartet hohe Festigkeit $\sigma_{0,real}$ der Charge S09 ist auf die Änderung des Flächenträgheitsmoment des Probenquerschnitts infolge der hohen Kantenverrundung zurückzuführen (siehe **Abbildung 3.17**). In diesem Fall wird der festigkeitsreduzierende Effekt der Oberflächenrauhigkeit vom geometrischen Effekt der Kantenverrundung überlagert, weshalb sich trotz Vorliegen von sehr rauen Oberflächen verhältnismäßig hohe Bruchfestigkeiten ergeben. Betrachtet man stattdessen den für ideal-rechteckige Biegeproben berechneten (fiktiven) charakteristischen Festigkeitswert $\sigma_{0,ideal}$, so wird der geometrische Effekt der Kantenverrundung ausgeblendet und der erwartete Zusammenhang einer abnehmenden Festigkeit mit zunehmender Rauhigkeit sichtbar (**Abbildung 4.71-b**). Infolge des Effekts der Oberflächendefektausheilung, die in der Regel mit einer Kantenverrundung gekoppelt ist, ist normalerweise auch eine gleichzeitig hohe Oberflächenrauhigkeit nicht zu erwarten. Dies stellt eine Ausnahme für den Fall einer Herstellung mit einer sehr langen Formgebungsdauer t_P dar (siehe **Kapitel 4.2.3**).

Der Zusammenhang zwischen der Verringerung der Rauhigkeitskenngröße R_V und der Reduzierung der Größe bruchauslösender Oberflächendefekte a_c ist in **Abbildung 4.72** dargestellt. Mit Ausnahme der Chargen S07 und S09 lassen sich die gemessenen R_V-Werte innerhalb einer Abweichung von 10 % recht gut mit den berechneten a_c-Werten vergleichen. Die besonders hohe Abweichung zwischen den gemessenen und berechneten Werten bei der Charge S09 ist auf den extrem hohen Kantenradius zurückzuführen. Da Gleichung **(3.5)** nur für die Berechnung des Geometriefaktors Y in Zusammenhang mit ideal-rechteckigen Proben gültig ist, ist anzunehmen, dass in diesem Fall die a_c-Werte unterschätzt werden. Außerdem wurden sowohl bei der Charge S09 als auch bei der Charge S07 vermehrt hohe R_V-Werte außerhalb des Bereichs des maximalen Biegemoments gemessenen, was zu einer Überschätzung der gemittelten R_V-Werte führte. Es ist allerdings auch nicht auszuschließen, dass bei den beiden Chargen das Bruchversagen überwiegend auf Defekte wie Poren oder Unebenheiten zurückzuführen ist, die nicht annähernd mit Rissen bzw. Kerben senkrecht zur Zugseite verglichen werden können.

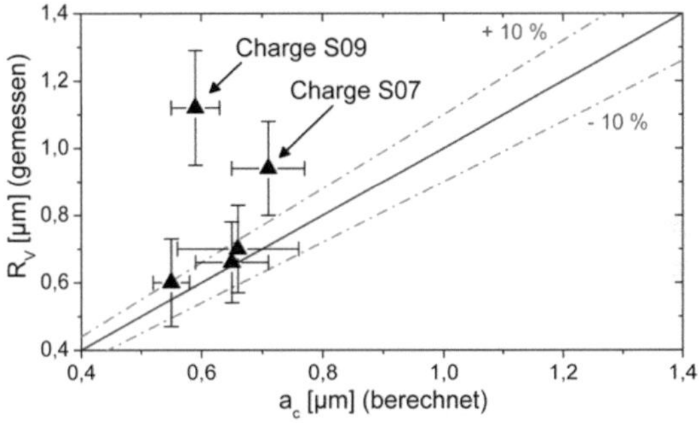

Abbildung 4.72: Gegenüberstellung der Rauheitskenngröße R_V und der berechneten kritischen Defektgröße a_c.

In **Abbildung 4.73** sind die Weibull-Diagramme der untersuchten Chargen S07-S11 dargestellt. Die Festigkeitsverteilungen der entsprechenden Chargen lassen sich unterschiedlich gut mit Geraden annähern. Die ermittelten Weibull-Moduln liegen mit 11,1 bis 17,4 in einem typischen Bereich für 3Y-TZP. Es fällt auf, dass sich die Chargen S08-S11 im Vergleich zur Charge S07 weniger gut an die eingezeichneten Geraden anpassen. Für die Chargen S08 und S09 liegen die Bestimmtheitsmaße R^2_{linear} unterhalb von R^2_{char} (**Tabelle 4.12**).

Tabelle 4.12: Bestimmtheitsmaß R^2_{linear}, Weibull-Modul $m_{k,real,linear}$ und charakteristisches Bestimmtheitsmaß R^2_{char} im Vergleich zum Weibull-Modul $m_{k,real}$.

Charge	R^2_{linear} [-]	R^2_{char} [-]	$m_{k,real,linear}$ [-]	$m_{k,real}$ [-]
S07	0,9586	0,9117	12,1	12,8
S08	0,6134	0,9132	7,33	17,4
S09	0,8509	0,9117	14,2	11,1
S10	0,9225	0,9117	12,2	16,1
S11	0,9128	0,9101	17,3	15,6

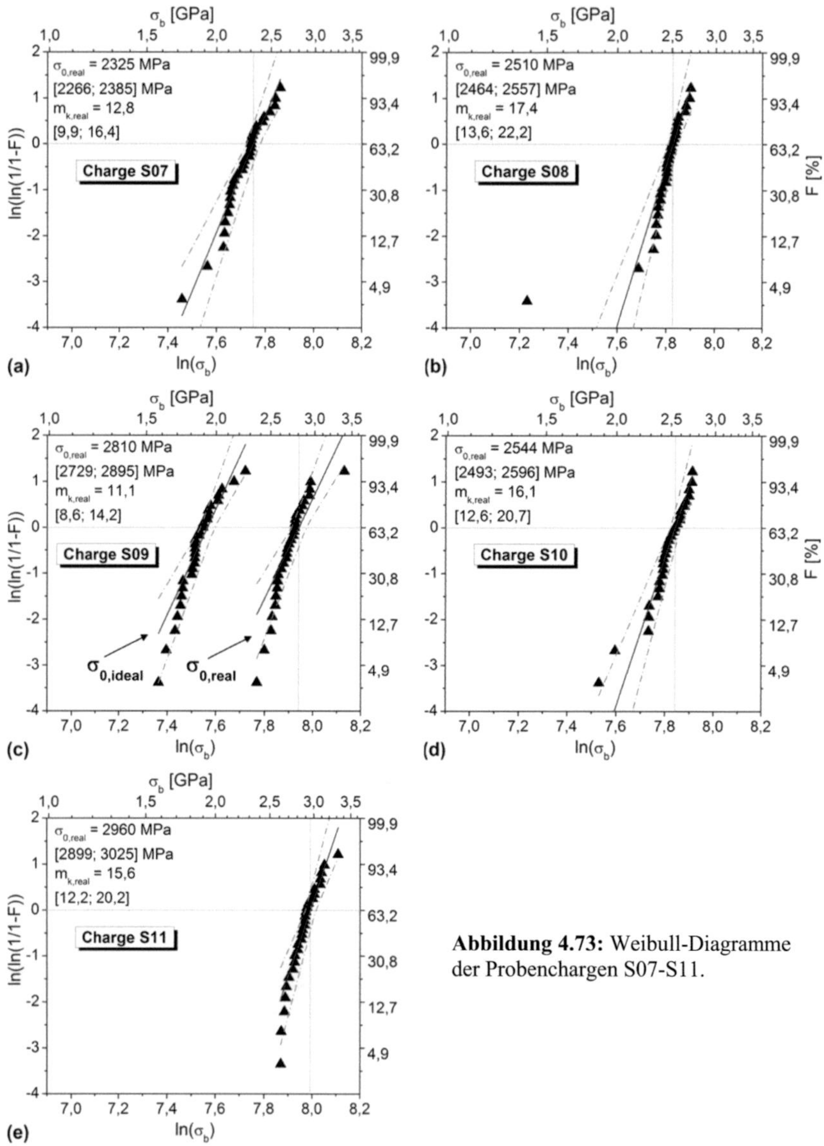

Abbildung 4.73: Weibull-Diagramme der Probenchargen S07-S11.

Entsprechend dem Kriterium aus Gleichung **(2.44)** liegen in diesen beiden Fällen daher keine Weibull-Verteilungen vor. Die Chargen S10 und S11 weisen R^2_{linear}-Werte auf, die nur leicht über den jeweiligen R^2_{char}-Werten liegen. Im Vergleich dazu liegt der R^2_{linear}-Wert bei Charge S07 deutlich über dem charakteristischen Bestimmtheitsmaß R^2_{char}. Die für die Chargen S08-S11 mittels linearer Regression ermittelten Weibull-Moduln $m_{k,linear}$ weichen deutlich von den Moduln $m_{k,real}$ ab, die entsprechend der Maximum-Likelihood Methode berechnet wurden. Dies ist darauf zurückzuführen, dass bei einer starken Abweichung von einer Weibull-Verteilung die Methode der linearen Regression zu besonders unzuverlässigen Ergebnissen führt. In solchen Fällen wird von einer Auswertung mittels linearer Regression abgeraten. Das Bruchverhalten der Mikrobiegeproben wird, wie erwartet, hauptsächlich von Oberflächendefekten (OD-X) bestimmt (**Tabelle 4.13**). Die kritischen Defekte befinden sich überwiegend auf der Zugseitenoberfläche. Bei den gequenchten Proben der Chargen S07, S08 und S10 wurden zunehmend typische gratbehaftete Kanten als zweithäufigste kritische Defektart festgestellt. Dies wird auf die unterschiedliche Wärmeschrumpfung der Silikonformen und der heißgegossenen Formmassen während der Abkühlphase nach der Formgebung zurückgeführt, die beim Quenchen besonders stark in Erscheinung tritt.

Tabelle 4.13: Art, Position und Häufigkeit der bruchauslösenden Defekte für die Chargen S07-S11.

Charge	Anzahl Proben	Häufigste Defektart						Zweithäufigste Defektart			
		Art*	Σ	Ort*	Σ	Ort*	Σ	Art*	Σ	Ort*	Σ
S07	29	OD-X	19	Z	13	K	5	OD-G	10	K	10
S08	30	OD-X	20	Z	16	K	3	OD-G	8	K	8
S09	28	OD-X	25	Z	21	KZ	4	OD-U/P	2	Z	2
S10	29	OD-X	17	Z	13	K	2	OD-G	8	K	8
S11	25	OD-X	19	Z	10	K	9	OD-P	3	KZ	3

* Abkürzungen sind der **Tabelle 3.8** zu entnehmen

In **Abbildung 4.74** sind die Bruchflächen einer niedrig- und hochfesten Biegeprobe der Charge S08 dargestellt, an denen typische gratbehaftete Kanten zu erkennen sind. Als Versagenursache für die Probe mit dem niedrigsten Festigkeitswert von 1383 MPa wurde allerdings eine 5-10 µm große Pore festgestellt. Dies erklärt die außergewöhnlich geringe Festigkeit weit außerhalb des Vertrauensbereiches (**Abbildung 4.73-b**). Einen ähnlichen Zustand weist auch die niedrigfeste Probe der Charge S10 vor, die ebenfalls außerhalb des

Vertrauensbereichs liegt und aufgrund eines Porendefekts an der Kante versagte. Im Gegensatz dazu wurde bei der hochfesten Probe aus der Charge S08 mit einer Festigkeit von 2698 MPa ein typischer Oberflächendefekt (OD-U) an der Zugseitenfläche (Z) als Versagensursache identifiziert, deren Größe allerdings nicht bestimmt werden konnte.

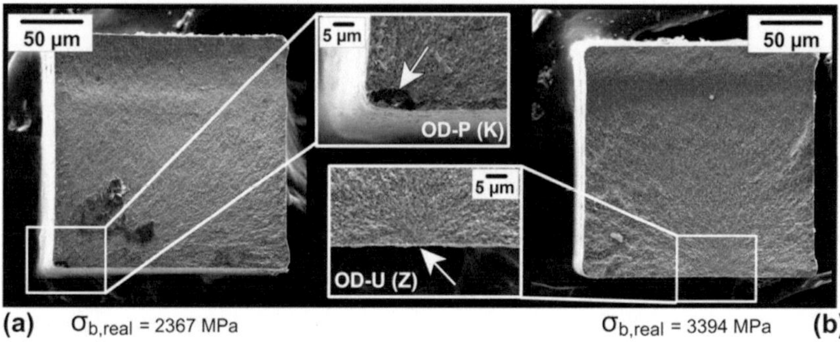

Abbildung 4.74: REM-Bruchflächenbilder von Mikrobiegeproben (a) mit der niedrigsten und (b) mit der höchsten Bruchfestigkeit $\sigma_{b,real}$ innerhalb der Charge S08.

In der Regel weisen Biegeproben mit einer ausgeprägten Kantenverrundung im Vergleich zur Zugseitenoberfläche geringere Maximalbeanspruchungen auf [**Auh06**]. Dies führt dazu, dass das Bruchversagen hauptsächlich von kritischen Defekten auf der Zugseite (Z) bzw. am Übergang von der Kante zur Zugseite (KZ) ausgeht [**Gro04**]. Infolge der extrem hohen Kantenverrundung und der relativ hohen Oberflächenrauhigkeit geht das Versagen der Biegeproben aus der Charge S09 daher vorwiegend von der Zugseitenfläche und nicht von den Kanten aus (**Tabelle 4.13**). Liegen allerdings kritische Defekte innerhalb des verrundeten Bereiches vor, kann das Versagen auch von den Probenkanten ausgehen. In diesem Fall führen lokale Spannungserhöhungen, beispielsweise durch Porendefekte, zu einem Anstieg der Maximalbeanspruchung und damit zu einem frühzeitigen Bruchversagen ausgehend von den Probenkanten [**Auh06**]. In **Abbildung 4.75-a** ist die Bruchfläche der Probe mit dem niedrigsten Festigkeitswert von 2367 MPa abgebildet. Es ist erkennbar, dass ein oberflächennaher Porendefekt in der Größenordnung von etwa 5 µm im verrundeten Bereich zu dem niedrigsten Festigkeitswert geführt hat. Im Vergleich dazu ist das Bruchversagen der Biegeprobe mit der höchsten Festigkeit von 3394 MPa auf eine Unebenheit, bedingt durch eine eingefallene Stelle im Übergangsbereich von der Verrundung zur Zugseitenfläche, zurückzuführen (**Abbildung 4.75-b**). Demzufolge kann sich auch eine extrem hohe Kantenverrundung als festigkeitslimitierend auswirken. Im Weibull-Diagramm der Charge S09 fällt auf, dass bei Verwendung der $\sigma_{0,real}$-Werte einige niedrigfeste Proben und eine hochfeste Probe außerhalb des 90 %-igen Vertrauensbereichs liegen (**Abbildung 4.73-c**). In diesen Fällen führen die extrem großen Kantenradien > 30 µm dazu, dass die Festigkeitswerte im Weibull-Diagramm verzerrt dargestellt werden. Betrachtet man im Vergleich dazu die Verteilung der idealen $\sigma_{0,ideal}$-Werte, so fällt auf, dass die Datenpunkte wieder innerhalb des Vertrauensbereichs liegen.

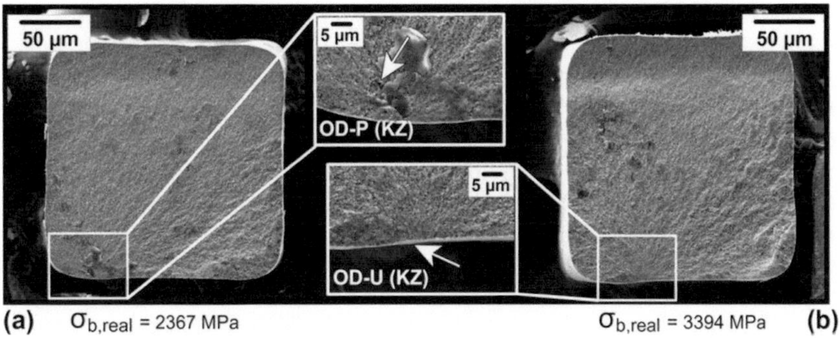

Abbildung 4.75: REM-Bruchflächenbilder von Mikrobiegeproben (a) mit der niedrigsten und (b) mit der höchsten Bruchfestigkeit $\sigma_{b,real}$ innerhalb der Charge S09.

Für die unverrundeten Probenchargen S01-S06 wurde bereits vorgestellt, dass mit einer abnehmenden Oberflächenrauhigkeit die Wahrscheinlichkeit für das Bruchversagen ausgehend von den Probenkanten zunimmt (siehe **Kapitel 4.3.3**). Ein ähnlicher Zusammenhang wurde auch für die Charge S11 festgestellt. Nahezu die Hälfte der nicht genau spezifizierbaren bruchauslösenden Oberflächendefekte (OD-X) wurden an den Kanten der Biegeproben festgestellt (**Tabelle 4.13**). Aufgrund einer Kantenverrundung von durchschnittlich 11,6 µm und der damit verbundenen Defektausheilung auch an den Kanten wäre dies allerdings nicht zu erwarten. Diese scheinbar widersprüchliche Beobachtung lässt sich wie folgt erklären. Aufgrund der Kombination von entsprechenden Herstellungsbedingungen für die Charge S11 (niedrige Formgebungstemperatur T_M von 80°C, hohe Dispergatorkonzentration m_{disp} von 3,2 mg/m^2 und Luftfeuchtigkeit der Entbinderungsatmosphäre Λ_E von 30 % rF) ist die Oberflächendefektausheilung während der thermischen Entbinderung als besonders effektiv einzustufen. Mit einer charakteristischen Festigkeit $\sigma_{0,real}$ von 2960 MPa bei einem relativ hohen Weibull-Modul von 15,6 weisen die Proben der Charge S11 eine besonders hohe Zuverlässigkeit auf. Die Rauhigkeitswerte sind mit durchschnittlich 0,91 µm (R_Z) bzw. 0,59 µm (R_V) außerordentlich gering und der Kantenradius r_K von 11,6 µm in einem hinsichtlich der

Abmessungen der Mikroteile akzeptablen Bereich. Sowohl auf den Seitenflächen als auch an den Kanten ist die Anzahl und Größe kritischer Oberflächendefekte daher als deutlich reduziert anzunehmen. Aber auch an verrundeten Kanten können kritische Defekte vorliegen, die infolge lokaler Spannungserhöhungen zu einem frühzeitigen Bruchversagen führen können, wie bei der Charge S11. In diesem Fall sind die Oberflächendefekte an den Kanten paradoxerweise auf den Effekt der Oberflächendefektausheilung selbst zurückzuführen. Die Vorgänge während der Defektausheilung führen zu einer effektiven Glättung der Seitenflächen und damit zu niedrigen Rauhigkeitswerten. Sie verursachen zwangsläufig aber eine Kantenverrundung, die allerdings nicht mit einer idealen, fehlerfreien Verrundung gleichgesetzt werden kann. Während der Entbinderung können das Herabfließen des Binders infolge der Gravitationskraft und die Partikelmobilität Unebenheiten längs der Kanten verursachen. Oftmals entstehen aber auch eingefallene Stellen in Kantennähe, die sich in Form von Unebenheiten (OD-U) an den Übergängen von den Kanten zu den Seitenflächen (KZ) bemerkbar machen (**Abbildung 4.76-b**). Dadurch erhöht sich die Wahrscheinlichkeit, dass sich insbesondere bei „ausgeheilten", verrundeten Biegeproben mit einer besonders hohen Oberflächengüte vorwiegend Defekte an den Kanten, die während des Ausheilungsvorgangs entstehen, festigkeitslimitierend auswirken. An den Bruchflächen der Proben mit den geringsten und höchsten Festigkeiten innerhalb der Charge S11 ist dieser Zusammenhang gut zu erkennen (**Abbildung 4.76**). Aufgrund der sehr hohen Oberflächengüte führte eine Unebenheit von etwa 1 µm in der Mitte der Seitenfläche zum Versagen der Probe mit der niedrigsten Festigkeit von 2616 MPa. Bei der hochfesten Probe mit 3321 MPa verursachte eine typische Unebenheit am Kantenübergang (KZ) das Versagen.

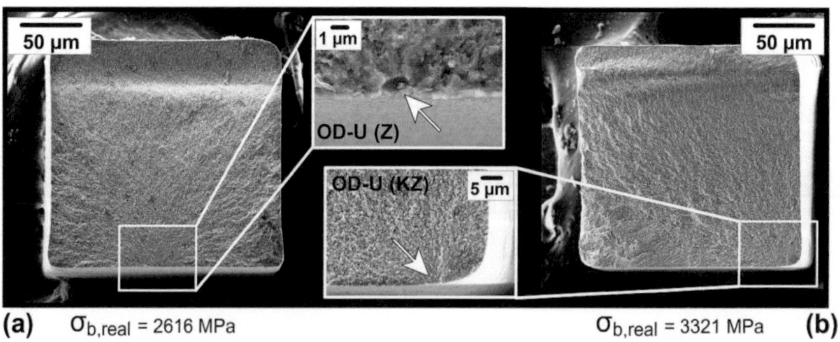

Abbildung 4.76: REM-Bruchflächenbilder von Mikrobiegeproben (a) mit der niedrigsten und (b) mit der höchsten Bruchfestigkeit $\sigma_{b,real}$ innerhalb der Charge S11.

Die gemessenen charakteristischen Mikrofestigkeiten der Chargen S07-S11 liegen, wie bei den Chargen S01-S06, deutlich über dem Festigkeitsniveau, das anhand des Weibull-Größeneffekts berechnet wurde (**Abbildung 4.77**). Die zur Abschätzung der Mikrofestigkeiten $\sigma_{0,mikro}$ verwendeten Referenzwerte $\sigma_{0,makro}$ für Makrobiegeproben müssten daher genau genommen bei 1000-1600 MPa liegen, um die tatsächlich gemessenen Bruchfestigkeiten annähernd gut vorherzusagen. Wie erwartet, liegen die aus den experimentell ermittelten Mikrofestigkeitswerten abgeschätzten Festigkeiten für identische Makrobiegeproben in einem für 3Y-TZP realistischen Bereich von bis zu 1800 MPa [**Net87, Swa86, Tos11**]. Es sei darauf hingewiesen, dass zur Abschätzung der $\sigma_{0,makro}$-Werte die Mikrofestigkeiten $\sigma_{0,ideal}$ und Weibull-Moduln $m_{k,ideal}$ verwendet wurden. Dadurch wird der Effekt der Kantenverrundung nicht berücksichtigt und ein direkter Vergleich zwischen ideal-rechteckigen Mikro- und Makrobiegeproben ermöglicht. Bei Verwendung der $\sigma_{0,real}$-Werte würde man beispielsweise für die Charge S11 mit einem Kantenradius von 11,6 µm, einer Rauhigkeit R_Z von 0,91 µm und einer charakteristischen Mikrofestigkeit von 2960 MPa außerordentlich hohe Werte >> 1800 MPa abschätzen. Da in der Literatur Festigkeitsmessungen an vergleichbaren Makrobiegebalken mit ähnlichen Oberflächengüten und Kantenverrundungen nicht existieren, ist schwer zu beurteilen, ob die in dieser Form abgeschätzten Makrofestigkeiten $\sigma_{0,makro}$ zu realistischen Werten führen.

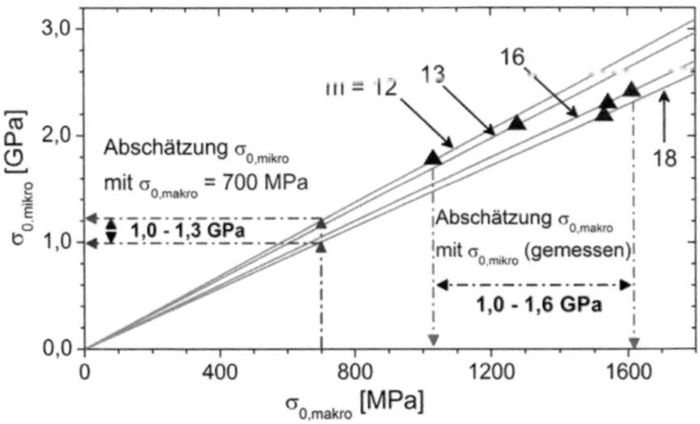

Abbildung 4.77: Zusammenhang zwischen den mittels Weibull-Größeneffekt abgeschätzten (——) und den tatsächlich gemessenen Drei-Punkt-Biegefestigkeitswerten (▲).

Wie im Fall der Chargen S01-S06 führt das Regressionsmodell nach [**Kas08**] bei der Abschätzung der Mikrobiegefestigkeiten der Chargen S07-S11 zu großen Abweichungen. Erst durch eine Anpassung des Modells mit unterschiedlichen Regressionsparametern können die Festigkeiten innerhalb eines Fehlerbereichs von 10 % sicher abgeschätzt werden (siehe **Abbildung 4.85**).

4.3.5 Festigkeitsuntersuchungen an den Probenchargen S12-S15 (übergeordneter Parameter Λ_E = 60 % rF)

Die Herstellungsbedingungen und die daraus resultierenden Probeneigenschaften der Mikrobiegeproben der Chargen S12-S15 sind in **Tabelle 4.14** zusammengefasst. Wie erwartet, nehmen mit einer zunehmenden Dispergatorkonzentration m_{disp} die Rauhigkeitswerte R_Z bzw. R_V ab und die Kantenradien r_K zu. Die Chargen S12 und S13 weisen im Vergleich zum Grünzustand besonders hohe Rauhigkeiten auf.

Tabelle 4.14: Bei der Herstellung der Chargen S12-S15 angewandte Material- und Prozessparametervariationen und daraus resultierende Eigenschaften der gesinterten Mikrobiegebalken (ca. 30 Proben je Charge).

Charge	Relevanter Parameter*** Λ_E	1. Variation*	2. Variation m_{disp}	R_Z [µm]	$R_{Z,grün}$** [µm]	R_V [µm]	r_K [µm]	$\sigma_{0,real}$ / $\sigma_{0,ideal}$ [MPa]	$m_{k,real}$ / $m_{k,ideal}$ [-]
S12	60 % rF	T_M = 80°C und Silikonform unbehandelt	1,6 mg/m²	3,51 ± 0,29	1,57 ± 0,10	1,76 ± 0,22	2,8 ± 0,7	1362	14,3
								1291	13,7
S13		Standard	2,0 mg/m²	1,91 ± 0,25	1,42 ± 0,13	1,12 ± 0,24	5,9 ± 0,8	1970	6,8
								1770	6,8
S14			2,4 mg/m²	1,12 ± 0,18	1,39 ± 0,07	0,82 ± 0,21	9,4 ± 1,2	2658	15,1
								2256	15,2
S15			2,8 mg/m²	0,92 ± 0,06	1,22 ± 0,13	0,60 ± 0,08	20,9 ± 1,7	3235	21,4
								2364	19,3

* Prozessparameter sind in **Tabelle 4.2** erläutert
** Rauheitskenngröße R_Z der Mikrobiegbalken im Grünzustand
*** bei Raumtemperatur (25°C)

Die Verschlechterung des Oberflächenzustands stellt ein typisches Merkmal für die Prozessparameterkombination von niedrigen Dispergatorgehalten und hohen Luftfeuchtigkeiten dar (siehe **Kapitel 4.2.6**). Infolge der erhöhten Oberflächendefektdichte und -größe ergeben sich dadurch entsprechend niedrige Bruchfestigkeiten. Erst bei höheren Dispergatorkonzentrationen, wie bei den Chargen S14 und S15, findet eine Oberflächendefektausheilung während der Entbinderung statt. Die Verbesserung des Oberflächenzustands der Proben führt zu einer Festigkeitssteigerung. Die Zusammenhänge zwischen der Bruchfestigkeit, dem

Kantenradius und den Rauheitskenngrößen für die Chargen S12-S15 sind in **Abbildung 4.78** dargestellt. Für die Chargen S12-S15 lassen sich die berechneten Größen der kritischen Oberflächendefekte a_c nur bedingt mit den gemessenen Rauhigkeitswerten R_V vergleichen (**Abbildung 4.79**).

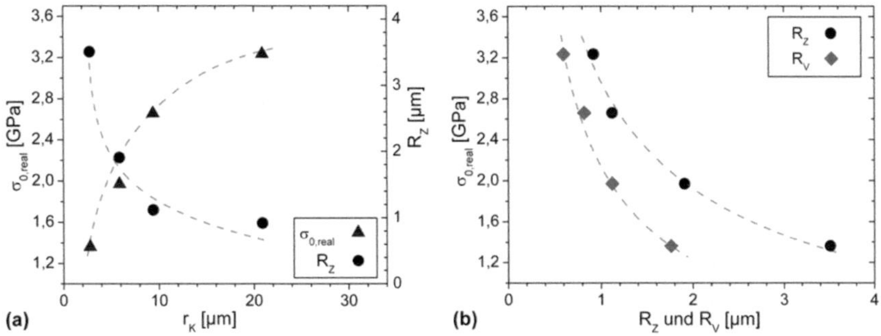

Abbildung 4.78: Zusammenhang zwischen der Biegebruchfestigkeit $\sigma_{0,real}$, dem Kantenradius r_K und den Rauheitswerten R_Z und R_V für die Chargen S12-S15.

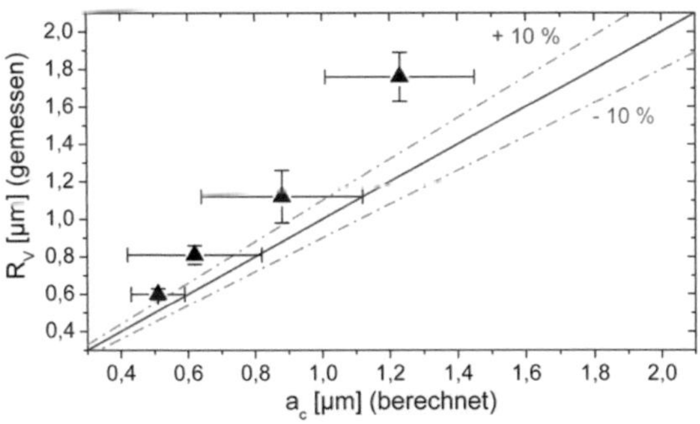

Abbildung 4.79: Gegenüberstellung der Rauheitskenngröße R_V und der berechneten kritischen Defektgröße a_c.

In **Abbildung 4.80** sind die Weibull-Diagramme der Chargen S12-S15 dargestellt. Die Datenpunkte lassen sich unterschiedlich gut über Geraden annähern. Entsprechend dem Kriterium aus **(2.44)** liegen bei allen Probenchargen Weibull-Verteilungen vor (**Tabelle 4.15**). Mit Ausnahme der Charge S13 mit der höchsten Festigkeitsstreuung ergeben sich bei der Auswertung der Festigkeitsverteilungen mittels linearer Regression erwartungsgemäß niedrigere Weibull-Moduln $m_{k,linear}$, als bei der Auswertung anhand der päziseren

Maximum-Likelihood Methode ($m_{k,real}$). Die Ursache für das Versagen der Proben der Chargen S12-S15 bilden überwiegend Oberflächendefekte (OD-X) an der Zugseite (Z) (**Tabelle 4.16**). Für die niedrigfesten Chargen S12 und S13 wurden als zweithäufigste Defektart vermehrt eine Kombination aus oberflächennahen Poren und Unebenheiten (OD-U/P) auf der Zugseite beobachtet. Dies lässt sich mit den niedrigen Dispergatormengen der Formmassen erklären, die für die Herstellung der Chargen S12 (1,6 mg/m^2) und S13 (2,0 mg/m^2) verwendet wurden. Die niedrigen Dispergatorgehalte führen zu einer geringen Fließfähigkeit der Massen. Infolge der zusätzlichen mangelnden Formmassenhomogenität und des sehr geringen Formgebungsdrucks ergeben sich daher oft unzureichende Formfüllungsqualitäten, die sich vorwiegend in Porendefekten und manchmal auch in einer unvollständigen Befüllung der Kavitäten äußern. Die Verringerung der Formgebungstemperatur führt in solchen Fällen zu einer zusätzlichen Verringerung der Fließfähigkeit und damit zu einer weiteren Verringerung der Formfüllungsqualität, woraus sich eine deutliche Zunahme der Anzahl und der Größe von Porendefekten ergibt.

Tabelle 4.15: Bestimmtheitsmaß R^2_{linear}, Weibull-Modul $m_{k,real,linear}$ und charakteristisches Bestimmtheitsmaß R^2_{char} im Vergleich zum Weibull-Modul $m_{k,real}$.

Charge	R^2_{linear} [-]	R^2_{char} [-]	$m_{k,real,linear}$ [-]	$m_{k,real}$ [-]
S12	0,9117	0,9497	10,6	14,3
S13	0,9117	0,9670	6,8	6,8
S14	0,9117	0,9840	12,7	15,1
S15	0,9117	0,9396	16,1	21,4

Tabelle 4.16: Art, Position und Häufigkeit der bruchauslösenden Defekte für die Chargen S12-S15.

Charge	Anzahl Proben	Häufigste Defektart						Zweithäufigste Defektart			
		Art*	Σ	Ort*	Σ	Ort*	Σ	Art*	Σ	Ort*	Σ
S12	29	OD-X	19	Z	14	K	5	OD-U/P	8	Z	7
S13	28	OD-X	21	Z	16	K	5	OD-U/P	4	Z	4
S14	30	OD-X	28	Z	22	K	6	OD-P	2	K	2
S15	28	OD-X	23	Z	12	KZ	11	OD-U/P	3	Z	3

* Abkürzungen sind der **Tabelle 3.8** zu entnehmen

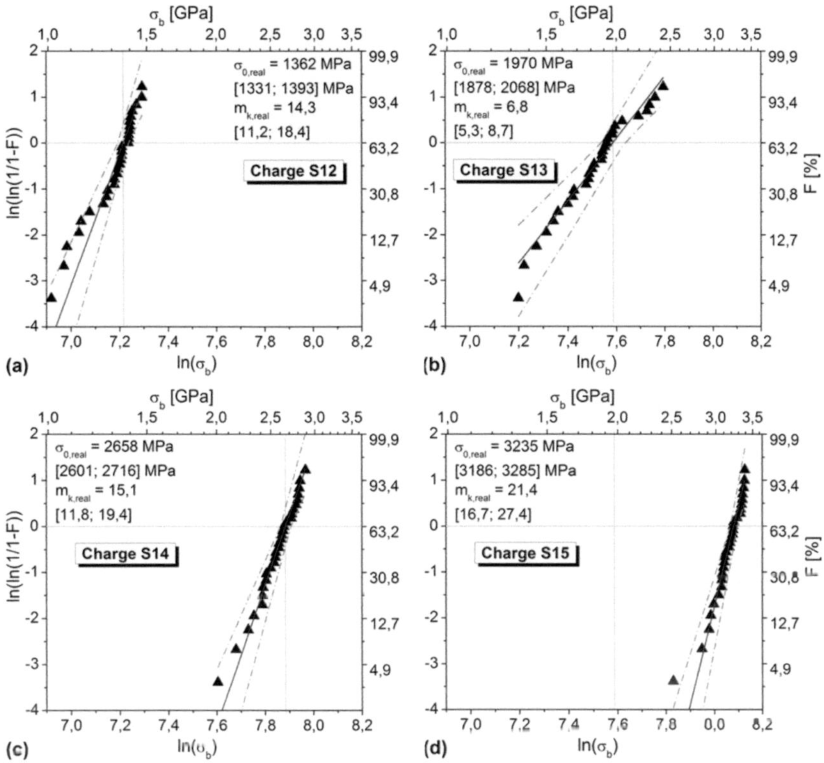

Abbildung 4.80: Weibull-Diagramme der Probenchargen S12-S15.

In **Abbildung 4.81** sind die Bruchflächen von den Biegeproben mit der geringsten bzw. höchsten Bruchfestigkeit innerhalb der Charge S12 exemplarisch dargestellt. Es ist deutlich zu erkennen, dass die niedrige Dispergatorkonzentration und Formgebungstemperatur zu Porendefekten an der Oberfläche geführt haben, weshalb nur äußerst niedrige Bruchfestigkeiten erreicht werden konnten. Die Porendefekte stellen in diesem Fall sowohl für die niedrigfesten als auch für die hochfesten Proben die Hauptursache für das Bruchversagen dar und sind daher nur bedingt als zweithäufigste Defektart zu sehen, wie in **Tabelle 4.16** aufgeführt. Es ist davon auszugehen, dass sich für die Charge S12 unter der Defektart „OD-X“ zahlreiche Porendefekte verbergen, die bei der fraktographischen Analyse allerdings nicht genau identifiziert werden konnten.

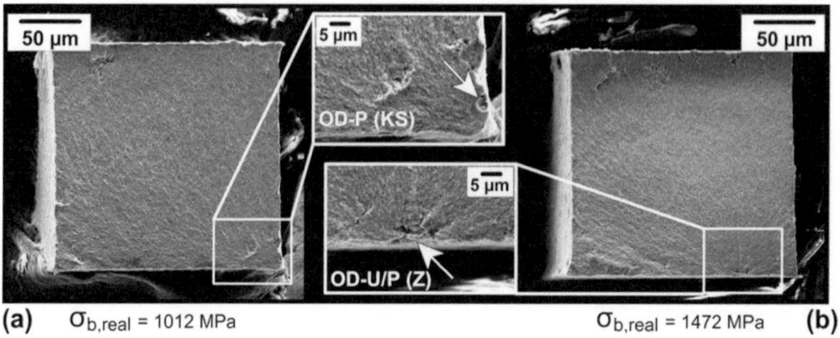

Abbildung 4.81: REM-Bruchflächenbilder von Mikrobiegeproben (a) mit der niedrigsten und (b) mit der höchsten Bruchfestigkeit $\sigma_{b,real}$ innerhalb der Charge S12.

Auch bei der Charge S13 wurden mehrere Defekte in Form von Poren festgestellt (**Tabelle 4.13**). Mit einer Dispergatormenge von 2,0 mg/m^2 und einer höheren Formgebungstemperatur von 120°C weisen die Formmassen zwar eine bessere Fließfähigkeit auf, als die Formmassen für die Charge S12. Dennoch sind die Fließfähigkeit und die Homogenität der Massen nicht ausreichend hoch genug, um eine entsprechend hohe Formfüllungsqualität zu gewährleisten. Immerhin ergibt sich eine leichte Verbesserung der Formfüllungsqualität, die sich in der Defektstruktur der Biegeproben widerspiegelt. Im Vergleich zur Charge S12 wurde das Bruchversagen der Charge 13 durch eine geringere Anzahl an Porendefekten und das der hochfesten Proben nicht mehr von Poren ausgelöst. Bei der Biegeprobe mit dem niedrigsten Festigkeitswert von 1339 MPa innerhalb der Charge S13 führte die typische Kombination einer oberflächennahen Pore und Unebenheit (OD-U/P) auf der Zugseite zum Bruch (**Abbildung 4.82-a**). Im Gegensatz dazu versagte die Probe mit der höchsten Festigkeit von 2429 MPa infolge einer nicht porenbedingten Unebenheit (OD-U) auf der Zugseite (**Abbildung 4.82-b**). Trotz einer höheren charakteristischen Festigkeit als bei der Charge S12 deutet der besonders niedrige Weibull-Modul von 6,8 darauf hin, dass die Häufigkeitsverteilung der Größe der unterschiedlichen Defektarten bei der Charge S13 vergleichsweise breit und die Festigkeitsstreuung entsprechend hoch ist. Vergleicht man die Charge S13 mit der Charge S02, die sich lediglich in der Luftfeuchtigkeit während der Entbinderung unterscheiden (0% rF für S02 und 60 % rF für S13), so fällt auf, dass auch bei der Charge S02 das Bruchverhalten der niedrigfesten Proben von Porendefekten dominiert wird und beide Chargen vergleichbare Eigenschaften besitzen. Für die Charge S02 (R_Z = 1,35 µm, r_K = 2,2 µm) wurde eine charakteristische Bruchfestigkeit $\sigma_{0,real}$ von 1978 MPa mit einem Weibull-Modul von 6,8 ermittelt (**Tabelle 4.8**). Im Vergleich dazu weist die Charge S13mit den

Eigenschaften R_Z = 1,91 µm und r_K = 5,9 µm eine Festigkeit von 1970 MPa bei identischem Weibull-Modul auf. Aufgrund der leichten Kantenverrundung von 5,9 µm bei Charge S13 wurden weniger gratbehaftete Kanten als Versagensursache festgestellt, als bei der unverrundeten Charge S02. Daher unterscheiden sich die beiden Chargen in der Art der zweithäufigsten Defekte (OD-G für S02 und OD-U/P für S13).

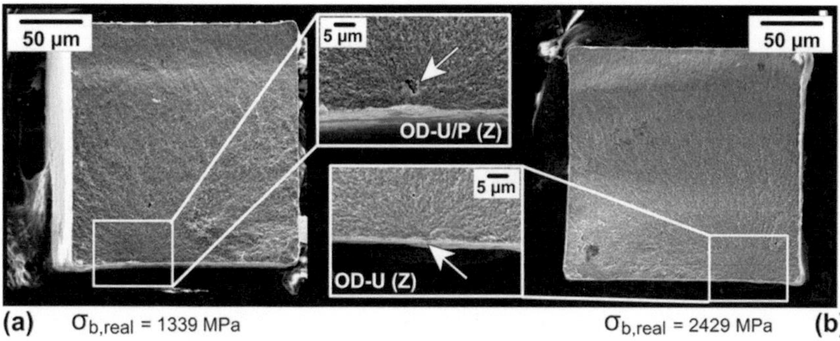

Abbildung 4.82: REM-Bruchflächenbilder von Mikrobiegeproben (a) mit der niedrigsten und (b) mit der höchsten Bruchfestigkeit $\sigma_{b,real}$ innerhalb der Charge S13.

Bei den Chargen S14 und S15 deuten die gemessenen Rauhigkeiten und Kantenradien bereits darauf hin, dass während der Entbinderung eine Defektausheilung stattgefunden haben muss. Die Versagensursache dieser Chargen ist daher hauptsächlich auf sehr kleine Unebenheiten (OD-U) zurückzuführen (**Tabelle 4.16**), die selten größer als 1 µm und daher kaum erkennbar sind. Die Anzahl der zweithäufigsten Defektart in Form von Poren ist im Vergleich zu den Chargen S12 und S13 deutlich geringer und ähnlich zu den Chargen S09 und S11, die entsprechende Verrundungen aufweisen (**Tabelle 4.11**). Mit 9,4 µm ist die Kantenverrundung der Charge S14 vergleichbar zur Charge S11 (11,6 µm). Allerdings geht das Bruchversagen bei der Charge S14 überwiegend von der Zugseite aus, während bei der Charge S11 trotz Defektausheilung und Kantenverrundung vermehrt Defekte an den Kanten festgestellt wurden. Vergleicht man die Rauhigkeiten der beiden Chargen miteinander, so fällt auf, dass die Charge S14 mit 1,12 µm (R_Z) bzw. 0,82 µm (R_V) eine höhere Oberflächenrauhigkeit besitzt, als die Charge S11 mit 0,91 µm (R_Z) bzw. 0,59 µm (R_V). Da sich Oberflächendefekte auf der zugbeanspruchten Seite im Vergleich zu identischen Defekten an den verrundeten Kanten deutlich kritischer auf die lokale Spannungserhöhung auswirken, ist die Wahrscheinlichkeit für das Bruchversagen ausgehend von der Zugseite höher [**Auh06**], wie im Fall der Charge S14. Wird die Anzahl und Größe der Defekte auf der Zugseite jedoch deutlich reduziert, so erhöht sich die Wahrscheinlichkeit für das Versagen aufgrund von kritischen Defekten in Kantennähe, die häufig während des Vorgangs der Kantenverrundung entstehen (siehe **Kapitel 4.3.4**). Aufgrund dessen wurden nahezu die Hälfte der bruchauslösenden Oberflächendefekte (OD-X), die für das Bruchversagen der stark verrundeten Charge S15 verantwortlich waren, im Bereich der Kantenübergänge (KZ) beobachtet. Sowohl die Probe mit der niedrigsten (2515 MPa) als auch mit der höchsten Bruchfestigkeit (3388 MPa) versagte infolge von eingefallenen Stellen im Übergangsbereich von den verrundeten Kanten zur Zugseite (**Abbildung 4.83**). Auch in diesem Fall ist erkennbar, dass sich die Kantenverrundung, die mit dem Effekt der Defektausheilung gekoppelt ist, bei „ausgeheilten" Proben mit einer sehr geringen Oberflächenrauhigkeit als festigkeitslimitierend auswirken können. In der Mitte der Bruchfläche der hochfesten Probe (**Abbildung 4.83-b**) ist außerdem erneut ein kreisrundes Agglomerat in der Größenordnung von etwa 30 µm zu erkennen. Diese charakteristischen Agglomerate wurden überwiegend bei Proben festgestellt, die aus Massen mit niedrigen Dispergatorkonzentrationen hergestellt wurde, selten aber auch bei Proben, die aus Heißgießmassen mit hohen Dispergatorgehalten gefertigt wurden (siehe **Abbildung 4.67**).

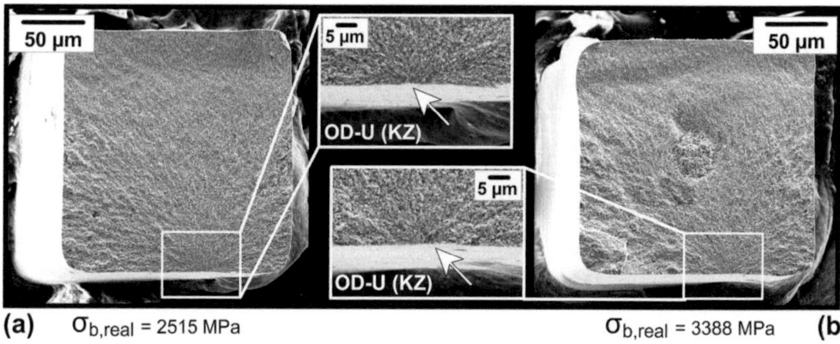

Abbildung 4.83: REM-Bruchflächenbilder von Mikrobiegeproben (a) mit der niedrigsten und (b) mit der mittleren Bruchfestigkeit $\sigma_{b,real}$ innerhalb der Charge S15.

Die Abschätzung der charakteristischen Festigkeit von Makrobiegeproben $\sigma_{0,makro}$ ausgehend von den experimentell ermittelten Mikrofestigkeitswerten $\sigma_{0,mikro}$ der Chargen S12-S15 liefert vergleichbare Ergebnisse, wie die bisher untersuchten Chargen S01-S11 (**Abbildung 4.84**). So müssten vergleichbare Makrobiegeproben Festigkeiten von 1400-1600 MPa aufweisen, um die mechanischen Eigenschaften der Chargen S14 und S15 mit Hilfe des Größeneffekts annähernd gut vorherzusagen. Die Chargen S12 und S13 bilden in diesem Fall eine Ausnahme. Infolge der hohen Defektdichte lassen sich deren

Mikrofestigkeiten mit den für nicht nachbearbeitete (as-sintered) Makroproben typischen Festigkeiten $\sigma_{0,makro}$ von etwa 700 MPa bzw. 800 MPa und entsprechenden Weibull-Moduln von ca. 7 bzw. 14 recht gut abschätzen. Die Festigkeitserhöhung der Mikrobiegeproben infolge der Oberflächendefektausheilung ist daher mit einer Verbesserung der mechanischen Eigenschaften von Makrobiegeproben zu vergleichen, die nur durch eine Oberflächennachbearbeitung erreicht werden kann. Eine Oberflächendefektausheilung kann unter ganz besonderen Umständen aber auch bei makroskopischen keramischen Körpern beobachtet werden. So konnte nachgewiesen werden, dass die Wärmebehandlung von sehr rauen Si_3N_4-Prüfkörpern zur Bildung einer dünnen glasartigen Oberflächenschicht führt, die in der Verbesserung der mechanischen Eigenschaften resultiert [**Har12**].

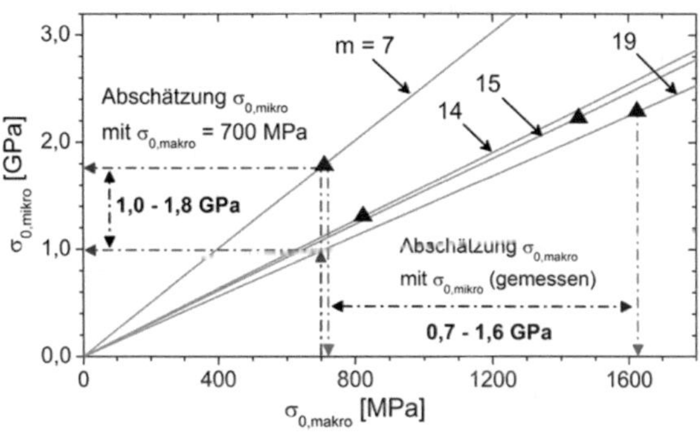

Abbildung 4.84: Zusammenhang zwischen den mittels Weibull-Größeneffekt abgeschätzten (—) und den tatsächlich gemessenen Drei-Punkt-Biegefestigkeitswerten (▲).

Im Vergleich zu den Chargen S01-S06 bzw. S07-S11 führt das Regressionsmodell nach [**Kas08**] bei der Abschätzung der charakteristischen Festigkeitswerte der Chargen S12-S15 zu einer maximalen Abweichung von etwa 10 % von den tatsächlich gemessenen Werten. Eine Anpassung des Modells führt jedoch zu unterschiedlichen Regressionsparametern und zu einer entsprechend besseren Übereinstimmung mit einer maximalen Abweichung von ca. 6 % der berechneten und gemessenen Festigkeiten. Die vergleichsweise gute Übereinstimmung des Modells nach [**Kas08**] erlaubt in diesem Fall allerdings keinen Rückschluss darauf, dass das vorgeschlagene Regressionsmodell einen allgemeingültigen Charakter besitzt. In **Tabelle 4.17** sind die Regressionsparameter für das Modell nach [**Kas08**] und die angepassten Modelle für die entsprechenden Chargen aus dieser Arbeit zusammengefasst. Es ist zu erkennen, dass die multiple Regressionsanalyse bei den verschiedenen Chargenumfängen und auch bei der Berücksichtigung von allen Chargen S01-S15 zu verschiedenen Regressionsparametern führt. In **Abbildung 4.85** ist die Anwendung des Modells nach [**Kas08**] und das angepasstes Modell für alle Probenchargen S01-S15 vergleichend dargestellt. Das Modell nach [**Kas08**] unter- bzw. überschätzt die gemessenen Festigkeitswerte teils erheblich. Diese Ergebnisse zeigen, dass eine Regressionsanalyse zur Beschreibung des Festigkeitsverhaltens von heißgegossenen 3Y-TZP-Mikrobiegeproben nicht besonders sinnvoll ist.

Tabelle 4.17: Parameter der multiplen Regression **(4.7)** für verschiedene Datensätze (ohne Parameter α_4).

		α_1 [MPa]	α_2 [MPa/µm]	α_3 [MPa/µm]
Modell nach [**Kas08**]		1711	92	-154
Angepasstes Modell für	S01-S06	2290	123	-372
	S07-S11	3217	30	-727
	S12-S15	2485	53	-373
	S01-S15	2746	38	-465

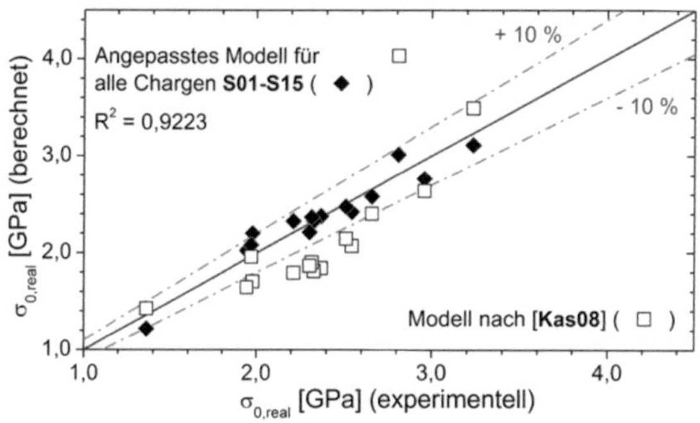

Abbildung 4.85: Vergleich der experimentell ermittelten und entsprechend der Gleichung **(4.7)** berechneten Festigkeitswerte für das Modell nach [**Kas08**] und für ein angepasstes Modell für alle Chargen S01-S11.

4.3.6 Zusammenfassung

Aufgrund des hohen Oberflächen-zu-Volumen-Verhältnisses wird das Bruchverhalten von heißgegossenen 3Y-TZP-Mikrobiegebalken hauptsächlich von Oberflächenfehlern bestimmt. Die Oberflächenrauhigkeit der Biegeproben stellt dabei ein geeignetes Maß dafür dar, um die Anzahl und Größe der Oberflächenfehler zu beschreiben. Mit Hilfe der in **Kapitel 4.2** vorgestellten material- und prozessspezifischen Einflussfaktoren ist es möglich, die Oberflächenrauhigkeit und damit die Anzahl und Größe der Oberflächendefekte zu beeinflussen. Bei Verwendung von geeigneten Herstellungsbedingungen findet während der thermischen Entbinderung die Ausheilung und Nivellierung von Oberflächenfehlern statt. Dies kann dazu genutzt werden, um die mechanischen Eigenschaften von heißgegossenen Mikroteilen gezielt zu verbessern. Der Effekt der Defektausheilung ist im Allgemeinen mit einer Kantenverrundung gekoppelt, die ein Indiz für die Verringerung der Oberflächenrauhigkeit darstellt. Unter besonderen Umständen kann die Verrundung von Kanten aber auch eine Quelle für neue Defekte darstellen.

Mit Hilfe des Weibull-Größeneffekts wurden die mechanischen Eigenschaften von Mikro- und Makrobiegeproben aus 3Y-TZP abgeschätzt. Die Oberflächendefektausheilung und Festigkeitssteigerung der Mikrobiegeproben ist mit einer Verbesserung der mechanischen Eigenschaften von Makrobiegeproben zu vergleichen, die nur durch eine aufwendige Oberflächennachbearbeitung der Makroproben erreicht werden kann.

Bei der thermischen Entbinderung in trockener Luft (0 % rF) konnte eine Defektausheilung nicht nachgewiesen werden. Dennoch wurde mit einer zunehmenden Dispergatorkonzentration der Heißgießmassen eine Verbesserung des Oberflächenzustands und der mechanischen Eigenschaften von Mikrobiegeproben festgestellt. Dies ist auf eine erhöhte Replikationsgüte der heißgegossenen Proben zurückzuführen, die mit einer verbesserten Homogenität und Fließfähigkeit der verwendeten Heißgießmassen zusammenhängt. So wurden bei einer Dispergatorkonzentration von 3,2 mg/m^2 und Standard-Herstellungsparametern Rauhigkeiten von 1,05 µm (R_Z) bzw. 0,73 µm (R_V) und eine Kantenverrundung von 3,2 µm erzielt, die zu hohen Festigkeiten von 2369 MPa mit einem Weibull-Modul von 14,7 geführt haben (Charge S05). Im Gegensatz dazu führten niedrige Dispergatorgehalte infolge der unzureichenden Homogenität und Fließfähigkeit der Heißgießmassen zu höheren Oberflächenrauhigkeiten und zu oberflächennahen Porendefekten. Dies äußerte sich in einer Verschlechterung der Festigkeit auf 1944 MPa (Charge S01) bei einem Weibull-Modul von 9,1 mit Rauhigkeiten von 1,73 µm (R_Z) bzw. 1,02 µm (R_V).

Die Entbinderung bei höheren Luftfeuchtigkeiten führte typischerweise zu niedrigeren Rauhigkeiten und höheren Kantenradien. Allerdings stellte die Kombination von niedrigen Dispergatorgehalten und hohen Luftfeuchtigkeiten eine Ausnahme dar, die in einer Verschlechterung des Oberflächenzustands resultierte. Wurde außerdem eine niedrige Formgebungstemperatur verwendet (Charge S12), so führte dies überwiegend zur Bildung von größeren Porendefekten und sehr niedrigen Festigkeiten von 1362 MPa bei einem Weibull-Modul von 14,3. Im Gegensatz dazu wurden Herstellungsbedingungen gefunden, welche die Herstellung von defektarmen Probenzuständen bei akzeptablen Kantenradien von bis zu etwa 10 µm und entsprechend hohen Zuverlässigkeiten ermöglichten. Bei einer Entbinderungsluftfeuchtigkeit von 30 % rF und einer niedrigen Formgebungstemperatur T_M von 80°C wurden im Fall einer hohen Dispergatorkonzentration von 3,2 mg/m^2 besonders geringe Rauhigkeiten von 0,91 µm (R_Z) bzw. 0,59 µm (R_V) und eine akzeptable Kantenverrundung von 11,6 µm erzielt (Charge S11). Mit einer Festigkeit von 2960 MPa und einem Weibull-Modul von 15,6 konnten dabei besonders gute mechanische Eigenschaften erreicht werden. Die Entbinderung bei einer noch höheren Luftfeuchtigkeit von 60 % rF führte bereits bei einem Dispergatorgehalt von 2,8 mg/m^2 zu einer wesentlich stärkeren Kantenverrundung von 20,9 µm, die allerdings nicht mit einer weiteren Oberflächenverbesserung korrelierte (R_Z von 0,92 µm bzw. R_V von 0,60 µm, Charge S15). Infolge der stärkeren Kantenverrundung erfolgte allerdings eine weitere Festigkeitssteigerung auf 3235 MPa bei einem besonders hohen Weibull-Modul von 21,4. Der hohe Weibull-Modul deutet darauf hin, dass der mit einer Kantenverrundung zwangsläufig gekoppelte Effekt der Oberflächendefektausheilung eine engere Häufigkeitsverteilung der bruchauslösenden Oberflächendefektgrößen und damit eine engere Streuung der Festigkeitswerte bewirkt. Eine vollständige Entkopplung der Oberflächendefektausheilung und Festigkeitssteigerung von der Kantenverrundung konnte nicht erreicht werden. Allerdings konnte gezeigt werden, dass mit entsprechenden Herstellungsparametern die Kantenverrundung in gewissem Maße begrenzt werden kann (Vergleich Chargen S11 und S15).

Es konnte gezeigt werden, dass es nicht möglich ist ein umfassendes Regressionsmodell zu formulieren, das den Einfluss zahlreicher herstellungsbedingter Faktoren auf die mechanischen Eigenschaften der heißgegossenen 3Y-TZP-Mikrobiegebalken beschreibt. Bei verschiedenen Chargenumfängen führte die multiple Regressionsanalyse unter Berücksichtung der Oberfächenrauhigkeit und Kantenverrundung jeweils zu verschiedenen Regressionsparametern, die allerdings auch keine Übereinstimmung mit Literaturwerten lieferten. Die Anwendung der Regressionsanalyse zur Festigkeitsabschätzung von heißgegossenen 3Y-TZP-Mikrobiegebalken ist daher als unzweckmäßig einzustufen.

5 Zusammenfassung und Ausblick

Ziel dieser Arbeit war es, die herstellungsbedingten Einflussfaktoren auf den Effekt der Oberflächendefektausheilung und die damit verbundene Formveränderung heißgegossener ZrO_2-Mikrobiegeproben während der thermischen Entbinderung zu untersuchen. Ein weiteres Ziel war es, die mit der Defektausheilung einhergehende Festigkeitssteigerung von gesinterten 3Y-TZP-Mikrobiegeproben mit den Abmessungen von ca. (200 x 200 x 1200) μm^3 quantitativ zu erfassen.

Hierzu wurden zunächst die rheologischen Eigenschaften von ZrO_2-Paraffinwachs-Formmassen untersucht. Das Fließverhalten wurde in Abhängigkeit von der Menge des eingesetzten Dispergators Hypermer LP1, der Verarbeitungstemperatur und der Lagerungsdauer im schmelzflüssigen Zustand untersucht. Die Dispergatormenge m_{disp} stellt eine wichtige materialspezifische Größe dar, mit der die Viskosität und Fließgrenze der Formmassen beeinflusst werden kann. Mit zunehmendem Dispergatorgehalt wird eine Verringerung der Viskosität und Fließgrenze erreicht, die zu einer verbesserten Verarbeitbarkeit der Formmassen führt. Infolge des reduzierten Fließwiderstands bewirkt dies auch eine Verbesserung des Oberflächenzustands bei einer gleichzeitigen Zunahme der Formveränderung der Mikrostrukturen während der Entbinderung. Den Grund für das verbesserte Fließverhalten mit zunehmender Dispergatormenge stellt die sterische Stabilisierung der Pulverpartikel durch adsorbierte Dispergatormoleküle dar. Die sterische Stabilisierung führt zu abstoßenden interpartikulären Kräften und damit zu einer Verringerung der anziehenden, destabilisierenden Kräfte zwischen den Pulverpartikeln. Infolge der hohen Wärmeausdehnung des Binders führt die Erhöhung der Verarbeitungsstemperatur zusätzlich zu einer Reduzierung der Pulverpartikelanzahl pro Volumen. Dadurch erhöht sich der interpartikuläre Abstand, weshalb es zu einer geringeren Wechselwirkung zwischen den einzelnen Partikeln und damit zur Verringerung der Strukturkräfte innerhalb des Pulverpartikelnetzwerks kommt

Es wurde eine Modellvorstellung zur Wechselwirkung zwischen dem Dispergator und der Pulveroberfläche entwickelt, mit der sich die Viskositäts- und Fließgrenzenabnahme bei einer mehrtägigen Lagerung der Formmassen im schmelzflüssigen Zustand erklären lässt. Die Dispergatormoleküle werden an der Pulveroberfläche lediglich physiosorbiert. Nach der Formmassenherstellung befindet sich das Dreiphasensystem ZrO_2-Dispergator-Paraffinwachs allerdings nicht in einem thermodynamischen Gleichgewichtszustand. Erst durch eine Auslagerung der Formmassen im schmelzflüssigen Zustand wird eine vollständige Oberflächenbelegung des Pulvers erreicht. Während der Auslagerung kommt es folglich zu einer Verringerung der Viskosität und Fließgrenze. Die charakteristische Dispergatormenge m^*_{disp} für eine vollständige Oberflächenbelegung des ZrO_2-Pulvers wurde zu 1,7 mg/m^2 bestimmt. Für $m_{disp} < m^*_{disp}$ fällt die Viskositäts- und Fließgrenzenabnahme nicht besonders hoch aus, wohingegen sie für den Fall $m_{disp} \geq m^*_{disp}$ wesentlich stärker ausgeprägt ist. Für $m_{disp} >> m^*_{disp}$ ist die Stabilisierung der Formmassen schließlich so hoch, dass es zu keiner merklichen Veränderung des rheologischen Verhaltens der gut fließfähigen Formmassen mehr kommt. Unter Berücksichtigung der Lagerungsinstabilität kann die Reproduzierbarkeit der Kantenverrundung bzw. Formveränderung der heißgegossenen Mikrostrukturen während der thermischen Entbinderung gewährleistet werden. Es empfiehlt sich, den Formgebungsprozess unmittelbar nach der Formmassenherstellung oder nach einer Lagerungsdauer von mindestens zwei Tagen zu realisieren.

Neben der materialspezifischen Größe der verwendeten Dispergatormenge wurden zum ersten Mal zahlreiche prozessspezifische Einflussfaktoren identifiziert und nachgewiesen, die die Entwicklung des Oberflächenzustands und der Formveränderung der Mikrobiegeproben während der Entbinderung teils erheblich beeinflussen. Im Einzelnen sind dies:

- Absorptionsfähigkeit der Entbinderungsunterlage für den Binder
- Wachsaufnahme durch die Silikonform
- Silikonformvorbehandlung
- Lagerungsbedingungen für die Grünkörper
- Feuchtigkeit der Entbinderungsatmosphäre

Die Aufnahmefähigkeit der Entbinderungsunterlage beeinflusst die Bindermigration aus den heißgegossenen Grünkörpern in entscheidender Weise. Eine poröse Unterlage mit geringer Kapillarwirkung und gleichzeitig hinreichender Permeabilität reicht in der Regel bereits aus, um die auf einer voluminösen Sockelplatte befindlichen Mikrobalken einfach und ohne Defekte zu entbindern. Bei Verwendung einer nicht saugfähigfähigen Unterlage (z.B. aus Glas) wird zwar eine ausreichende Bindermigration aus den Mikrostrukturen erreicht. Allerdings kann der Binder mit zunehmender Temperatur aus der Sockelplatte nicht abtransportiert werden. Bei Temperaturen oberhalb von 200°C setzt der Abtransport des Binders und von dessen Zersetzungsprodukten über die Gasphase ein, so dass sich in der Sockelplatte Gasblasen bilden und dadurch Poren und Rissen entstehen. Dies führt schließlich zur Zerstörung des Grünkörpers samt Mikrostrukturen.

In dieser Arbeit wurde erstmalig systematisch herausgearbeitet, dass die Wachsaufnahme durch die Silikonformen einen besonders sensiblen Punkt der Technik des Soft Mouldings mittels Niederdruckspritzgießen bzw. Heißgießen darstellt, die es während des Herstellungsprozesses ganz besonders zu beachten gilt. Während und unmittelbar nach der Formgebung steht die schmelzflüssige Formmasse in Kontakt mit der vorgewärmten Silikonform. Dabei diffundiert das Paraffinwachs in die Silikonform, wobei eine Diffusion des Dispergators in die Form nicht erfolgt. Diese selektive Wachsaufnahme verursacht eine Anreicherung des Dispergators an der Oberfläche der abgeformten Mikrosäulen, was in oberflächennahen Bereichen zu einem komplexen Verflüssigungsvorgang führt. Zum einen bewirkt dies eine Erhöhung der Oberflächenrauhigkeit und zum anderen eine zunehmende Kantenverrundung, die im oberen Bereich der Mikrosäulen allerdings wesentlich stärker ausgeprägt ist, als in der Nähe zur Sockelplatte. Dies kann verhindert werden, indem die Diffusionsrate des Wachses durch niedrige Formgebungstemperaturen reduziert wird. Es ist aber auch möglich, die Kontaktzeit zwischen der schmelzflüssigen Formmasse und der Silikonform so kurz wie möglich zu halten, indem sehr kurze Formgebungsdauern angewandt werden und die Silikonform nach der Formgebung so schnell wie möglich auf Raumtemperatur abgekühlt (gequencht) wird. Mit der Vorbehandlung der Silikonformen anhand eines speziellen Modellierwachses konnte der Oberflächenzustand der Proben etwas verbessert werden, wobei dies mit einer leichten Erhöhung der Kantenverrundung verbunden war. Das Modellierwachs weist eine ähnliche Wechselwirkung mit der Silikonform auf, wie das Paraffinwachs. Zusätzlich enthält es grenzflächenaktive Bestandteile. Es wird davon ausgegangen, dass während der Vorbehandlung der Formen die Wachskomponente des Modellierwachses in das Silikon eindringt, wohingegen die grenzflächenaktiven Additive an den Wänden der Silikonform zurückbleiben. Bei der Formgebung bewirkt dies eine Beschichtung der Mikrostrukturen. Infolge der grenzflächenaktiven Wirkung der Additive wird eine Verflüssigung der Mikrosäulenoberflächen erreicht, die in diesem Fall jedoch zu einer Oberflächenverbesserung bei zunehmender Kantenverrundung führt.

Einen weiteren prozesstechnisch wichtigen Faktor stellt der Einfluss der Lagerungsbedingungen für die Grünkörper nach der Abformung dar. Durch eine Grünkörperauslagerung in Wasser bzw. in feuchter Umgebung wird eine deutliche Reduzierung der Formveränderung und Kantenverrundung während der Entbinderung bei gleich bleibender Oberflächenqualität erreicht. Dies wird auf die Diffusion von Wasser in die Grünkörper zurückgeführt. Die Wechselwirkung von Wassermolekülen mit der Pulveroberfläche führt zu einer Destabilisierung des Pulver-Binder-Gemisches und somit zu einer Erhöhung der Fließgrenze der abgeformten Heißgießmassen, was eine erhöhte Stabilität der Mikrostrukturen während der Entbinderung verursacht. Allerdings führt auch eine Lagerung der Grünkörper in trockener Umgebung zu einer höheren Formstabilität. Es wird angenommen, dass der Dispergator nur eine begrenzte Löslichkeit in dem erstarrten Paraffinwachs besitzt. Es existieren Hinweise, dass der Dispergator Ausscheidungen im Wachs bildet, was eine Destabilisierung des Pulver-Binder-Gemisches erklären würde. Infolge dieser allgemeinen Lagerungsinstabilität der Grünkörper empfiehlt es sich daher, die Entbinderung unmittelbar nach der Grünkörperherstellung durchzuführen. Da die ZrO_2-Paraffinwachs-Formmassen ebenfalls eine Lagerungsinstabilität aufweisen, wird angeraten, die gesamten Prozessführung von der Formmassenherstellung über die Abformung bis hin zur Entbinderung innerhalb eines Arbeitstages zu realisieren, um eine Reproduzierbarkeit der Probenzustände zu gewährleisten.

Eine zentrale Erkenntnis der Untersuchungen stellt der Einfluss der Luftfeuchtigkeit während der Entbinderung dar. Die Entbinderung in trockener Luft führt zu ähnlichen Oberflächenrauhigkeiten und Kantenverrundungen der Mikroproben, wie im Grünzustand. Bei der Entbinderung in feuchter Luft erfolgt hingegen weitestgehend eine deutliche Verbesserung des Oberflächenzustands, aber auch eine Erhöhung der Kantenverrundung und, im Extremfall, eine vollständige Deformation der Mikrostrukturen. Dies wird auf die Diffusion von Wasser in die Grünkörper zurückgeführt, die zu Beginn der Entbinderung in feuchter Luft erfolgt. Im Gegensatz zu einer Lagerung der Grünkörper in Wasser bzw. in feuchter Umgebung für eine längere Zeit, ist die Menge an Wasser, die zu Beginn der Entbinderung in die Grünkörper eindringen kann, jedoch vergleichsweise gering. Es erfolgt eine Wechselwirkung zwischen den Wassermolekülen und der Pulveroberfläche, wodurch es nach dem Aufschmelzen des Binders zu einer Veränderung des Benetzungsverhaltens des Binders mit den Pulverpartikeln kommt. Dies führt möglicherweise auch zu einer Veränderung der interpartikulären Kapillarkräfte. Die infolge der Wärmeausdehnung des Binders aus dem Grünkörper „ausgeschwitzte“ Oberflächenbindermenge wird dadurch erhöht. Liegt zudem noch eine niedrige Fließgrenze (entsprechend hohe Dispergatorkonzentration der Formmasse) vor, so führt die Grenzflächenspannung zwischen dem Binderfilm und der feuchten Luft zu einer zunehmenden Kantenverrundung und gleichzeitig auch zu einer Ausheilung von Oberflächendefekten. Als Prozessparameter besitzt die Luftfeuchtigkeit das wesentliche Merkmal, dass es sich dabei um eine übergeordnete, dominante Einflussgröße handelt. Trotz des Einflusses von Prozessparametern, die eine Formänderung begünstigen, kann bei einer Entbinderung in trockener Luft die geometrische Integrität der Mikrostrukturen vollständig beibehalten werden. Der Kontrolle der Luftfeuchtigkeit während der thermischen Entbinderung wird daher eine besonders wichtige Bedeutung beigemessen, um eine hinreichende Reproduzierbarkeit der Probenzustände zu gewährleisten.

Die fertig gesinterten 3Y-TZP-Mikrobiegebalkenproben mit den Abmessungen von etwa (200 x 200 x 1200) μm^3 weisen im Vergleich zu typischen Makrobiegebalkenproben mit den Maßen (3 x 4 x 40) mm^3 ein um ca. 17-fach höheres effektives Oberflächen-zu-Volumen-Verhältnis auf. Daher wird das Bruchverhalten der Mikroproben hauptsächlich von Oberflächendefekten bestimmt. Es hat sich gezeigt, dass die Oberflächenrauhigkeit ein geeignetes Maß zur Beschreibung der Anzahl und Größe von Oberflächendefekten ist. Durch eine entsprechende Variation von material- und prozessspezifischen Parametern ist es möglich, den Effekt der Oberflächendefektausheilung gezielt auszunutzen, um die Oberflächenrauhigkeit der Mikrobiegeproben zu reduzieren und eine Festigkeitssteigerung zu erzielen. Allerdings ist es nicht gelungen, die dabei zwangsläufig eintretende Kantenverrundung von der Defektausheilung bzw. Festigkeitssteigerung vollständig zu entkoppeln. Es wurden aber Herstellungsbedingungen identifiziert, mit denen niedrige Oberflächenrauhigkeiten und gute mechanische Eigenschaften bei einer begrenzten Kantenverrundung erreicht werden können. Bei Anwendung der in **Tabelle 5.1** empfohlenen Herstellungsbedingungen (mit m_{disp} = 3,2 mg/m^2, Λ_E = 30 % rF) konnten Proben mit einer besonders niedrigen Oberflächenrauhigkeit von 0,91 (R_Z) bzw. 0,59 µm (R_V) und einer Kantenverrundung von 11,6 µm hergestellt werden. In diesem Fall sind die mechanischen Eigenschaften mit einer charakteristischen Bruchfestigkeit von 2960 MPa und einem Weibull-Modul von 15,6 besonders gut. Die gezielte Variation der in **Tabelle 5.1** aufgeführten Parameter (m_{disp} = 2,8 mg/m^2, Λ_E = 60 % rF und T_M = 120°C) führte zu einer deutlich stärkeren Verrundung von 20,9 µm, die aber nicht mit einer weiteren Verbesserung des Oberflächenzustands verbunden war. Die höhere Kantenverrundung bewirkte jedoch eine zusätzliche Festigkeitssteigerung auf 3235 MPa bei einem besonders hohen Weibull-Modul von 21,4. Es ist aber auch möglich, die Kantenverrundung vollständig zu verhindern und trotzdem noch hinreichend gute mechanische Eigenschaften zu erzielen. Mit den entsprechenden Bedingungen in **Tabelle 5.1** und der Variation von Herstellungsparametern (m_{disp} = 3,2 mg/m^2, Λ_E = 0 % rF und T_M = 120°C) wurden leicht erhöhte Rauhigkeitswerte von 1,05 µm (R_Z) bzw. 0,73 µm (R_V) bei einer minimalen Kantenverrundung von 3,2 µm erreicht. In diesem Fall wurden Festigkeiten von 2639 MPa bei Weibull-Moduln von 14,7 gemessen.

In dieser Arbeit konnten sehr hohe Festigkeiten von etwa 3000 MPa nur mit einer Kantenverrundung von mindestens 10 µm erreicht werden. Daraus lässt sich folgern, dass die Nutzung des Effekts der Oberflächendefektausheilung zur Festigkeitssteigerung zwangsläufig mit einer Kantenverrundung gekoppelt ist. Ist hingegen eine Formveränderung in dieser Größenordnung nicht tolerierbar, so ist davon auszugehen, dass die maximal erreichbaren Festigkeiten bei etwa 2500 MPa liegen. Überträgt man die in dieser Arbeit ermittelten Festigkeiten mit Hilfe des Weibull-Größeneffekts auf typische makroskopische 3Y-TZP-Biegeproben, so ist die Festigkeitssteigerung der Mikrobiegeproben mit einer Verbesserung der mechanischen Eigenschaften der Makroproben gleichzusetzen, die nur durch eine aufwendige Oberflächennachbearbeitung erreicht werden kann. Untersuchungen an Datensätzen von mehr als 400 Festigkeitsmessungen haben gezeigt, dass der Einfluss von zahlreichen herstellungsbedingten Einflussfaktoren auf die Festigkeit mit Hilfe eines einfachen multiplen Regressionsmodells nicht erfasst und abgebildet werden kann. Daher wird die Anwendung einer einfachen Regressionsanalyse zur Festigkeitsabschätzung heißgegossener 3Y-TZP-Mikrobiegebalken als unzweckmäßig eingestuft.

Tabelle 5.1: Empfohlene Herstellungsbedingungen zur Fertigung von niederdruckspritzgegossenen keramischen Mikrobauteilen mit hoher Oberflächenqualität und verbesserten mechanischen Eigenschaften.

Parameter	Empfohlene Bedingungen	Hinweise
Dispergatorkonzentration m_{disp}	2,4-3,2 mg/m^2	spezifisch für die in dieser Arbeit verwendeten Materialien
Entbinderungsunterlage	poröse Unterlage	Porosität von ca. 30-40 % bereits ausreichend
Formgebungsdauer t_P	3 min	spezifisch beim manuellen Heißgießen mittels Silikonformen
Formgebungstemperatur T_M	80°C	
Abkühlgeschwindigkeit der Silikonform nach der Formgebung	Umgebungs-bedingungen	-
Vorbehandlung (Reinigung) der Silikonformen	Modellierwachs	spezifisch für das in dieser Arbeit verwendete Modellierwachs
Grünkörperlagerung	keine Lagerung (Entbinderung unmittelbar nach der Formgebung)	-
Feuchtigkeit* der Entbinderungsatmosphäre Λ_E	30-60 % rF	

* bezogen auf eine relative Luftfeuchtigkeit bei Raumtemperatur (25°C)

Anhand der erarbeiteten Ergebnisse wurde ein gesamtheitliches Verständnis der Ursachen erlangt, die im Wesentlichen die Vorgänge während der Entbinderung von niederdruckspritzgegossenen ZrO_2-Mikrobiegebalken beeinflussen. Das Gesamtziel der Prozessbeherrschung von der Formmassenherstellung bis hin zur thermischen Behandlung konnte somit erreicht werden. Es ist es nun möglich, reproduzierbare Probenzustände, wie Oberflächenrauhigkeit und

Kantenverrundung, einzustellen und die Oberflächendefektausheilung zur Festigkeitssteigerung gezielt auszunutzen. Damit wurden die notwendigen Grundlagen erarbeitet und stehen auch für die Realisierung eines Transfers des Effekts der Defektausheilung auf niederdruckspritzgegossene Mikrobauteile aus alternativen keramischen, aber auch metallischen Werkstoffen zur Verfügung. Ferner würde eine erfolgreiche Übertragung des Effekts der Defektausheilung auf die Serienfertigung von Mikrobauteilen mittels Hochdruckspritzgießen es erlauben, das wirtschaftliche Potential einer in den µ-PIM-Herstellungsprozess integrierten thermischen Behandlung zur Verbesserung der Bauteilzuverlässigkeit auszuschöpfen. Aufgrund der Verwendung von vergleichsweise hochviskosen Formmassen mit thermoplastischen Binderkomponenten ist allerdings davon auszugehen, dass bei hochdruckspritzgegossenen Mikroteilen die Tendenz zur Defektausheilung und Kantenverrundung weniger stark ausgeprägt ist, als beim LPIM. In diesem Fall ist die Entwicklung von geeigneten Formmassen für das HPIM erforderlich. Für eine Übertragung der in dieser Dissertation erarbeiteten Ergebnisse auf alternative Werkstoffe bzw. auf das HPIM wird empfohlen, die Lagerungsinstabilität der Formmassen und Grünkörper zu berücksichtigen. Die Lagerungsinstabilität könnte beispielsweise durch eine Vorbehandlung der Ausgangspulver mittels Pulverbeschichtung mit dem Dispergator unterbunden werden. Dies würde einen wesentlich flexibleren Herstellungsprozess erlauben und die bisher zwangsläufig unmittelbar nach Formmassenherstellung durchgeführte Formgebung und Entbinderung der Grünkörper erübrigen.

Literaturverzeichnis

[Abe04] Abernethy, R. B.: The New Weibull Handbook, North Palm Beach, Robert B. Abernethy, 2004.

[Alm04] Alm, B.: Keramische Massen für den Niederdruckspritzguss zur Herstellung von Komponenten für die Mikroverfahrenstechnik, Dissertation, Universität Freiburg, Fakultät für Angewandte Wissenschaften, Freiburg im Breisgau, 2004.

[Amb11] Ambrozic, M.; Gorjan, L.: Reliability of a Weibull analysis using the maximum-likelihood method, Journal of Materials Science 46, 2011, 1862-1869.

[Ami09] Amirouche, F.; Zhou, Y.; Johnson, T.: Current micropump technologies and their biomedical applications, Microsystem Technologies 15, 2009, 647-666.

[Ant09a] Antolino, N. E.; Hayes, G.; Kirkpatrick, R.; Muhlstein, C. L.; Frecker, M. I.; Mockensturm, E. M.; Adair, J. H.: Lost Mold Rapid Infiltration Forming of Mesoscale Ceramics: Part 1 - Fabrication, Journal of the American Ceramic Society 92 (1), 2009, 63-69.

[Ant09b] Antolino, N. E.; Hayes, G.; Kirkpatrick, R.; Muhlstein, C. L.; Frecker, M. I.; Mockensturm, E. M.; Adair, J. H.: Lost Mold-Rapid Infiltration Forming of Mesoscale Ceramics. Part 2 - Geometry and Strength Improvements, Journal of the American Ceramic Society 92 (1), 2009, 70-78.

[Ask96] Askeland, D. R.: Materialwissenschaften, Heidelberg, Spektrum Akademischer Verlag, 1996.

[Auh02] Auhorn, M.; Beck, T.; Schulze, V.; Löhe, D.: Quasi-static and cyclic testing of specimens with high aspect ratios produced by micro-casting and micro-powder-injection-moulding, Microsystem Technologies 8, 2002, 109-112.

[Auh05] Auhorn, M.; Kasanická, B.; Beck, T.; Schulze, V.; Löhe, D.: Microstructure, Surface Topography and Mechanical Properties of Molded ZrO_2 Microspecimens, in: Baltes, H.; Brand, O.; Fedder, G. K.; Hierold, C.; Korvink, J.; Tabata, O., Microengineering of Metals and Ceramics (Part II), Weinheim, Wiley-VCH, 2005.

[Auh06] Auhorn, M.: Mechanische Eigenschaften urgeformter Mikroproben aus $Au_{58}Ag_{23}Cu_{12}Pd_5$ und ZrO_2, Dissertation, Universität Karlsruhe, Fakultät für Maschinenbau, in: Löhe, D.; Wanner, A.; Gumbsch, P.; Kraft, O.: Schriftenreihe Werkstoffwissenschaft und Werkstofftechnik (27), Aachen, Shaker, 2006.

[Bai68] Baier, R. E.; Shafrin, E. G.; Zisman, W. A.: Adhesion - Mechanisms That Assist or Impede It, Science 162, 1968, 1360-1368.

[Ban93] Bandyopadhyay, G.; French, K. W.: Injection-molded Ceramics: Critical Aspects of the Binder Removal Process and Component Fabrication, Journal of the European Ceramic Society 11 (1), 1993, 23-34.

[Bao91a] Bao, Y.; Evans, J. R. G.: Kinetics of capillary extraction of organic vehicle from ceramic bodies. Part I: Flow in porous media, Journal of European Ceramic Society 8 (2), 1991, 81-93.

[Bao91b] Bao, Y.; Evans, J. R. G.: Kinetics of capillary extraction of organic vehicle from ceramic bodies. Part II: Partitioning between Porous Media, Journal of European Ceramic Society 8, 1991, 95-105.

[Bar88] Barone, M. R.; Ulicny, J.C.; Hengst, R. R.; Pollinger, J. P: Removal of organic binders in ceramic powder compacts, Ceramic Transactions 1A (Ceramic Powder Science II), 1988, 575-583.

[Bar90] Barone, M. R.; Ulicny, J. C.: Liquid-Phase Transport During Removal of Organic Binders in Injection-Molded Ceramics, Journal of American Ceramic Society 73, 1990, 3323-3333.

[Bar05] Bargel, H.-J.; Schulze, G.: Werkstoffkunde, Berlin, Springer, 2005.

[Bas04] Basu, B.; Vleugels, J.; Van Der Biest, O.: Microstructure-toughness-wear relationship of tetragonal zirconia ceramics, Journal of the European Ceramic Society 24 (7), 2004, 2031-2040.

[Bas05] Basu, B.: Toughening of yttria-stabilised tetragonal zirconia ceramics, International Materials Reviews 50 (4), 2005, 239-256.

[Bau02a] Bauer, W.; Knitter, R.: Development of a rapid prototyping process chain for the production of ceramic microcomponents, Journal of Materials Science 37, 2002, 3127-3140.

[Bau02b] Bauer, W.; Knitter, R.; Emde, R.; Bartelt, G.; Göhring, D.; Hansjosten, E.: Replication techniques for ceramic microcomponents with high aspect ratios, Microsystem Technologies 9, 2002, 81-86.

[Bau04] Bauer, W.; Piotter, V.: Pulverspritzgießen von keramischen Mikrobauteilen, Keramische Zeitschrift 56 (5), 2004, 292-297.

[Bau05a] Bauer, W.; Hausselt, J.; Merz, L.; Müller, M.; Örlygsson, G.; Rath, S.: Microceramic Injection Molding, in: Baltes, H.; Brand, O.; Fedder, G. K.; Hierold, C.; Korvink, J.; Tabata, O., Microengineering of Metals and Ceramics (Part I), Weinheim, Wiley-VCH, 2005, 325-356.

[Bau05b] Bauer, W.; Müller, M.; Ritzhaupt-Kleissl, H.-J.: Abformung keramischer Mikrokomponenten über Niederdruck-Spritzgießen, in: Dilthey, U.; Dorfmüller, T., Kolloquium Mikroproduktion, Aachen, Mainz Verlag, 2005.

[Bau07a] Bauer, W.; Hanemann, T.; Heldele, R.; Müller, M.: Erfahrungen zum Einsatz von niedrigviskosen Bindersystemen beim Spritzgießen von keramischen Mikrobauteilen, in: GMM-Fachbericht, Technologien und Werkstoffe der Mikro- und Nanosystemtechnik, Berlin, VDE, 2007, 89-95.

[Bau07b] Bauer, W.: The Application of Ceramic Materials in Microsystems Technology, International Advanced Ceramics Exhibition & Conference in Shanghai (Vortrag), 23.-25.10.2007.

[Bau08] Bauer, W.; Müller, M.; Knitter, R.; Oerding, J.; Albers, A.; Kotschenreuther, J.; Fleischer, J.: Development and Prototyping of a Ceramic Micro Turbine, Proceedings of the 4th International Conference and Exhibition on Ceramic Interconnect and Ceramic Microsystems Technologies, München, 2008, 246-252.

[Bau09] Bauer, W.; Knitter, R.: Low-pressure injection moulding, in: Ritzhaupt-Kleissl, H.-J.; Johander, P., Ceramics Processing in Microtechnology, Dunbeath, Whittles Publishing, 2009, 158-170.

[Ber69] Bernett, M. K.; Zisman, W. A.: Effect of Adsorbed Water on Wetting Properties of Borosilicate Glass, Quartz and Sapphire, Journal of Colloid and Interface Science 29 (3), 1969, 413-423.

[Ber84] Bergman, B.: On the estimation of the Weibull modulus, Journal of Materials Science Letters 3, 1984, 689-692.

[Bin05] Binder, J. R.; Schlechtriemen, N.; Ritzhaupt-Kleissl, H.-J., Haußelt, J.: Reaktionsgebundene Keramiken als festsitzender Zahnersatz, Ceramic Forum International 82 (13), 2005, 265-268.

[Bru82] Brutsaert, W.: Evaporation into the atmosphere, Dodrecht, Kluwer Academic Publishers, 1982.

[Bur09] Burghardt, A.: Herstellung und Eigenschaften von Keramik aus nano-ZrO_2 unter besonderer Berücksichtigung der Wirkungsweise eines Dispergators, Dissertation, Universität Karlsruhe, Fakultät für Maschinenbau, 2009.

[Bus87] Buscall, R.; McGowan, I. J.; Mills, P. D. A.; Stewart, R. F.; Sutton, D.; White, L. R.; Yates, G. E.: The rheology of strongly-flocculated suspensions, Journal of Non-Newtonian Fluid Mechanics 24, 1987, 183-202.

[Bys11] Bystrova, S.; Luttge, R.: Micromolding for ceramic microneedle arrays, Microelectronic Engineering 88 (8), 2011, 1681-1684.

[Cal90] Calvert, P.; Cima, M.: Theoretical Models for Binder Burnout, Journal of the American Ceramic Society 73 (3), 1990, 575-579.

[Cam11] Cambier, F.: Ceramics: black magic or exact science, 12th Conference of the European Ceramic Society in Stockholm (Vortrag), 19.-23.06.2011.

[Ces88] Cesarano III, J.; Aksay, I. A.; Bleier, A.: Stability of Aqueous alpha-Al_2O_3 Suspensions with Polymethacrylic acid Polyelectrolyte, Journal of the American Ceramic Society 71 (4), 1988, 250-255.

[Cet11] Çetinel, F. A.; Bauer, W.; Knitter, R.; Haußelt, J.: Factors affecting strength and shape retention of zirconia micro bending bars during thermal debinding, Ceramics International 37 (7), 2011, 2809-2820.

[Cet12] Çetinel, F.A.; Simon, R.A.: Nanoparticle Assisted Coagulation of Aqueous Alumina Suspensions, Materials Research 15 (1), 2012, 81-89.

[Cha94] Chan, R. W.; Haasen, P.; Kramer, E. J.: Materials Science and Technology - Structure and Properties of Ceramics (Volume 11), Weinheim, VCH, 1994.

[Cha95] Chan, T. Y.; Lin, S. T.: Effects of Stearic Acid on the Injection Molding of Alumina, Journal of the American Ceramic Society 78 (10), 1995, 2746-2752.

[Cha07] Chander, S.; Hogg, R.; Fuerstenau, D. W.: Characterizatin of the Wetting and Dewetting Behavior of Powders, KONA Powder and Particle Journal 25, 2007, 56-75.

[Che09a] Chevalier, J.; Gremillard, L.; Virkar, A. V.; Clarke, D. R.: The Tetragonal-Monoclinic Transformation in Zirconia: Lessons Learned and Future Trends, Journal of the American Ceramic Society 92 (9), 2009, 1901-1920.

[Chh08] Chhabra, R. P.; Richardson, J. F.: Non-Newtonian Flow and Applied Rheology: Engineering Applications, Amsterdam, Elsevier, 2008.

[Cim89] Cima, M. J.; Lewis, J. A.; Devoe, A. D.: Binder Distribution in Ceramic Greenware During Thermolysis, Journal of the American Ceramic Society 72 (7), 1989, 1192-1199.

[Cro09] Croda International: Hypermer LP1, Datenblatt, 2009

[Dak09] Dakskobler, A.; Kosmac, T.: Rheological properties of re-melted paraffin-wax suspensions used for LPIM, Journal of the European Ceramic Society 29 (10), 2009, 1831-1836.

[Dak10] Dakskobler, A.; Kosmac, T.: The Effect of Interparticle Interactions on the Rheological Properties of Paraffin-Wax Suspensions, in: Ohji, T.; Singh, M.; Singh, D.; Salem, J., Advanced Processing and Manufacturing Technologies for Structural and Multifunctional Materials III, Hoboken, John Wiley & Sons, 2010.

[Dan92] Danzer, R.: A General Strength Distribution Function for Brittle Materials, Journal of the European Ceramic Society 10, 1992, 461-472.

[Dan06] Danzer, R.: Some notes on the correlation between fracture and defect statistics: Are Weibull statistics valid for very small specimens?, Journal of the European Ceramic Society 26 (15), 2006, 3043-3049.

[Dan07a] Danzer, R.; Supancic, P.; Pascual, J.; Lube, T.: Fracture statistics of ceramics - Weibull statistics and deviations from Weibull statistics, Engineering Fracture Mechanics 74 (18), 2007, 2919-2932.

[Dan07b] Danzer, R.; Harrer, W.; Supancic, P.; Lube, T.; Wang, Z.; Börger, A.: The ball on three balls test--Strength and failure analysis of different materials, Journal of the European Ceramic Society 27 (2-3), 2007, 1481-1485.

[Dan08a] Danzer, R.; Lube, T.; Supancic, P.; Damani, R.: Fracture of Ceramics, in: Riedel, R.; Chen, I.-W., Ceramic Science and Technology - Volume 2: Properties, Weinheim, Wiley-VCH, 2008, 531-575.

[Deg02] Degner, W.; Smejkal, E.; Lutze, H.: Spanende Formgebung, München, Hanser, 2002.

[DIN75] DIN 66132: Bestimmung der spezifischen Oberfläche von Feststoffen durch Stickstoffadsorption, Berlin, Beuth, 1975.

[DIN90] DIN 4768: Ermittlung der Rauheitskenngrößen Ra, Rz, Rmax mit elektrischen Tastschnittgeräten, Berlin, Beuth Verlag, 1990.

[DIN07] DIN EN 843-5:2007-03: Hochleistungskeramik - Mechanische Eigenschaften monolithischer Keramik bei Raumtemperatur / Teil 5: Statistische Auswertung, Berlin, Beuth Verlag, 2007.

[DIN08] DIN EN 843-1:2008-08: Hochleistungskeramik - Mechanische Eigenschaften monolithischer Keramik bei Raumtemperatur / Teil 1: Bestimmung der Biegefestigkeit, Berlin, Beuth, 2008.

[DIN10] DIN EN ISO 4287:2009-11: Geometrische Produktspezifikation (GPS) - Oberflächenbeschaffenheit: Tastschnittverfahren - Benennung, Definitionen und Kenngrößen der Oberflächenbeschaffenheit, Berlin, Beuth, 2010.

[Doe94] Dörfler, H. D.: Grenzflächen- und Kolloidchemie, Weinheim, Wiley-VCH, 1994.

[Doz92] Doz, G. N.; Riera, J. D.: Influence of support friction on three-point bend test, International Journal of Pressure Vessels and Piping 51 (3), 1992, 373-380.

[Dub97] Beitz, W.; Grote, K.-H.: Dubbel: Taschenbuch für den Maschinenbau, Berlin, Springer, 1997.

[Duk01] Dukhin, A. S.; Goetz, P. J.: Acoustic and electroacoustic spectroscopy for characterizing concentrated dispersions and emulsions, Advances in Colloid and Interface Science 92, 2001, 73-132.

[Dun95] Duncan, D.; Gaydos, J.; Li, D.; Neumann, A. W.: Correlation of Line Tension and Solid-Liquid Interfacial Tension from the Measurement of Drop Size Dependence of Contact Angles, Journal of Colloid and Interface Science 169, 1995, 256-261.

[Duo09] Duong, T.; Limarga, A. M.; Clarke, D. R.: Diffusion of Water Species in Yttria-Stabilized Zirconia, Journal of the American Ceramic Society 92 (11), 2009, 2731-2737.

[Eic04] Eichler, A.; Kresse, G.: First-principles calculations for the surface termination of pure and yttria-doped zirconia surfaces, Physical Review B 69 (045402), 2004.

[Eic07] Eichler, J.; Rödel, J.; Eisele, U.; Hoffman, M.: Effect of Grain Size on Mechanical Properties of Submicrometer 3Y-TZP: Fracture Strength and Hydrothermal Degradation, Journal of the American Ceramic Society 90 (9), 2007, 2830-2836.

[Far09] Farrokhpay, S.: A review of polymeric dispersant stabilisation of titania pigment, Advances in Colloid and Interface Science 151 (1-2), 2009, 24-32.

[Fea95] Fearing, R. S.: Survey of sticking effects for micro parts handling, Proceedings of the International Conference on Intelligent Robots and Systems IROS (IEEE/RSJ) 2, 1995, 212-217.

[Fet97] Fett, T.; Munz, D.: Stress Intensity Factors and Weight Functions, Billerica, Computational Mechanics Publications, 1997.

[**Fow87**] Fowkes, F. M.: Dispersions of Ceramic Powders in Organic Media, in: Messing, G. L.; Mazdiyasni, K. S.; McCauley, J. W.; Haber, R. A., Advances in Ceramics, Vol. 21: Ceramic Powder Science, The American Ceramic Society, 1987, 411-421.

[**Gal08**] Galusek, D.; Ghillányová, K.: Ceramic Oxides, in: Riedel, R.; Chen, I.-W., Ceramic Science and Technology - Volume 2: Properties, Weinheim, Wiley-VCH, 2008, 3-58.

[**Ger87**] German, R. M.: Theory of Thermal Debinding, International Journal of Powder Metallurgy and Powder Technology 23 (4), 1987, 237-245.

[**Ger90**] German, R. M.: Powder Injection Molding, Princeton, Metal Powder Industries Federation, 1990.

[**Ger94**] German, R. M.: Homogeneity Effects on Feedstock Viscosity in Powder Injection Molding, Journal of the American Ceramic Society 77 (1), 1994, 283-285.

[**Ger09**] German, R. M.: Medical and dental applications for microminiature powder injection moulding - a roadmap for growth, Powder Injection Moulding International 3 (2), 2009, 21-29.

[**Gog10**] Gogotsi, G. A.; Galenko, V. I.; Mudrik, S. P.; Ozersky, B. I.; Khvorostyany, V. V.; Khristevich, T. A.: Fracture behaviour of Y-TZP ceramics, Ceramics International 36 (1), 2010, 345-350.

[**Gor10**] Gorjan, L.; Dakskobler, A.; Kosmac, T.: Partial wick-debinding of low-pressure powder injection-moulded ceramic parts, Journal of the European Ceramic Society 30, 2010, 3013-3021.

[**Gor12a**] Gorjan, L.; Ambrozic, M.: Bend strength of alumina ceramics: A comparison of Weibull statistics with other statistics based on very large experimental data set, Journal of the European Ceramic Society 32 (6), 2012, 1221-1227.

[**Gor12b**] Gorjan, L.; Dakskobler, A.; Kosmac, T.: Strength Evolution of Injection-Molded Ceramic Parts During Wick-Debinding, Journal of the American Ceramic Society 95 (1), 2012, 188-193.

[**Gre11**] Greiner, A.; Kauzlaric, D.; Korvink, J. G.; Heldele, R.; Schulz, M.; Piotter, V.; Hanemann, T.; Weber, O.; Haußelt, J.: Simulation of micro powder injection moulding: Powder segregation and yield stress effects during form filling, Journal of the European Ceramic Society 31, 2011, 2525-2534.

[**Gro04**] Gronych, D.; Auhorn, M.; Beck, T.; Schulze, V.; Löhe, D.: Influence of surface defects and edge geometry on the bending strength of slip-cast ZrO_2 micro-specimens, International Journal of Materials Research 6, 2004, 551-558.

[**Gue03**] Günzler, H.; Gremlich, H.-U.: IR-Spektroskopie, Weinheim, Wiley-VCH, 2003.

[**Han94**] Hannink, R. H. J.; Swain, M. V.: Progress in transformation toughening of ceramics, Annual Review of Materials Science 24, 1994, 359-408.

[**Han09a**] Hanemann, T.: Flow behavior of unsaturated polyester resin - Microsized 17-4PH stainless steel powder - Feedstocks, Polymer Composites 30, 2009, 1873-1878.

[Han09b] Hanemann, T.; Honnef, K.: Process chain development for the realization of zirconia microparts using composite reaction molding, Ceramics International 35, 2009, 269-275.

[Han10] Hanemann, T.; Heldele, R.; Müller, T.; Hausselt, J.: Influence of Stearic Acid Concentration on the Processing of ZrO_2-Containing Feedstocks Suitable for Micropowder Injection Molding, International Journal of Applied Ceramic Technology 8 (4), 2011, 865-872.

[Har12] Harrer, W.; Danzer, R.; Morrell, R.: Influence of surface defects on the biaxial strength of a silicon nitride ceramic - Increase of strength by crack healing, Journal of the European Ceramic Society 32 (1), 2012, 27-35.

[Has10a] Hassanin, H.; Jiang, K.: Functionally graded microceramic components, Microelectronic Engineering 87 (5-8), 2010, 1610-1613.

[Has10b] Hassanin, H.; Jiang, K.: Optimized process for the fabrication of zirconia micro parts, Microelectronic Engineering 87 (5-8), 2010, 1617-1619.

[Hel09] Heldele, R.: Entwicklung und Charakterisierung von Formmassen für das Mikropulverspritzgießen, Dissertation, Universität Freiburg, Fakultät für Angewandte Wissenschaften, 2008.

[Hem89] Hemminger, W. F. ; Cammenga, H. K.: Methoden der Thermischen Analyse, Berlin, Springer, 1989.

[Heu03] Heule, M.; Vuillemin, S.; Gauckler, L. J.: Powder-Based Ceramic Meso- and Microscale Fabrication, Advanced Materials 15 (15), 2003, 1237-1245.

[Hid97] Hidber, P. C.; Graule, T. J.; Gauckler, L. J.: Influence of the dispersant structure on properties of electrostatically stabilized aqueous alumina suspensions, Journal of the European Ceramic Society 17 (2-3), 1997, 239-249.

[Hoa76] Hoagland, R. G.; Marschall, C. W.; Duckworth, W. H.: Reduction of Errors in Ceramic Bend Tests, Journal of the American Ceramic Society 59 (5-6), 1976, 189-192.

[Hol11] Holthaus, M. G.; Treccani, L.; Rezwan, K.: Comparison of micropatterning methods for ceramic surfaces, Journal of the European Ceramic Society 31, 2011, 2809-2817.

[Hor90] Horn, R. G.: Surface Forces and Their Action in Ceramic Materials, Journal of the American Ceramic Society 73 (5), 1990, 1117-1135.

[Hos96] Hosokawa, K.; Shimoyama, I.; Miura, H.: Two-dimensional micro-self-assembly using the surface tension of water, Sensors and Actuators A: Physical 57 (2), 1996, 117-125.

[Imb08] Imbaby, M.; Jiang, K.; Chang, I.: Fabrication of 316-L stainless steel micro parts by softlithography and powder metallurgy, Materials Letters 62, 2008, 4213-16.

[Imb09a] Imbaby, M. F.; Jiang, K.: Fabrication of free standing 316-L stainless steel-Al2O3 composite micro machine parts by soft moulding, Acta Materialia 57 (16), 2009, 4751-4757.

[Imb09b] Imbaby, M.; Jiang, K.; Chang, I.: A Soft Molding Process for Fabrication of Micromachine Parts from Stainless Steel Powder, Advanced Engineering Materials 11 (3), 2009, 202-205.

[ISO84] ISO 4287-1:1984: Surface roughness - Terminology - Part 1: Surface and its parameters, 1984.

[Jar08] Jardiel, T.; Sotomayor, M. E.; Levenfeld, B.; Várez, A.: Optimization of the Processing of 8-YSZ Powder by Powder Injection Molding for SOFC Electrolytes, International Journal of Applied Ceramic Technology 5 (6), 2008, 574-581.

[Jim12] Jiménez-Piqué, E.; Ramos, A.; Munoz-Tabares, J. A.; Hatton, A.; Soldera, F.; Mücklich, F.; Anglada, M.: Focused ion beam tomography of zirconia degraded under hydrothermal conditions, Journal of the European Ceramic Society 32 (10), 2012, 2129-2136.

[Jon87] Johnson, R. E.; Morrison, W. H.: Ceramic Powder Dispersion in Nonaqueous Systems, in: Messing, G. L.; Mazdiyasni, K. S.; McCauley, J. W.; Haber, R. A., Advances in Ceramics, Vol. 21: Ceramic Powder Science, The American Ceramic Society, 1987, 323-348.

[Kas06] Kasanická, B.; Müller, M.; Auhorn, M.; Schulze, V.; Bauer, W.; Beck, T.; Ritzhaupt-Kleissl, H.-J.; Löhe, D.: Correlations between production process, states and mechanical properties of microspecimens made of zirconia, Microsystem Technologies 12, 2006, 1133-1141.

[Kas08] Kasanická, B.: Prozess-Gefüge-Eigenschafts-Beziehungen für das Urformen von Mikroproben, Dissertation, Universität Karlsruhe, Fakultät für Maschinenbau, in: Löhe, D.; Wanner, A.; Gumbsch, P.; Kraft, O.; Elsner, P.; Schulze, V.: Schriftenreihe Werkstoffwissenschaft und Werkstofftechnik (44), Aachen, Shaker, 2008.

[Ken07] Kenis, C.; Kenis, P. J. A.: Fabrication of Ceramic Microscale Structures, Journal of the American Ceramic Society 90 (9), 2007, 2779-2783.

[Kha91] Khalili, A.; Kromp, K.: Statistical properties of Weibull estimators, Journal of Materials Science 26, 1991, 6741-6752.

[Kho07] Khoong, L. E.; Lam, Y. C.; Chai, J. C.; Jiang, L.; Ma, J.: Numerical and experimental investigations on thermal debinding of polymeric binder of powder injection molding compact, Chemical Engineering Science 62, 2007, 6927-38.

[Kho09] Khoong, L. E.; Lam, Y. C.; Chai, J. C.; Ma, J.; Jiang, L.: Modeling of mass transfers in a porous green compact with two-component binder during thermal debinding, Chemical Engineering Science 64 (12), 2009, 2837-2850.

[Kim96] Kim, S. W.; Lee, H.-W.; Song, H.; Kim, B. H.: Pore structure evolution during solvent extraction and wicking, Ceramics International 22 (1), 1996, 7-14.

[Kim99] Kim, S. W.; Lee, H.-W.; Song, H.: Effect of minor binder on capillary structure evolution during wicking, Ceramics International 25 (7), 1999, 671-676.

[Kip64] Kippling, J. J.; Wright, E. H. M.: The Adsorption of Stearic Acid from Solution by Oxide Adsorbents, Journal of Chemical Society, 1964, 3535-3540.

[Kle11] Klein, O.: Keramik: ein leistungsfähiger Werkstoff für den klinischen Bereich, KEM - Innovationsvorsprung für Konstrukteure 4, 2011.

[Kni01] Knitter, R.; Bauer, W.; Göhring, D.; Haußelt, J.: Manufacturing of Ceramic Microcomponents by a Rapid Prototyping Process Chain, Advanced Engineering Materials 3 (1-2), 2001, 49-54.

[Kni06] Knitter, R.; Bauer, W.; Linner-Krcmar, B.; Hansjosten, E.: Rapid Manufacturing of Ceramic Microcomponents, in: Müller, G., Ceramics - Processing, Reliability, Tribology and Wear, Weinheim, Wiley-VCH, 2006, 75-80.

[Kol04] Kollenberg, W.: Technische Keramik, Essen, Vulkan-Verlag, 2004.

[Koo11a] Koos, E.; Dittmann, J.; Willenbacher, N.: Kapillarkräfte in Suspensionen: Rheologische Eigenschaften und potenzielle Anwendungen, Chemie Ingenieur Technik 83 (8), 2011, 1305-1309.

[Koo11b] Koos, E.; Willenbacher, N.: Capillay Forces in Suspension Rheology, Science 331, 2011, 897-900.

[Kra99] Kraus, J.: Spritzgießen nanoskaliger keramischer Pulver am Beispiel des Degussa Aluminiumoxid C, Dissertation, Universität des Saarlandes, Technische Fakultät, 1999.

[Kum07] Kumar, G.; Prabhu, K. N.: Review of non-reactive and reactive wetting of liquids on surfaces, Advances in Colloid and Interface Science 133 (2), 2007, 61-89.

[Kum09] Kumar, G.; Tang, H. X.; Schroers, J.: Nanomoulding with amorphous metals, Nature 457, 2009, 868-873.

[Lan82] Lange, F. F.: Transformation toughening, Journal of Materials Science 17 (1), 1982, 240-246.

[Lan86] Lange, F. F.; Shubert, H.; Claussen, N.; Ruhle, M.: Effects of attrition milling and post-sintering heat treatment on fabrication, microstructure and properties of transformation toughened ZrO_2, Journal of Materials Science 21, 1986, 768-774.

[Lan11] Landolt, H. H.; Börnstein, R.: The Landolt Börnstein Database (online), Berlin, Springer, 2011.

[Lap09] Lapointe, F.; Turenne, S.; Julien, B.: Low viscosity feedstocks for powder injection moulding, Powder Metallurgy 52 (4), 2009, 338-344.

[Lau09] Launey, M. E.; Ritchie, R. O.: On the Fracture Toughness of Advanced Materials, Advanced Materials 21 (20), 2009, 2103-2110.

[Len95] Lenk, R.: Hot Moulding - An Interesting Forming Process, Ceramic Forum International 72 (10), 1995, 636-639.

[Len00] Lenk, R; Krivoshchepov, A. P.: Effect of Surface-Active Substances on the Rheological Properties of Silicon Carbide Suspensions in Paraffin, Journal of American Ceramic Society 83 (2), 2000, 273-276.

[Len02] Lenk, R.: Heißgießen von Keramik, Das Keramiker Jahrbuch 2002, Baden-Baden, Göller-Verlag, 2002, 13-26.

[Len09] Lenk, R.; Moritz, T.: Ceramic injection moulding: a review of developments in production technology, materials and applications, Powder Injection Moulding International 3 (3), 2009, 23-34.

[Lew94] Lewis, J. A.; Cima, M. J.; Rhine, W. E.: Direct Observation of Preceramic and Organic Binder Decomposition in 2-D Model Microstructures, Journal of the American Ceramic Society 77 (7), 1994, 1839-1845.

[Lew96] Lewis, J. A.; Galler, M. A.; Bentz, D. P.: Computer Simulations of Binder Removal from 2-D and 3-D Model Particulate Bodies, Journal of the American Ceramic Society 79 (5), 1996, 1377-1388.

[Lew00] Lewis, J. A.: Colloidal Processing of Ceramics, Journal of the American Ceramic Society 83 (10), 2000, 2341-2359.

[Li96] Li, D.: Drop size dependence of contact angles and line tensions of solid-liquid systems, Colloids and Surfaces A 116, 1996, 1-23.

[Li01] Li, R.: Temperature-Induced Direct Casting of SiC, Dissertation, Universität Stuttgart, Fakultät Chemie, 2001.

[Li07] Li, Y. M.; Liu, X. Q.; Luo, F. H.: Effects of surfactant on properties of MIM feedstock, Transactions of Nonferrous Metals Society of China 17, 2007, 1-8.

[Lin05] Lin, T. Z.; Hourng, L. W.: Investigation of wick debinding in metal injection molding: numerical simulations by the random walk approach and experiments, Advanced Powder Technology 16 (5), 2005, 495-515.

[Liu98] Liu, D. M.; Tseng, W. J.: Yield behavior of zirconia-wax suspensions, Materials Science and Engineering: A 254 (1-2), 1998, 136-146.

[Liu99a] Liu, D. M.: Control of yield stress in low-pressure ceramic injection moldings, Ceramics International 25 (7), 1999, 587-592.

[Liu99b] Liu, D. M.: Effect of Dispersants on the Rheological Behavior of Zirconia-Wax Suspensions, Journal of the American Ceramic Society 82 (5), 1999, 1162-1168.

[Liu99c] Liu, D. M.; Tseng, W. J.: Binder removal from injection moulded zirconia ceramics, Ceramics International 25 (6), 1999, 529-534.

[Liu99d] Liu, D. M.; Tseng, W. J.: Influence of Powder Agglomerates on the Structure and Rheological Behavior of Injection-Molded Zirconia-Wax Suspensions, Journal of the American Ceramic Society 82 (10), 1999, 2647.

[Liu00] Liu, D. M.; Tseng, W. J.: Rheology of injection-molded zirconia-wax mixtures, Journal of Materials Science 35, 2000, 1009-1016.

[Liu11] Liu, W.; Xie, Z.; Yang, X.; Wu, Y.; Jia, C.; Bo, T.; Wang, L.: Surface Modification Mechanism of Stearic Acid to Zirconia Powders Induced by Ball Milling for Water-Based Injection Molding, Journal of the American Ceramic Society 94 (5), 2011, 1327-1330.

[Loe09] Loebbecke, B.; Knitter, R.; Haußelt, J.: Rheological properties of alumina feedstocks for the low-pressure injection moulding process, Journal of the European Ceramic Society 29 (9), 2009, 1595-1602.

[Loh07] Loh, N. H.; Tor, S. B.; Tay, B. Y.; Murakoshi, Y.; Maeda, R.: Fabrication of micro gear by micro powder injection molding, Microsystem Technologies 14, 2007, 43-50.

[Lub97] Lube, T.; Manner, M.; Danzer, R.: The Miniaturisation of the 4-Point-bend Test, Fatigue & Fracture of Engineering Materials & Structures 20, 1997, 1605-1616.

[Man09] Mannschatz, A.; Moritz, T.: Challenges in Two-Component Ceramic Injection Moulding, Ceramic Forum International 86 (4), 2009, E25-28.

[Man11] Mannschatz, A.; Müller, A.; Moritz, T.: Influence of powder morphology on properties of ceramic injection moulding feedstocks, Journal of the European Ceramic Society 31, 2011, 2551-2558.

[Mar11a] Marro, F. G.; Valle, J.; Mestra, A.; Anglada, M.: Surface modification of 3Y-TZP with cerium oxide, Journal of the European Ceramic Society 31, 2011, 331-338.

[Mar11b] Marro, F. G.; Anglada, M.: Strengthening of Vickers indented 3Y-TZP by hydrothermal ageing, Journal of the European Ceramic Society 32, 2012, 317-24.

[Mas89] Masia, S.; Calvert, P. D.; Rhine, W. E.: Effects of oxides on binder burnout during ceramics processing, Journal of Materials Science 24, 1989, 1907-1912.

[Mat96] Matt, R.: Statisches und zyklisches Ermüdungsverhalten umwandlungsverstärkter ZrO_2-Werkstoffe, Dissertation, Universität Karlsruhe, Fakultät für Maschinenbau, 1996.

[Mat03] Matsui, K.; Horikoshi, H.; Ohmichi, N.; Ohgai, M.; Yoshida, H.; Ikuhara, Y.: Cubic-Formation and Grain-Growth Mechanisms in Tetragonal Zirconia Polycrystal, Journal of the American Ceramic Society 86 (8), 2003, 1401-1408.

[Mei03] Meichsner, G.; Mezger, T.; Schröder, J.: Lackeigenschaften messen und steuern, Hannover, Vincentz Network, 2003.

[Men92] Mencik, J.: Strength and Fracture of Glass and Ceramics, Amsterdam, Elsevier, 1992.

[Men02] Menges, G.; Haberstroh, E.; Michaeli, W.; Schmachtenberg, E.: Werkstoffkunde Kunststoffe, München, Carl Hanser, 2002.

[Men04] Menciassi, A.; Eisinberg, A.; Izzo, I.; Dario, P.: From "macro" to "micro" manipulation: models and experiments, IEEE/ASME Transactions on Mechatronics 9 (2), 2004, 311-320.

[Men05] Menz, W.; Mohr, J.; Paul, O: Mikrosystemtechnik für Ingenieure, Weinheim, Wiley-VCH, 2005.

[Mes04] Mescheder, U.: Mikrosystemtechnik - Konzepte und Anwendungen, Wiesbaden, B.G. Teubner, 2004.

[Mey03] Meyna, A.; Paui, B.: Taschenbuch der Zuverlässigkeits- und Sicherheitstechnik, München, Carl Hanser, 2003.

[Mez06] Mezger, T. G.: Das Rheologie Handbuch, Hannover, Vincentz Network, 2006.

[Mil72] Miller, C.: Predicting Non-Newtonian Flow Behavior in Ducts of Unusual Cross Section, Industrial & Engineering Chemistry Fundamentals 11, 1972, 524-528.

[Mit11] Mitov, G.; Gessner, J.; Lohbauer, U.; Woll, K.; Muecklich, F.; Pospiech, P.: Subcritical crack growth behavior and life data analysis of two types of dental Y-TZP ceramics, Dental Materials 27 (7), 2011, 684-691.

[Mol95] Moloney, V. M. B.; Parris, D.; Edirisinghe, M. J.: Rheology of Zirconia Suspensions in a Nonpolar Organic Medium, Journal of the American Ceramic Society 78 (12), 1995, 3225-3232.

[Mue06] Müller, M.; Bauer, W.; Ritzhaupt-Kleissl, H.-J.: Defect Levelling During Debinding for Improved Mechanical Properties of Ceramic Micro Parts, Proceedings of the 3rd Int. Conference on the Shaping of Advanced Ceramics, Limoges, 2006, 59-64.

[Mue07] Müller, M.; Rögner, J.; Okolo, B.; Bauer, W.; Ritzhaupt-Kleissl, H.-J.: Factors Influencing the Mechanical Properties of Moulded Zirconia Micro Parts, Proceedings of the 10th International Conference and Exhibition of the European Ceramic Society, Berlin, 2007, 1291-1296.

[Mun89] Munz, D.; Fett, T.: Mechanisches Verhalten keramischer Werkstoffe, Berlin, Springer, 1989.

[Mun99] Munz, D.; Fett, T.: Ceramics: Mechanical Properties, Failure Behaviour, Materials Selection, Berlin, Springer, 1999.

[Mun03] Munoz-Saldana, J.; Balmori-Ramirez, H.; Jaramillo-Vigueras, D.; Schneider, G. A.: Mechanical properties and low-temperature aging of tetragonal zirconia polycrystals processed by hot isostatic pressing, Journal of Materials Research 18, 2003, 2415-2426.

[Mun07] Munz, D.: What Can We Learn from R-Curve Measurements, Journal of the American Ceramic Society 90 (1), 2007, 1-15.

[Mun11] Munoz-Tabares, J. A.; Jiménez-Piqué, E.; Reyes-Gasga, J.; Anglada, M.: Microstructural changes in ground 3Y-TZP and their effect on mechanical properties, Acta Materialia 59 (17), 2011, 6670-6683.

[Nel88] Nelson, R. D.: Dispersing Powders in Liquids, Amsterdam, Elsevier, 1988.

[Net87] Nettleship, I.; Stevens, R.: Tetragonal Zirconia Polycrystal (TZP) - A Review, International Journal of High Technology Ceramics 3, 1987, 1-32.

[New60] Newkirk, A. E.: Thermogravimetric Measurements, Analytical Chemistry 32, 1960, 1558-1563.

[Nis09] Nishiyabu, K.; Andrews, I.; Tanaka, S.: Making and measuring in micro MIM manufacturing, Metal Powder Report 64 (9), 2009, 22-25.

[Nov97] Novak, S.; Vidovic, K.; Sajko, M.; Kosmac, T.: Surface modification of alumina powder for LPIM, Journal of the European Ceramic Society 17, 1997, 217-223.

[Nov00] Novak, S.; Dakskobler, A.; Ribitsch, V.: The effect of water on the behaviour of alumina-paraffin suspensions for low-pressure injection moulding (LPIM), Journal of the European Ceramic Society 20 (12), 2000, 2175-2181.

[Nov04] Novak, S.; Olhero, S. M. H.; Ferreira, J. M. F.; Zupancic, A.: Rheological properties of paraffin suspensions of surface-modified alumina powder for low-pressure injection moulding, Rheologica Acta 43, 2004, 559-566.

[Obe00] Obergfell, K.; Beck, T.; Schulze, V.; Löhe, D.: Construction, controlling and measuring devices of a micro universal tensile test machine, Materials Testing 42, 2000, 391-395.

[Oet95] Oettel, H.; Schumann, H.: Metallographie, Weinheim, Wiley-VCH, 2005.

[Oez10] Özkol, E.; Wätjen, A. M.; Bermejo, R.; Deluca, M.; Ebert, J.; Danzer, R.; Telle, R.: Mechanical characterisation of miniaturised direct inkjet printed 3Y-TZP specimens for microelectronic applications, Journal of the European Ceramic Society 30 (15), 2010, 3145-3152.

[Ost29] Ostwald, W.: Ueber die rechnerische Darstellung des Strukturgebietes der Viskosität, Kolloid Zeitschrift 47 (2), 1929, 176-187.

[Pas03] Pasch, H.; Schrepp, W.: MALDI-TOF mass spectrometry of synthetic polymers, Berlin, Springer, 2003.

[Pau11] Paul, A.; Vaidhyanathan, B.; Binner, J. G. P.: Hydrothermal Aging Behavior of Nanocrystalline Y-TZP Ceramics, Journal of the American Ceramic Society 94, 2011, 2146-2152.

[Per12] Perko, S.; Dakskobler, A.; Kosmac, T.: The densification and strength of porous Y-TZP materials with a bimodal particle size distribution for dental applications, Journal of the European Ceramic Society 32 (11), 2012, 2633-2639.

[Phi85] Phillips, K. M.; Wightman, J. P.: Adsorption for Binary Solutions of Polar n-Decyl Derivatives and Heptane onto Alumina, Journal of Colloid and Interface Science 108 (2), 1985, 495-502.

[Pio08] Piotter, V.; Beck, M. B.; Ritzhaupt-Kleissl, H.-J.; Ruh, A.; Haußelt, J.: Recent developments in micro ceramic injection molding, International Journal of Materials Research 99 (10), 2008, 1157-1162.

[Pio11] Piotter, V.; Bauer, W.; Knitter, R.; Mueller, M.; Mueller, T.; Plewa, K.: Powder injection moulding of metallic and ceramic micro parts, Microsystem Technologies 17 (2), 2011, 251-263.

[Qui91] Quinn, G. D.; Morell, R.: Design Data for Engineering Ceramics - A Review of the Flexure Test, Journal of the American Ceramic Society 74, 1991, 2037-2066.

[Qui03] Quinn, G. D.: Weibull Strength Scaling for Standardized Rectangular Flexure Specimens, Journal of the American Ceramic Society 86 (3), 2003, 508-510.

[Qui07] Quinn, G. D.; Bradt, R. C.: On the Vickers Indentation Fracture Toughness Test, Journal of the American Ceramic Society 90 (3), 2007, 673-680.

[Rah07] Rahaman, M. N.: Ceramic Processing, Boca Raton, Taylor & Francis, 2007.

[Ree95] Reed, J. S.: Principles of ceramic processing, New York, John Wiley & Sons, 1995.

[Ric09] Richard, A.; Sander, M.: Ermüdungsrisse, Wiesbaden, Vieweg+Teubner, 2009.

[Rit09] Ritzhaupt-Kleissl, H.-J.; Dorey, R. A.: Ceramics in microtechnology: status, requirements and challenges, in: Ritzhaupt-Kleissl, H.-J.; Johander, P., Ceramics Processing in Microtechnology, Dunbeath, Whittles Publishing, 2009, 1-22.

[Roe06] Rösler, J.; Harders, H.; Bäker, M.: Mechanisches Verhalten der Werkstoffe, Wiesbaden, B.G. Teubner, 2006.

[Roe08] Rögner, J.; Okolo, B.; Kurzenhäuser, S.; Müller, M.; Bauer, W.; Ritzhaupt-Kleissl, H.-J.; Kerscher, E.; Schulze, V.: Relationships between process, microstructure and properties of molded zirconia micro specimens, Microsystem Technologies 14, 2008, 1831-1837.

[Roe09] Rödel, J.; Kounga, A. B. N.; Weissenberger-Eibl, M.; Koch, D.; Bierwisch, A.; Rossner, W.; Hoffmann, M. J.; Danzer, R.; Schneider, G.: Development of a roadmap for advanced ceramics: 2010-2025, Journal of the European Ceramic Society 29 (9), 2009, 1549-1560.

[Roe10] Rögner, J.: Mechanische Eigenschaften urgeformter Mikroproben aus $CuAl_{10}Ni_5Fe_4$, ZrO_2 und Si_3N_4, Dissertation, Karlsruher Institut für Technologie, Fakultät für Maschinenbau, Karlsruhe, 2010.

[Roe11] Römmp, H.: Römmp Chemie Lexikon (Römmp-Online), Version 3.17, Stuttgart, Georg Thieme Verlag, 2011.

[Rot01] Rota, A.: Pulvermetallurgische Verfahrensentwicklung für miniaturisierte und mikrostrukturierte Bauteile, Dissertation, Universität Bremen, 2001.

[Rou99] Rouquerol, F.; Rouquerol, J.; Sing, K. S. W.: Adsorption by powders & porous solids, UK, Academic Press, 1999.

[Ruc10] Ruckenstein, E.; Berim, G. O.: Microscopic description of a drop on a solid surface, Advances in Colloid and Interface Science 157, 2010, 1-33.

[Ruh11a] Ruh, A.; Hanemann, T.; Heldele, R.; Piotter, V.; Ritzhaupt-Kleissl, H.-J.; Hausselt, J.: Development of Two-Component Micropowder Injection Molding (2C MicroPIM): Characteristics of Applicable Materials, International Journal of Applied Ceramic Technology 8 (1), 2011, 194-202.

[Ruh11b] Ruh, A.; Piotter, V.; Plewa, K.; Ritzhaupt-Kleissl, H.-J.; Hausselt, J.: Development of Two-Component Micropowder Injection Molding (2C-MicroPIM): Process Development, International Journal of Applied Ceramic Technology 8 (3), 2011, 610-616.

[Rui96] Ruiz, L.; Readey, M. J.: Effect of Heat Treatment on Grain Size, Phase Assemblage, and Mechanical Properties of 3 mol% Y-TZP, Journal of the American Ceramic Society 79 (9), 1996, 2331-2340.

[Sal07] Salmang, H.; Scholze, H.: Keramik, Berlin, Springer, 2007.

[Sar99] Sartorius AG: Handbuch wägetechnische Applikationen: Teil 1, Sartorius, 1999

[Sas09] Sasolwax GmbH: TerHell Paraffin 6403, Anfrage beim Hersteller, 2009

[Sch90] Schwarzl, F. R.: Polymermechanik, Berlin, Springer, 1990.

[Sch02] Schäfer, H. J.; Klubberg, F.; Hempen, M.; Beiss, P.: Formulierung einer variablen Schätzfunktion für die Bruchwahrscheinlichkeit von Schwingversuchen, in: Lange, G.; Pohl, M., Werkstoffprüfung: Schadensanalyse und Schadensvermeidung, Weinheim, Wiley-VCH, 2002, 226-232.

[Sch07] Schimmelpfennig, M.; Weber, K.; Kalb, F.; Feller, K.-H.; Butz, T.; Matthäi, M.: Volumenausdehnung von Paraffinen aus Steigrohr-Messungen, in: Ziolkowsky, H., Jahrbuch für den Praktiker, 2007, 417-429.

[Sch10] Schlechtriemen, N.: Thermoplastische Formgebung endgestalttreu reaktionsbindender Oxidkeramiken, Dissertation, Universität Freiberg, 2010.

[Sev09] Seveno, D.; Vaillant, A; Rioboo, R; Adao, H; Conti, J; De Coninck, J.: Dynamics of Wetting Revisited, Langmuir 25 (22), 2009, 13034-13044.

[SFB499] www.sfb499.de

[Sha67] Shafrin, E. G.; Zisman, W. A.: Effect of Adsorbed Water on the Spreading of Organic Liquids on Soda-Lime-Glass, Journal of the American Ceramic Society 50 (9), 1967, 478-484.

[She01] Shengjie, Y.; Lam, Y.C.; Yu, S.C.M.; Tam, K.C.: Two-dimensional simulation of mass transport in polymer compact by thermal debinding, Journal of Materials Research 16 (8), 2001, 2436-2451.

[She04] Shengjie, Y.; Lam, Y. C.; Chai, J. C.; Tam, K. C.: Simulation of thermal debinding: effects of mass transport on equivalent stress, Computational Materials Science 30 (3-4), 2004, 496-503.

[Shi87] Shih, W. Y.; Aksay, I. A.; Kikuchi, P.: Reversible-growth model: Cluster-cluster aggregation with finite binding energies, Physical Review A 36, 1987, 5015-19.

[Shi01] Shih, M. S.; Hourng, L. W.: Numerical simulation of capillary-induced flow in a powder-embedded porous matrix, Advanced Powder Technology 12, 2001, 457-480.

[Shu89] Shukla, V. N.; Hill, D. C.: Binder Evolution from Powder Compacts: Thermal Profile for Injection-Molded Articles, Journal of the American Ceramic Society 72 (10), 1989, 1797-1803.

[Sin96] Singh, R.: Sintering, microstructure and mechanical properties of commercial Y-TZPs, Journal of Materials Science 31, 1996, 6055-6062.

[Som08] Somasundram, I. M.; Cendrowicz, A.; Wilson, D. I.; Johns, M. L.: Phenomenological study and modelling of wick debinding, Chemical Engineering Science 63 (14), 2008, 3802-3809.

[Som10] Somasundram, I. M.; Cendrowicz, A.; Johns, M. L.; Prajapati, B.: 2-D simulation of wick debinding for ceramic parts in close proximity, Chemical Engineering Science 65, 2010, 5990-6000.

[Son93] Song, J. H.; Evans, J. R. G.: The Assesment of Dispersion of Fine Ceramic Powders for Injection Moulding and Related Processes, Journal of the European Ceramic Society 12, 1993, 467-478.

[Son94] Song, J. H.; Evans, J. R. G.: Flocculation after injection molding in ceramic suspensions, Journal of Materials Research 9 (9), 1994, 2386-2397.

[Son96a] Song, J. H.; Evans, J. R. G.: Ultrafine ceramic powder injection moulding: The role of dispersants, Journal of Rheology 40 (1), 1996, 131-152.

[Son96b] Song, B.; Springer, J.: Determination of Interfacial Tension from the Profile of a Pendant Drop Using Computer-Aided Image Processing: 2. Experimental, Journal of Colloid and Interface Science 184 (1), 1996, 77-91.

[Spi09] Spieß, L.; Teichert, G.; Schwarzer, R.; Behnken, H.; Genzel, C.: Moderne Röntgenbeugung, Wiesbaden, Vieweg + Teubner, 2009.

[Sta90] Stangle, G. C.; Aksay, I. A.: Simultaneous momentum, heat and mass transfer with chemical reaction in a disordered porous medium: Application to binder removal from a ceramic green body, Chemical Engineering Science 45 (7), 1990, 1719-1731.

[Sut09] Sutter, M.: Mikrospritzgießen bringt Keramik in Hochform, Mikroproduktion 1, 2009, 48-51.

[Swa86] Swain, M. V.; Rose, L. R. F.: Strength Limitations of Transformation-Toughened Zirconia Alloys, Journal of the American Ceramic Society 69 (7), 1986, 511-518.

[Sym03] Syms, R. R. A.; Yeatman, E. M.; Bright, V. M.; Whitesides, G. M.: Surface tension-powered self-assembly of microstructures, Journal of Microelectromechanical Systems 12 (4), 2003, 387-417.

[Tad09] Tadros, T.: Polymeric surfactants in disperse systems, Advances in Colloid and Interface Science 147-148, 2009, 281-299.

[Tay03] Tay, B. Y.; Evans, J. R. G.; Edirisinghe, M. J.: Solid freeform fabrication of ceramics, International Materials Reviews 48 (6), 2003, 341-370.

[Tho11] Thomas, P.; Levenfeld, B.; Varez, A.; Cervera, A.: Production of Alumina Microparts by Powder Injection Molding, International Journal of Applied Ceramic Technology 8 (3), 2011, 617-626.

[Tir09] Tiryakioglu, M.; Hudak, D.; Ökten, G.: On evaluating Weibull fits to mechanical testing data, Materials Science and Engineering: A 527 (1-2), 2009, 397-399.

[Tor08] Torkar, D.; Novak, S.; Novak, F.: Apparent viscosity prediction of alumina-paraffin suspensions using artificial neural networks, Journal of Materials Processing Technology 203, 2008, 208-215.

[Tos11] Tosoh Corp.: TZ-3YS-E, Datenblatt, 2011

[Tru96] Trunec, M.; Cihlar, J.: Thermal Debinding of Injection Moulded Ceramics, Journal of the European Ceramic Society (17), 1997, 203-209.

[Tru01] Trunec, M.; Cihlár, J.: Effect of Activated Carbon Bed on Binder Removal from Ceramic Injection Moldings, Journal of the American Ceramic Society 84 (3), 2001, 675-677.

[Tru09] Trunec, M.; Chlup, Z.: Higher fracture toughness of tetragonal zirconia ceramics through nanocrystalline structure, Scripta Materialia 61 (1), 2009, 56-59.

[Tse99a] Tseng, W. J.; Liu, D. M.; Hsu, C. K.: Influence of stearic acid on suspension structure and green microstructure of injection-molded zirconia ceramics, Ceramics International 25, 1999, 191-195.

[Tse99b] Tseng, W. J.; Taniguchi, M.; Yamada, T.I.: Transformation strengthening of as-fired zirconia ceramics, Ceramics International 25 (6), 1999, 545-550.

[Tse01] Tseng, W. J.; Teng, K.-H.: Effect of surfactant adsorption on aggregate structure and yield strength of zirconia-wax suspensions, Journal of Materials Science 36, 2001, 173-178.

[Val11] Valle, J.; Mestra, A.; Anglada, M.: Thermal stability in air of surface nitrided 3Y-TZP, Journal of the European Ceramic Society 31 (6), 2011, 1015-1025.

[Van06] Van Paepegem, W.; De Geyter, K.; Vanhooymissen, P.; Degrieck, J.: Effect of friction on the hysteresis loops from three-point bending fatigue tests of fibre-reinforced composites, Composite Structures 72 (2), 2006, 212-217.

[VDI06] VDI-Gesellschaft Verfahrenstechnik und Chemieingenieurwesen: VDI-Wärmeatlas, Berlin, Springer, 2006.

[Ver03] Verband der Keramischen Industrie e.V. / Informationszentrum Technische Keramik: Brevier Technische Keramik, Lauf, Fahner, 2003.

[Vet94] Vetter, R.; van den Brand Horninge, W. R.; Vervoort, P. J.; Majeska-Glabus, I.; Zhuang, L. Z.; Duszczyk, J.: Square root wick debinding model for powder injection moulding, Powder Metallurgy 37 (4), 1994, 265-271.

[Vol05] Volk, R.: Rauhigkeitsmessung - Theorie und Praxis, Berlin, Beuth, 2005.

[Wad99] Wadewitz, T.: Flüssige Grenzphasensysteme: Struktur, optische und Grenzflächeneigenschaften, Dissertation, Universität Halle-Wittenberg, Mathematisch-naturwiss.-techn. Fakultät, 1999.

[Wae07] Waesche, R.; Paulick, C.; Steinborn, G.; Richter, V.; Werner, M.: Joining of Ceramic Components in the Green State via LPIM, Advanced Materials Research 29-30, 2007, 207-210.

[Wag09] Wagner, R.; Harrer, W.; Danzer, R.: Application of the Ball on Three Balls Test in the Development of High Strength Partially Stabilised Zirconia Ceramic, Ceramic Forum International 86 (5), 2009, E50-53.

[Wan08] Wang, J.; Liu, G.; Xiong, Y.; Huang, X.; Guo, Y.; Tian, Y.: Fabrication of ceramic microcomponents and microreactor for the steam reforming of ethanol, Microsystem Technologies 14, 2008, 1245-1249.

[Web11] Weber, O.; Rack, A.; Redenbach, C.; Schulz, M.; Wirjadi, O.: Micropowder injection molding: investigation of powder-binder separation using synchrotron-based microtomography and 3D image analysis, Journal of Materials Science 46, 2011, 3568-3573.

[Wei39] Weibull, W.: A Statistical Theory of the Strength of Materials, Ingeniörs vetenskaps akademiens 151, 1939.

[Wei54] Weibull, W.: A new method for the statistical treatment of fatigue data, Saab technical notes, Linköping, Saab Aircraft Co., 1954.

[Wes97] Westerhuis, J. A.: Multivariate statistical modelling of the pharmaceutical process of wet granulation and tableting, Dissertation, University of Groningen, Faculty of Mathematics and Natural Sciences, 1997.

[Wes98] West, A. C.; Lombardo, S. J.: The role of thermal and transport properties on the binder burnout of injection-molded ceramic components, Chemical Engineering Journal 71 (3), 1998, 243-252.

[Wil04] Wilker, H.: Weibull-Statistik in der Praxis, Norderstedt, Books on Demand, 2004.

[Win10] Winkler, T.: Pendant Drop Measurements, Krüss Application Note (316e), 2010.

[Wol89] Wolfrum, S. M.; Ponjeé, J. J.: Surface modification of powders with carboxylic acids, Journal of Materials Science Letters 8, 1989, 667-669.

[Wri89] Wright, J. K.; Evans, J. R. G.; Edirisinghe, M. J.: Degradation of Polyolefin Blends Used for Ceramic Injection Molding, Journal of the American Ceramic Society 72 (10), 1989, 1822-1828.

[Wri91] Wright, J. K.; Evans, J. R. G.: Removal of Organic Vehicle from Moulded Ceramic Bodies by Capillary Action, Ceramics International 17, 1991, 79-87.

[Wu11] Wu, Y.-C.; Chiang, Y.-T.: The m-t Transformation and Twinning Analysis of Hot-Pressed Sintered 3YSZ Ceramics, Journal of the American Ceramic Society 94 (7), 2011, 2200-2212.

[Yan08] Yang, G.; Makarova, O. V.; Amstutz, P.; Tang, C.-M.: Rapid replication of powder composite high-aspect-ratio microstructures using silicone rubber micromolds, Microsystem Technologies 14, 2008, 1663-1667.

[Yun09] Yun, J. W.; Lombardo, S. J.: Determination of rapid heating cycles for binder removal from open pore green ceramic components, Advances in Applied Ceramics 108 (2), 2009, 92-101.

[Zak09] Zaky, M. T.; Soliman, F. S.; Farag, A. S.: Influence of paraffin wax characteristics on the formulation of wax-based binders and their debinding from green molded parts using two comparative techniques, Journal of Materials Processing Technology 209, 2009, 5981-5989.

[Zha10] Zhang, J.; Liao, Y.; Li, W.; Mo, A.: Effect of sintering temperature on microscopic and mechanical properties of 3Y-TZP dental ceramic, Proceedings of the 3rd International Nanoelectronics Conference, Hong Kong, 2010, 1434-1435.

[Zho99] Zhou, Z.; Solomon, M. J.; Scales, P. J.; Boger, D. V.: The yield stress of concentrated flocculated suspensions of size distributed particles, Journal of Rheology 43 (3), 1999, 651-671.

[Zor02] Zorzi, J. E.; Perottoni, C. A.; da Jornada, J. A. H.: Hard-skin development during binder removal from Al_2O_3-based green ceramic bodies, Journal of Materials Science 37, 2002, 1801-1807.

[Zue05] Zürcher, S.; Graule, T.: Influence of dispersant structure on the rheological properties of highly-concentrated zirconia dispersions, Journal of the European Ceramic Society 25 (6), 2005, 863-873.

Symbol- und Abkürzungsverzeichnis

Lateinische Symbole

a	Risslänge
a_c	kritische Risslänge
A	Fläche
b	Breite
C	Konstante
C_m	materialspezifische Konstante
d_{50}	mittlerer Partikeldurchmesser
d_A	Abstand zwischen zwei Atomen
d_{disp}	Durchmesser der polaren (funktionellen) Gruppe eines Dispergatormoleküls
d_k	mittlere Korngröße
d_p	Partikeldurchmesser
d_{pore}	Porendurchmesser
e_0	Konstante
E	Elastizitätsmodul
E_a	Fließaktivierungsenergie
F	Kraft (allgemeine Verwendung)
F	Versagenswahrscheinlichkeit (in Zusammenhang mit der Festigkeitsverteilung)
G_I	Energiefreisetzungsrate in der Belastungsart I
G_{Ic}	kritische Energiefreisetzungsrate G_I
h	Höhe
h_s	Höhe der abgeformten Mikrosäulenarray-Grünkörper mit Sockelplatte
H	Hamakerkonstante
i	Ordnungsnummer

I_y	Flächenträgheitsmoment
j	Stichprobenanzahl
k	Fließkoeffizient
(k)	kubisches Kristallsystem
k_B	Boltzmann-Konstante
K	Permeabilitätskonstante
K_I	Spannungsintensitätsfaktor in der Belastungsart I
$K_{I,0}$	unterer Schwellwert für K_I
K_{Ic}	kritischer Spannungsintensitätsfaktor K_I
$K_{I,max}$	oberer Schwellwert für K_I
l_{char}	charakteristische Bindungslänge
l_{disp}	Länge eines Dispergatormoleküls
l_R	Länge eines Rohres
L_A	Auflagerabstand (untere Auflager) beim Drei- bzw. Vier-Punkt-Biegeversuch
$L_{A,O}$	Auflagerabstand (obere Auflager) beim Vier-Punkt-Biegeversuch
m	Masse (allgemeine Verwendung)
m	Weibull-Modul (in Zusammenhang mit der Festigkeitsverteilung)
(m)	monoklines Kristallsystem
m_{disp}	Dispergatorkonzentration (bzw. –gehalt oder –menge); zur Formmassenherstellung verwendete Menge bezogen auf eine Pulveroberfläche von 1 m^2
$m_{disp,krit}$	kritische Dispergatorkonzentration bzw. –gehalt´oder -menge
$m_{disp,theo}$	theoretische (berechnete) Dispergatorkonzentration bzw. –gehalt oder -menge
m^*_{disp}	optimale (charakteristische) Dispergatormenge für eine monomolekulare Belegung der Pulverpartikeloberfläche mit dem Dispergator
m_k	mittels Maximum-Likelihood-Methode berechneter korrigierter Weibull-Modul
$m_{k,linear}$	mittels linearer Regression berechneter korrigierter Weibull-Modul
$m_{k,ideal}$	auf unverrundete (ideal-rechteckige) Biegeproben bezogener Weibull-Modul
$m_{k,real}$	auf verrundete Biegeproben bezogener Weibull-Modul m_k
m_L	gravimetrisch bestimmte Masse an Luft
m_p	Pulvermasse
m_{rel}	relative Masse
m_w	gravimetrisch bestimmte Masse in Wasser
M_b	Biegemoment
M_{disp}	Molekulargewicht des Dispergators
n	Fließindex
N_Z	Koordinationszahl von Pulverpartikeln
p	Druck
p_k	Kapillardruck

p_s	Sättigungsdampfdruck von Wasser
P	Luftdruck
Q	Volumenstrom
r	Radius
r_K	Kantenradius
r_R	Radius eines Rohres
R	allgemeine Gaskonstante
R_L	spezifische Gaskonstante von trockener Luft
R^2	Bestimmtheitsmaß
R^2_{char}	charakteristisches Bestimmtheitsmaß
R^2_{linear}	Bestimmtheitsmaß entsprechend einer linearen Regression
R_V	Tiefe des größten Profiltales nach DIN EN ISO 4287
R_Z	gemittelte Rauhtiefe nach DIN EN ISO 4287
S	Oberfläche
S_{eff}	effektive Oberfläche
t	Zeit
t_P	Formgebungsdauer beim Heißgießen
T	Temperatur
T_M	Formgebungstemperatur beim Heißgießen
T_V	Verarbeitungstemperatur
(t)	tetragonales Kristallsystem
v	Geschwindigkeit
v_m	mittlere Geschwindigkeit
V	Volumen
V_A	Potential der anziehenden interpartikulären Kräfte
V_{eff}	effektives Volumen
V_{el}	elektrostatische interpartikuläre Abstoßungskräfte
V_{ges}	Summe der interpartikulären potentiellen Energie
V_R	Potential der abstoßenden interpartikulären Kräfte
V_{ster}	sterische interpartikuläre Abstoßungskräfte
V_{stru}	strukturelle interpartikuläre Abstoßungskräfte
w	Massenanteil
w_b	ursprünglicher Massenanteil des Binders im Grünkörper
w_{ex}	Anteil des aus dem Grünkörper „ausgeschwitzten" massenbezogenen Binders
W_y	Widerstandsmoment
x_p	interpartikulärer Abstand
Y	Geometriefaktor

Griechische Symbole

α	Parameter der multiplen Regressionsanalyse
β	Berichtigungsfaktor
γ'	Scherrate
γ'_{rep}	repräsentative Scherrate
Γ	Oberflächenbelegung
δ	auf eine Flächeneinheit bezogene Oberflächenenergie
ε	Dehnung
η	Viskosität
θ	Kontakt- bzw. Benetzungswinkel zwischen einem Flüssigkeitstropfen und einer Festkörperoberfläche
κ	Porosität
κ_{br}	Porosität eines entbinderten Prüfkörpers (Braunling)
κ_{sin}	Porosität eines gesinterten Prüfkörpers
Λ	relative Luftfeuchtigkeit
Λ_E	relative Luftfeuchtigkeit im Entbinderungsofen
μ	Reibungskoeffizient
ν	Querkontraktionszahl
ρ	Dichte
ρ_b	Dichte des Binders
ρ_{br}	Dichte des entbinderten Prüfkörpers (Braunlings)
ρ_{arch}	gemessene Dichte entsprechend der Auftriebsmethode nach Archimedes
ρ_L	Dichte von Luft
ρ_m	berechnete Dichte für Mischungen entsprechend der linearen Mischungsregel
σ	Festigkeit
σ_0	charakteristische Bruchfestigkeit bei F = 63,2 %
$\sigma_{0,ideal}$	auf unverrundete (ideal-rechteckige) Biegeproben bezogenes σ_0
$\sigma_{0,makro}$	charakteristische Bruchfestigkeit makroskopischer Biegeproben
$\sigma_{0,mikro}$	charakteristische Bruchfestigkeit mikroskopischer Biegeproben
$\sigma_{0,real}$	auf verrundete Biegeproben bezogenes σ_0
σ_b	Bruchfestigkeit
$\sigma_{b,ideal}$	auf unverrundete (ideal-rechteckige) Biegeproben bezogenes σ_b
$\sigma_{b,real}$	auf verrundete Biegeproben bezogenes σ_b
σ_d	Druckspannung
σ_u	Schwellwert-Festigkeit einer dreiparametrigen Weibull-Verteilung
τ	Schubspannung
τ_0	Fließgrenze

Φ	Feststoffgehalt
Φ_c	kritischer Feststoffgehalt
χ	Oberflächenspannung
$\chi_{1,2}$	Grenzflächenspannung zwischer einer Phase 1 und einer Phase 2
χ_B	Benetzungsspannung
ω	Drehzahl

Abkürzungen

12-HSA	12-hydroxy Stearic Acid
ATR	Attenuated Total Reflection
B3B	Ball on Three Balls
CAD	Computer-aided Design
CIM	Ceramic Injection Moulding
DIN	Deutsches Institut für Normung
EN	Europäische Norm
engl.	englisch
FIB	Focused Ion Beam
FSZ/CSZ	Fully/Cubic Stabilized Zirconia
FT-IR	Fourier-Transformation Infrarot
GPC	Gel-Permeations-Chromatographie
HM	Hot Moulding
HPIM	High-pressure Injection Moulding
IAM-KM	Institut für Angewandte Materialien – Keramik im Maschinenbau
IAM-WK	Institut für Angewandte Materialien – Werkstoffkunde
IAM-WPT	Institut für Angewandte Materialien – Werkstoffprozesstechnik
IFG	Institut für Funktionelle Grenzflächen
IMTEK	Institut für Mikrosystemtechnik an der Albert-Ludwigs-Universität Freiburg
ISO	International Organization for Standardization
KIT	Karlsruher Institut für Technologie
LPIM	Low-pressure Injection Moulding
MALDI-MS	Matrix-assisted Laser Desorption/Ionization Mass Spectroscopy
MST	Mikrosystemtechnik
MW	Modellierwachs
PIM	Powder Injection Moulding
µ-PIM	Micro Powder Injection Moulding
PSD	Particle Size Distribution

PSZ	Partially Stabilized Zirconia
PW	Paraffinwachs
REM	Rasterelektronenmikroskop
RPPC	Rapid Prototyping Process Chain
S01, S02, … S15	Bezeichnung der Probenchargen für Festigkeitsmessungen
SA	Stearic Acid
SD	Sessile Drop
SFB	Sonderforschungsbereich
TG	Thermogravimetrie
TZP	Tetragonal Zirconia Polycrystal
XRD	Röntgendiffraktometrie
ZTA	Zirconia Toughened Alumina

Schriftenreihe des Instituts für Angewandte Materialien

ISSN 2192-9963

Die Bände sind unter www.ksp.kit.edu als PDF frei verfügbar oder als Druckausgabe bestellbar.

Band 1 Prachai Norajitra
Divertor Development for a Future Fusion Power Plant. 2011
ISBN 978-3-86644-738-7

Band 2 Jürgen Prokop
Entwicklung von Spritzgießsonderverfahren zur Herstellung von Mikrobauteilen durch galvanische Replikation. 2011
ISBN 978-3-86644-755-4

Band 3 Theo Fett
New contributions to R-curves and bridging stresses – Applications of weight functions. 2012
ISBN 978-3-86644-836-0

Band 4 Jérôme Acker
Einfluss des Alkali/Niob-Verhältnisses und der Kupferdotierung auf das Sinterverhalten, die Strukturbildung und die Mikrostruktur von bleifreier Piezokeramik ($K_{0,5}Na_{0,5}$)NbO_3. 2012
ISBN 978-3-86644-867-4

Band 5 Holger Schwaab
Nichtlineare Modellierung von Ferroelektrika unter Berücksichtigung der elektrischen Leitfähigkeit. 2012
ISBN 978-3-86644-869-8

Band 6 Christian Dethloff
Modeling of Helium Bubble Nucleation and Growth in Neutron Irradiated RAFM Steels. 2012
ISBN 978-3-86644-901-5

Band 7 Jens Reiser
Duktilisierung von Wolfram. Synthese, Analyse und Charakterisierung von Wolframlaminaten aus Wolframfolie. 2012
ISBN 978-3-86644-902-2

Band 8 Andreas Sedlmayr
Experimental Investigations of Deformation Pathways in Nanowires. 2012
ISBN 978-3-86644-905-3

Band 9 Matthias Friedrich Funk
Microstructural stability of nanostructured fcc metals during cyclic deformation and fatigue. 2012
ISBN 978-3-86644-918-3

Band 10 Maximilian Schwenk
Entwicklung und Validierung eines numerischen Simulationsmodells zur Beschreibung der induktiven Ein- und Zweifrequenzrandschichthärtung am Beispiel von vergütetem 42CrMo4. 2012
ISBN 978-3-86644-929-9

Band 11 Matthias Merzkirch
Verformungs- und Schädigungsverhalten der verbundstranggepressten, federstahldrahtverstärkten Aluminiumlegierung EN AW-6082. 2012
ISBN 978-3-86644-933-6

Band 12 Thilo Hammers
Wärmebehandlung und Recken von verbundstranggepressten Luftfahrtprofilen. 2013
ISBN 978-3-86644-947-3

Band 13 Jochen Lohmiller
Investigation of deformation mechanisms in nanocrystalline metals and alloys by in situ synchrotron X-ray diffraction. 2013
ISBN 978-3-86644-962-6

Band 14 Simone Schreijäg
Microstructure and Mechanical Behavior of Deep Drawing DC04 Steel at Different Length Scales. 2013
ISBN 978-3-86644-967-1

Band 15 Zhiming Chen
Modelling the plastic deformation of iron. 2013
ISBN 978-3-86644-968-8

Band 16 Abdullah Fatih Çetinel
Oberflächendefektausheilung und Festigkeitssteigerung von niederdruckspritzgegossenen Mikrobiegebalken aus Zirkoniumdioxid. 2013
ISBN 978-3-86644-976-3